BASIC APPLIED CUT

# MEN'S BASIC SALON DESIGN CUT

## 남성 베이직 살롱 디자인 커트

구민사

## 저자약력

### 장지민

- 미용장, 이용장
- 직업훈련교사 이·미용서비스 1급
- 현) 창신대학교 미용장 과정 지도교수

저서

논문) 기하학적 조형요소를 응용한
미니멀리즘 헤어커트 디자인 작품제작연구
여성살롱디자인 커트
남성베이직 살롱 디자인 커트
미용장 실기 창작 커트

### 박선이

- 미용장, 이용장
- 현) 창신대학교 교수

저서

여성살롱디자인 커트
남성베이직 살롱 디자인 커트
미용장 실기 창작 커트

### 김채린

- 현) 창신대학교 외래교수

### 이지안

- 미용기능장
- 직업훈련교사 미용서비스 2급
- 창신대학교 평생교육원 남성베이직 커트 강사
- 창원시청 여성회관 커트 강사

### 손영선

- 미용기능장
- 직업훈련교사 미용서비스 2급
- 사)대한미용사회 중앙회 기술강사
- 창신대학교 평생교육원 강사
- 밀양시 여성회관 커트 강사

### 박정은

- 미용장
- 직업훈련교사 미용서비스 2급
- 사)대한미용사회 중앙회 기술강사
- 현) 창신대학교 미용장 과정 지도교수

### 차은우

- 이용기능장
- L&G헤어재교육센터장
- 올댓아카데미 인천점 헤어실무 강사
- 사)헤어디자인협회 부이사장

# 남성 베이직 살롱 디자인 커트


초판 인쇄 2022년 9월 5일
초판 발행 2022년 9월 15일
개정1판 발행 2025년 3월 10일

| 지 은 이 | 장지민 박선이 김채린 이지안 손영선 박정은 차은우
| 발 행 인 | 조규백
| 발 행 처 | 도서출판 구민사
(07293) 서울특별시 영등포구 문래북로 116, 604호(문래동3가 46, 트리플렉스)
| 전 화 | (02) 701-7421
| 팩 스 | (02) 3273-9642
| 홈페이지 | www.kuhminsa.co.kr
| 신고번호 | 제 2012-000055호(1980년 2월 4일)
| I S B N | 979-11-6875-532-1 (93590)

| 정 가 | 29,000원

# 머리말

코로나-19로 인한 팬데믹으로 현시대를 살고 있는 우리는 모든 면에서 불안한 시대를 살아가고 있다. 코로나-19를 겪으면서 더욱더 다양성을 요구하게 되고 남성과 여성의 경계 또한 허물어지고 있다고 본다. 남성 스타일, 여성 스타일이란 용어보다 남성만의 개성을 충분히 표현할 수 있는 디자인이 요구된다. 특히 한류 열풍으로 인해 한국 헤어 디자인에 대한 관심도 아주 높아졌고, 여성보다 더 패션과 이미지 연출에 아낌없이 투자하는 남성들이 보편화되고 있다. 남성 전문숍인 바버숍이 증가하고 있는 현시점에서 취업과 창업, 직원교육에 남성 베이직 살롱 디자인 커트 교재가 꼭 필요하다는 인식이 모든 이들에게 공감대를 형성한다고 본다. 지난 30년 가까이 미용 분야의 현장과 교육 분야에서 일하면서 교육의 체계화에 꾸준한 관심을 가지고 늘 새로움을 추구하며 연구해 왔다. 남성 커트의 완성도를 높이고자 이용사 자격증과 이용장 자격증을 취득하고, 미용장으로서 미용과 이용의 접점을 만들고자 참 많이 고민하는 한 사람으로 이번 교재에 모든 열정을 담아 보았다.

이번 남성 베이직 살롱 디자인 커트 책의 특징은 제1부는 남성 베이직 살롱 디자인 커트 이론에 대해 설명하였다. 제2부는 다음과 같다.

Chapter 1 베이직: 상고 3가지 스타일과 스포츠 3가지 스타일로 남성 커트의 기본 기법을 익혀 남성 커트 입문에 쉽게 도전한다.

Chapter 2 베이직 응용: 모히칸 2가지, 투 블럭 상고 응용 3가지로 남성 커트의 디자인 원리와 응용을 이해한다.

Chapter 3 살롱 디자인: 댄디 컷, 댄디 투 블럭 컷, 울프 컷, 울프 투 블럭 컷, 리프 컷, 리젠트 컷, 가일 컷, 아이비리그 컷, 크롭 컷 디자인까지 모두 20가지 스타일을 구성하였다.

20가지 모든 커트를 체계적인 패턴화로 구성하려고 노력하였다. 책을 만드는 과정에서 교육생에게 교육하면서 난이도와 패턴을 수정하기를 반복하면서 누구나 쉽게 따라 할 수 없으나 미용인이라면 누구나 창의적으로 재구성할 수 있도록 패턴화하였다.

이 길을 함께 가고 있는 미용인들과 앞으로 함께 할 미용인들에게 많은 도움이 되어 미용의 길이 더 도도함으로 가득 차길 바라본다.

이 한 권의 책을 만들기 위해 많은 이들의 땀과 노력이 있었습니다. 함께 노력해주신 분들에게 감사드리고, 출판에 적극적으로 도움을 주신 도서출판 구민사 조규백 대표님과 직원 여러분께 깊은 감사드립니다.

저자 일동

## 추천사

저자분들과 인연을 맺기 시작하여 벌써 10여년의 세월이 훌쩍 지나가 버렸습니다. 그간 학회, 미용전시회, 미용대회, 학원입시설명회 등에서 두 분의 저자를 뵐 때마다 느꼈던 생각은 참 대단한 열정을 소유하고 미용교육에 열정을 쏟고 있다는 것입니다. 그러한 두 저자의 미용에 대한 열정과 학생들에 대한 사랑하는 마음, 잘 가르치고자 하는 고집과 노력의 결과가 드디어 이 한 권의 책에 오롯이 담겨졌다는 생각이 먼저 듭니다.

아름다움에 대한 인간의 욕구와 더불어 미용은 경제성장과 생활수준의 향상으로 지속적으로 발전하고 변모되어 왔습니다. 헤어디자인에 있어서 처음과 끝은 커트라고 할 수 있습니다. 고객은 누구나 본인에게 어울리면서 손질하기 편한 헤어스타일을 선호하고, 또한 그러한 헤어 커트를 헤어디자이너에게 시술받기를 원합니다.

주니어 헤어디자이너로 입문하고 성장하기 위해서는 헤어 커트 분야 중 남성 커트와 스타일링에 관한 체계적이고 과학적인 분석능력이 필요합니다.

이 책에서는 주니어 헤어디자이너로서 필요한 남성 커트에 대한 체계적인 이론과 이용적 측면에서의 남성 커트 스타일을 분석하여 남성 커트의 이론과 실무를 다양한 그림과 실기 사진 자료를 활용하여 상세하고 명확하게 설명하고 있습니다.

또한 유행하고 있는 남성 커트 유형을 분류하여 기초부터 응용까지 활용이 가능하도록 한 것이 이 책의 큰 강점이 아닐까 생각합니다.

더운 여름의 끝자락에서 마지막까지 이해하기 쉽도록 설명을 고치고 편집하는 노고를 아끼지 않은 두 저자분에게 큰 박수를 보내며, 이 책을 접하고 배우는 모든 학생들이 두 저자의 남성 커트에 대한 기술적인 가르침뿐만 아니라 숨어있는 미용에 대한 열정까지도 함께 느낄 수 있기를 바라봅니다.

동주대학교 교수 유의경

## CONTENTS

### 제1부 남성 베이직 살롱 디자인 커트 이론 (이 책에서의 기초 지식)

## 제2부 남성 베이직 살롱 디자인 커트 실기

# 제1부  남성 베이직 살롱 디자인 커트 이론

(이 책에서의 기초 지식)

# Chapter 1

# 남성 커트의 개념 및 디자인 결정 요인

1. 남성 커트의 특징 및 정의

2. 남성 커트의 역사

3. 남성 얼굴형과 헤어스타일

Chapter 1

# 남성 커트의 개념 및 디자인 결정 요인

## 1. 남성 커트의 특징 및 정의

여성 커트는 남성 커트보다 길이가 긴 형태가 많아 형태선과 층이 중심이 되는 커트라면, 남성 커트는 짧은 형태가 많아 높이 중심으로 스타일을 연출하는 것이 특징이다.

남성 커트 중 디자인 커트는 여성 커트의 짧은 커트와 상관성을 가지고 있다고 볼 수 있다. 여성과 달리 뼈의 골격이 발달되어 두상 골격 및 얼굴형이 두드러져 보이며, 여성보다 전체적인 골격선이 강하게 보여 두상 및 얼굴형 분석을 통해 헤어스타일을 결정하며 높이와 각도에 따른 연출이 필요한 것이 특징이다. 또한 남성적인 개성을 표현하기 위한 수단으로 연령, 직업, 소득, 결혼 유무에 따라 선호하는 헤어스타일을 다양하게 표현하는 것이라고 정의하고자 한다.

## 2. 남성 커트의 역사

개화기부터 광복 이전까지는 상투와 망건 대신에 짧은 머리와 중머리 또는 하이칼라 머리를 하였으며, 6.25 사변 후 미국 대중문화의 영향으로 올백 스타일의 머리가 유행하였다.

하이칼라 스타일은 고도의 기술을 갖춘 이용사가 싱글링으로 양옆을 올려 깎고, 두정부는 약간 길게 남겨서 가르마를 타는 스타일로, 신지식인들과 고위 관료들 사이에서 유행하였다. 삭발 스타일도 하였는데, 지금의 반삭 스타일과 유사하다.

우리나라의 시대적 변천 과정에서 남성 헤어 커트는 사회·문화적 환경으로 인해 다양한 종류가 유행하였다.

1960년대는 가위로만 자른 스포츠 머리와 상고 머리가 있었고, 가르마를 타는 머리형과 포마드를 이용하여 뒤로 넘기는 올백 스타일이 있었다.

1970년대부터는 정부에 대한 도전의 의미로 무작정 길러 내리는 긴 머리 스타일의 장발이 유행하였다. 우리나라에서 헤어 커트의 개념이 확립된 시대로 모발을 각도에 의해 나누어서 기하학적으로 자른다는 개념이 정착된 시기이기도 하다. 상고 머리, 스포츠 머리, 맘보 머리, 바람 머리 등을 많이 하였으나 장발 스타일은 풍속과 맞지 않는다고 하여 단속했었다.

1980년대는 반사회적인 경향으로 형형색색의 벼슬을 세우는 펑크 헤어스타일이 유행하였고, 남성적이며 스포츠 같은 면을 강조하는 젠틀한 스타일도 함께 유행했다. 또한 교복 자율화와 두발 규제가 완화되면서 획일적인 헤어스타일이 다양화되었다.

1980년대 중반부터는 상고 스타일과 스포츠 스타일을 많이 했고, 남성들도 미용실을 이용하기 시작하였다. 이 시기부터 컬과 볼륨을 강조하는 웨이브 스타일로 핀컬 파마를 미용실에서 하기 시작했다.

1990년대는 프랜차이즈 형태의 남성 전용 미용실이 등장하였고, 복고풍이 재등장했으며, 염색이 크게 유행하였다. 그리고 남성들의 가치관이 크게 변화하여 자연스럽게 나풀거리는 신낭만파 헤어스타일까지 등장하게 되었다.

2000년대는 월드컵 개최로 인해 안정환의 파마 머리, 베컴의 모히칸 스타일이 폭발적인 인기를 끌었고, 배용준의 바람 머리 웨이브 파마가 대유행하였다. 이 당시는 커트와 파마의 전성시대로 커트의 형태와 질감 컬러를 다양하게 결정하는 개성이 강한 헤어스타일이 유행하였다. 디스커넥션, 샤기 커트 등의 헤어스타일이 다양하게 변화되었으며, 여성들과 마찬가지로 남성도 미에 대한 욕구가 커져 그루밍족, 노무족, 꽃중년, 초식남이라는 신조어가 생길 정도로 남성들의 헤어스타일과 패션은 라이프스타일에 따라서 매우 다양한 변화를 가져오는 시기였다.

2010년대부터는 드라마 시크릿가든의 폭발적인 인기로 남자주인공의 헤어스타일인 댄디 컷이 유행하였다. 이외에 투 블럭, 리젠트, 가일 컷, 아이비리그 컷, 크롭 컷, 스왓 컷 등이 유행하였고, 리프 컷도 함께 현재까지 다양한 라이프스타일에 따라 유행이 되고 있다.

## 3. 남성 얼굴형과 헤어스타일

### 1) 남성 얼굴형

#### (1) 계란형 얼굴

얼굴형 중 가장 기본이 되는 형으로 스타일 선택의 폭이 넓어 체형과 자신의 개성을 살려 다양한 스타일 연출이 가능하다.

#### (2) 둥근형 얼굴

얼굴의 넓이와 길이가 비슷하며 얼굴이 통통하여 귀엽고 어려 보이는 이미지를 가지고 있다. 두상의 윗부분은 볼륨을 살리고 양 사이드의 볼륨은 축소시키면서 이마가 드러나게 연출한다. 앞머리를 내릴 경우 비대칭으로 흐르게 하여 얼굴을 갸름하게 보일 수 있게 연출하고, 액티베이트한 질감 표현 스타일을 조화롭게 연출한다.

#### (3) 사각형 얼굴

얼굴의 넓이와 길이가 비슷하며 광대뼈와 턱의 하악 부분이 발달하여 각져 보이는 얼굴형을 말한다. 가벼운 컬로 부드럽게 표현해 주는 것이 좋다.

#### (4) 마름모형 얼굴

턱과 이마보다 광대가 발달하여 튀어나와 있지만 이마와 턱은 매우 좁다. 턱과 이마에 볼륨을 강조하고 광대 부분의 볼륨은 최대한 축소한다.

#### (5) 역삼각형 얼굴

이마의 폭이 넓고 양 턱선이 좁은 얼굴형을 말한다. 구레나룻을 자연스럽게 살려 자연스러운 스타일로 연출한다.

#### (6) 장방형 얼굴

얼굴의 폭이 좁고 긴 얼굴형이다. 앞머리를 가볍게 내려 자연스럽게 연출한다.

### 2) 남성 얼굴형에 맞는 헤어스타일의 유형

헤어스타일은 디자인이나 길이에 따라 여러 가지 형태로 만들 수 있다.

**표 1-1 남성 얼굴형에 어울리는 스타일 유형**

| 남성 얼굴형에 어울리는 스타일 유형 | | |
|---|---|---|
| 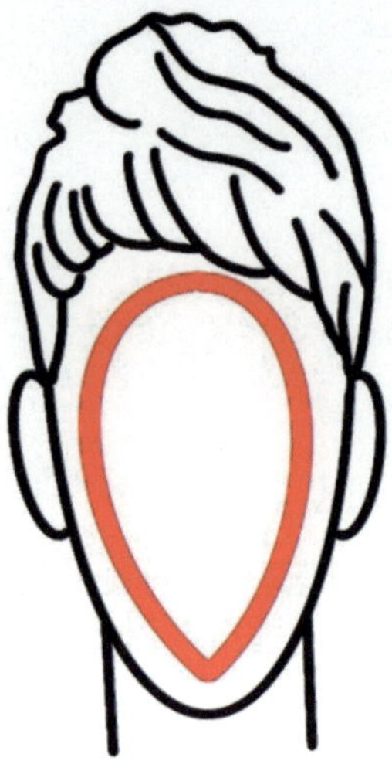 | 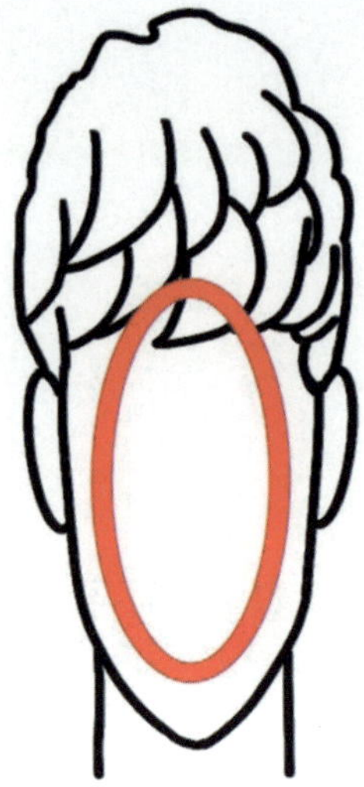 | 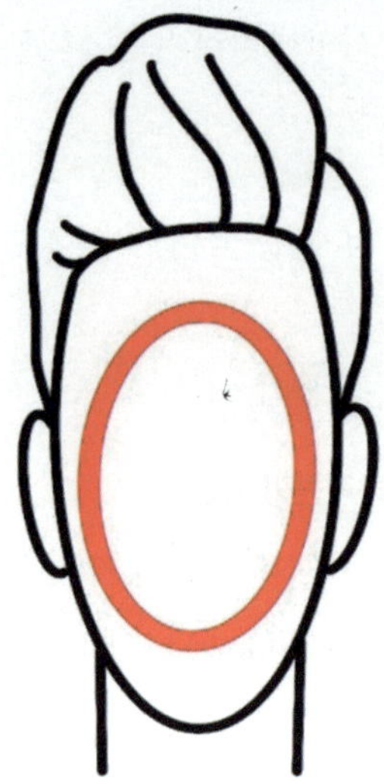 |
| **계란형**<br>본인의 개성에 맞는 다양한 스타일 연출이 가능하다. | **긴 형**<br>앞머리를 살짝 내리고 자연스럽게 가려서 연출하는 것이 긴 형을 보완할 수 있다. | **둥근형**<br>정수리 볼륨을 살리고 이마를 드러내어 보완 연출이 가능하다. |
| 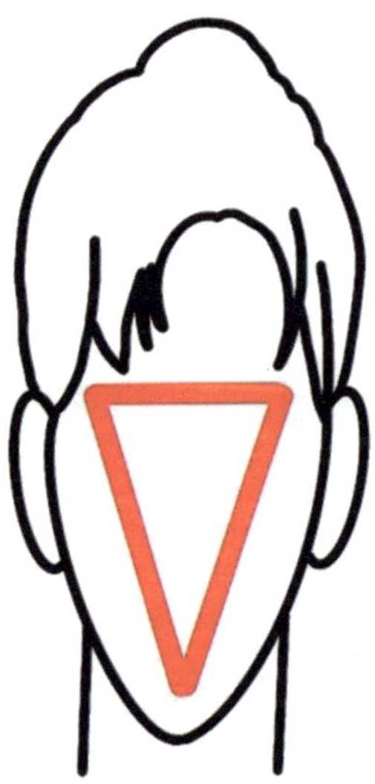 |  |  |
| **역삼각형**<br>구레나룻을 자연스럽게 살려 턱선의 좁음을 보완하고 너무 짧지 않게 자연스러운 스타일로 연출하는 것이 좋다. | **사각형**<br>가벼운 컬로 얼굴 윤곽을 부드럽게 표현하여 사각형이 돋보이지 않게 보완 하는 것이 좋다. | **오각형**<br>가벼움을 줄 수 있는 질감 처리와 자연스러운 웨이브로 부드러운 이미지를 연출하는 것이 좋다. |

# 제1부  남성 베이직 살롱 디자인 커트 이론

(이 책에서의 기초 지식)

Chapter 2

# 기본 커트의 종류 및 특징

1. 원랭스 헤어커트의 종류와 특징

2. 그래쥬에이션 헤어커트의 특징

3. 레이어 헤어커트의 종류 및 특징

Chapter 2

# 기본 커트의 종류 및 특징

## 1 원랭스 헤어커트(one length haircut)의 종류와 특징

원랭스 커트는 솔리드 커트(solid cut)라고도 하며, 패럴렐 보브(parallel bob), 스파니엘보브(spaniel bob), 이사도라 보브(isadora bob), 머시룸 커트(mushroom cut)가 있다.

커트의 특징은 엑스테리어에서 인테리어로 가면서 점차 길어진다. 길이가 같은 높이에 떨어지는 형태로 끊김이 없고 언액티베이트한 질감이 된다. 아웃라인은 각진 형태선이 된다.

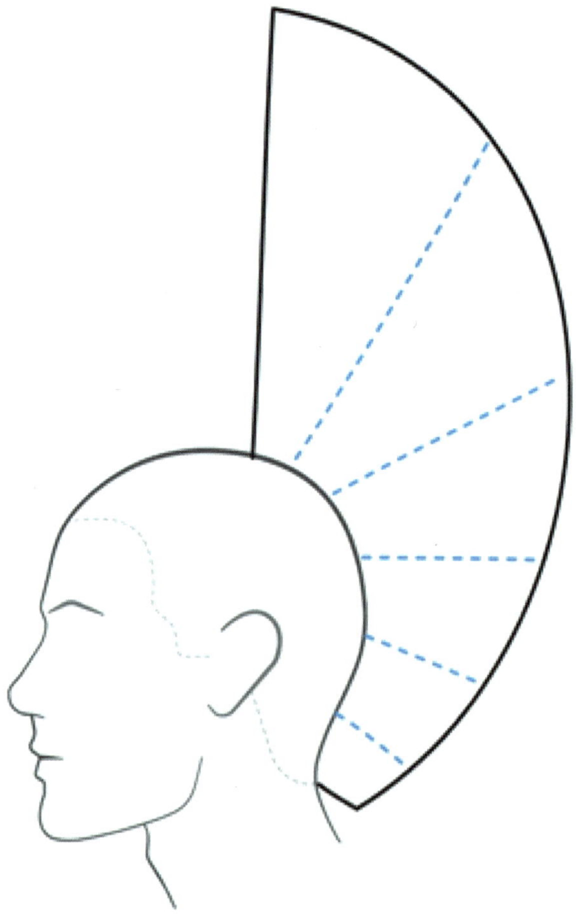

그림 2-1 원랭스 헤어커트

## 2. 그래쥬에이션 헤어커트(graduation haircut)의 특징

그래쥬에이션 헤어커트는 그라데이션(gradation) 커트라고도 하며, 그 의미는 단계적 변화, 점진적인 단차(층)을 뜻한다. 그래쥬에이션 커트는 길이가 엑스테리어에서 인테리어 쪽으로 점차 길어져 모발 끝이 서로 겹쳐 쌓이는 것처럼 보인다. 그 결과 엑스테리어의 액티베이트한 질감과 인테리어에서 언액티베이트한 질감이 혼합된다. 무게감은 가장자리의 형태선 위에 나타난다. 모양은 삼각형이 되는 경향이 있다

시술 각도에 따라 종류가 나누어진다.

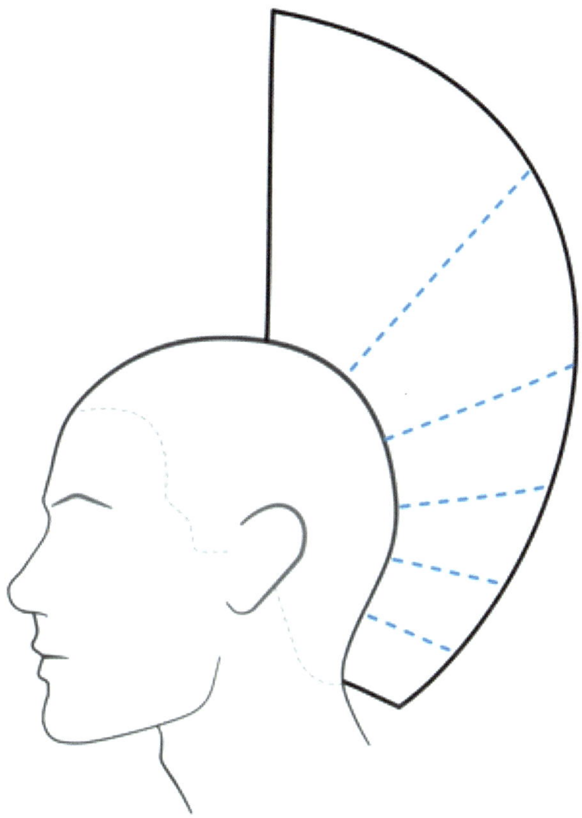

그림 2-2 그래쥬에이션 헤어커트

### 1) 그래쥬에이션 헤어커트(graduation haircut)의 종류

그래쥬에이션 헤어커트는 시술 각도와 패턴에 따라 분류된다. 시술 각도에 따른 종류는  로우 그래쥬에이션 커트(low graduation cut), 미디엄 그래쥬에이션 커트 (mediumgraduation cut), 하이 그래쥬에이션 커트(high graduation cut)가 있다. 패턴에 따른 종류는 평행 그래쥬에이션 커트(parallel graduation cut), 증가 그래쥬에이션 커트 (increasing graduation cut), 감소 그래쥬에이션 커트(decreasing graduation cut)가 있다.

### (1) 로우 그래쥬에이션(low graduation)

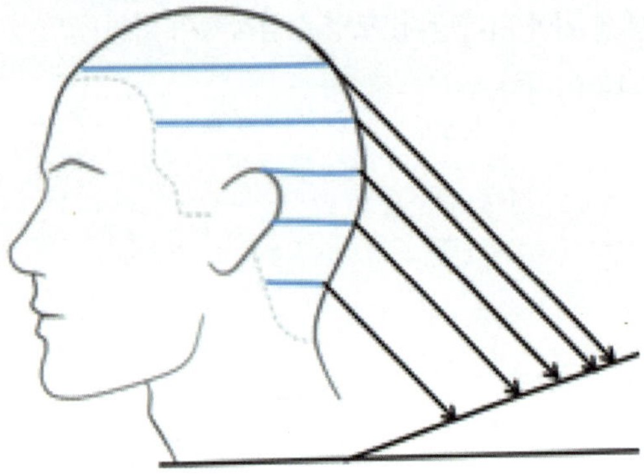

그림 2-3 로우 그래쥬에이션

· 낮은 시술각 1 ~ 30 °
· 낮은 시술각도와 낮은 단차(층)의 경사선이 만들어진다.
· 무게감과 볼륨이 많이 생기는 스타일이다.

### (2) 미디움 그래쥬에이션(medium graduation)

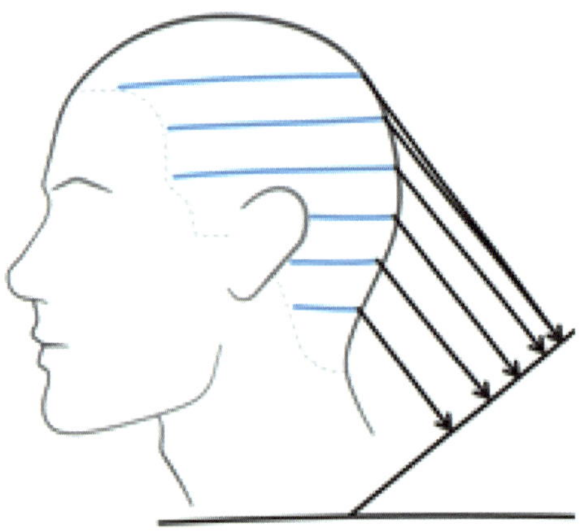

그림 2-4 미디움 그래쥬에이션

· 중간 시술각 31 ~ 60 °
· 중간 시술각도와 중간 단차(층)의 경사선이 만들어진다.
· 무게감과 볼륨감이 적당하게 생긴다.

### (3) 하이 그래쥬에이션(high graduation)

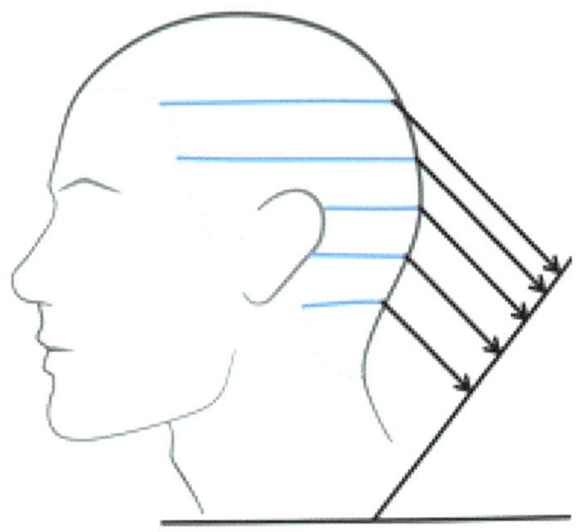

그림 2-5 하이 그래쥬에이션

· 높은 시술각 61 ~ 89 °

·높은 시술각도와 높은 단차(층)의 경사 선이 만들어진다.

· 무게감과 볼륨감이 상대적으로 작지만 모발의 가벼운 움직임을 느낄 수 있다.

## 2) 패턴에 따른 종류

**① 평행 그래쥬에이션 커트(parallel graduation cut)**

헤어커트 스타일의 층이 평행으로 그라데이션 되는 것으로, 후두부의 N.P에서부터 아래에서 위로 시술 각도에 따라 커트를 진행하는 기본형이다.

**② 증가 그래쥬에이션 커트(increasing graduation cut)**

헤어커트 스타일이 앞쪽에서 뒤쪽으로 가면서 층이 증가되어 A라인으로 그라데이션이 된다.

슬라이스 라인을 전경사인 A라인으로 하고 뒤쪽으로 빗어 커트하면, 앞쪽이 길어지며 층이 감소되어 낮아지고 상대적으로 뒤쪽의 층이 증가되는 커트 스타일이 된다.

**③ 감소 그래쥬에이션 커트(decreasing graduation cut)**

헤어커트 스타일이 앞쪽에서 뒤쪽으로 가면서 층이 감소되어 V라인으로 그라데이션이 된다.

슬라이스 라인을 후경사인 V라인으로 하고 앞쪽으로 빗어 커트하면, 앞쪽이 짧아지며 층이 증가되어 높아지고 상대적으로 뒤쪽의 층이 감소되는 커트 스타일이 된다.

## 3. 레이어 헤어커트(layer hair cut)의 종류 및 특징

레이어 헤어커트는 90° 이상의 높은 시술 각도가 적용되는 커트 스타일로 시술각으로 층이 조절되며, 시술각이 높을수록 단층이 많이 생겨 두상의 톱 부분 모발에서 네이프로 갈수록 길어져 모발이 겹치는 부분이 없어지는 무게감이 없는 커트스타일이 된다. 커트 단면이 모두 드러나 거칠어 보이며 밖으로 뻗치는 힘이 강한 특징이 있다.

### 1) 레이어 헤어커트(layer haircut)의 종류

레이어 헤어커트는 시술 각도에 따라 분류되며, 유니폼 레이어(uniform layer), 인크리스 레이어(increase layer), 스퀘어 레이어(square layer)가 있다.

#### (1) 유니폼 레이어(uniform layer)

라운드 레이어, 세임 레이어라고도 한다. 모발 전체 길이를 균일하게 커트하는 스타일로 커트를 할 때 두상 시술 각도 90°와 온 더 베이스가 적용되며 무게선이 나타나지 않는 엑티베이트한 질감이 된다. 유니폼 레이어 형의 둥근 모양은 두상의 곡면과 평행을 이룬다.

커트 디자인을 할 때 모발 길이와 관계없이 전반적으로 응용 범위가 넓다.

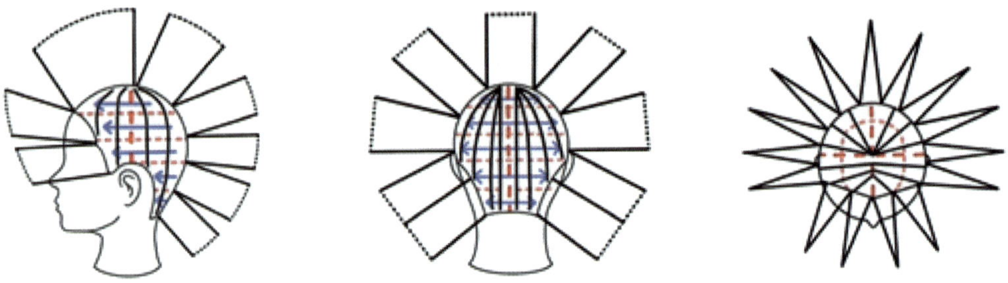

그림 2-6 유니폼 레이어

#### (2) 스퀘어 레이어(square layer)

커트 단면이 사각으로 각진 상태를 말하며, 커트 선이 네모지게 된다. 도해도상으로 봤을 때 사방에서 대칭적으로 길이를 같게 자르는 방법으로 사각형과 직각의 두 가지 의미를 지니고 있다. 사각형은 외각의 형태를 말하며 직각은 패널의 중심부 상태를 의미한다. 두상의 U라인 영역을 기점으로 모발을 위로 직각, 옆각으로 커트한다.

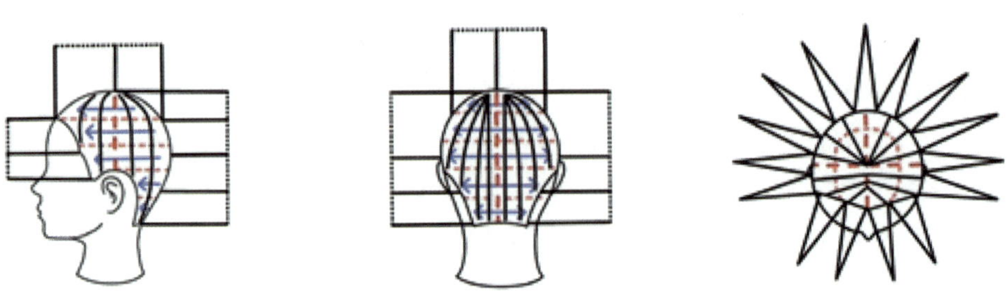

그림 2-7 스퀘어 레이어

### (3) 인크리스 레이어(iscrease layer)

하이 레이어(high layer)라고도 하며, 모발의 길이가 인테리어에서 엑스테리어로 점차 길어져서 무게가 보이지 않는 액티베이트한 표면 질감이 만들어지며 급격한 층이 나도록 하는 커트 스타일이고, 모양은 위 아래로 길쭉해진다.

0°, 45°, 90°가 일반적으로 인크리스 레이어 형을 만드는데 사용된다.

시술각은 한 부분으로 모든 길이가 집중되는 고정 디자인라인이 되는 파팅에만 적용된다.

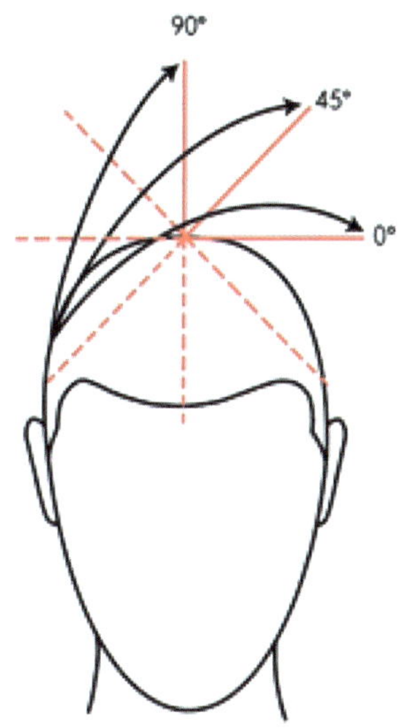


그림 2-8 인크리스 레이어

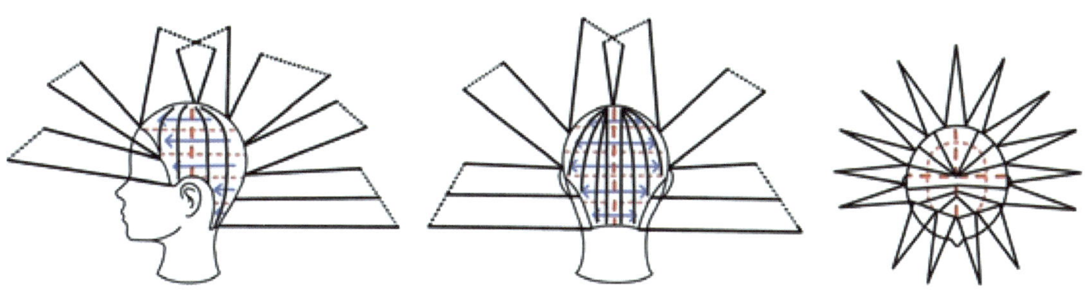

그림 2-9 인크리스 레이어(2)

# 제1부  남성 베이직 살롱 디자인 커트 이론

(이 책에서의 기초 지식)

# Chapter 3
# 남성 커트의 디자인 요소

1. 두상 포인트

2. 두상의 구획과 명칭

3. 두상의 분할과 명칭

4. 리프팅과 베이스의 특징

5. 커트 각도

Chapter 3

# 남성 커트의 디자인 요소

## 1. 두상 포인트

표 3-1 두상 포인

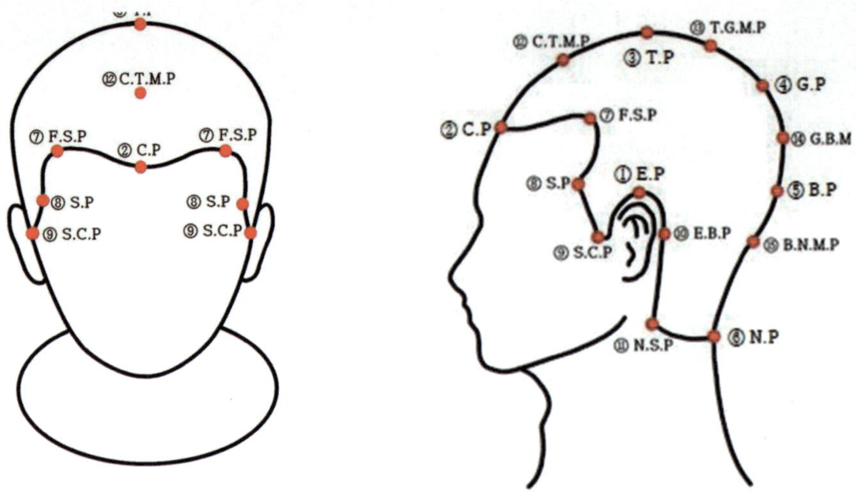


| 번호 | 포인트 | 설명 |
|---|---|---|
| ① | E.P | Ear Point(이어 포인트) |
| ② | C.P | Center Point(센터 포인트) |
| ③ | T.P | Top Point(탑 포인트) |
| ④ | G.P | Golden Point(골든 포인트) |
| ⑤ | B.P | Back Point(백 포인트) |
| ⑥ | N.P | Nape Point(네이프 포인트) |
| ⑦ | F.S.P | Front Side Point(프런트 사이드 포인트) |
| ⑧ | S.P | Side Point(사이드 포인트) |
| ⑨ | S.C.P | Side Corner Point(사이드 코너 포인트) |
| ⑩ | E.B.P | Ear Back Point(이어 백 포인트) |
| ⑪ | N.S.P | Nape Side Point(네이프 사이드 포인트) |
| ⑫ | C.T.M.P | Center Top Medium Point(센터 탑 미디엄 포인트) |
| ⑬ | T.G.M.P | Top Golden Medium Point(탑 골든 미디엄 포인트) |
| ⑭ | G.B.M.P | Golden Back Medium Point(골든 백 미디엄 포인트) |
| ⑮ | B.N.M.P | Back Nape Medium Point(백 네이프 미디엄 포인트) |

## 2. 두상의 구획과 명칭

표 3-2 두상의 구획과 명칭

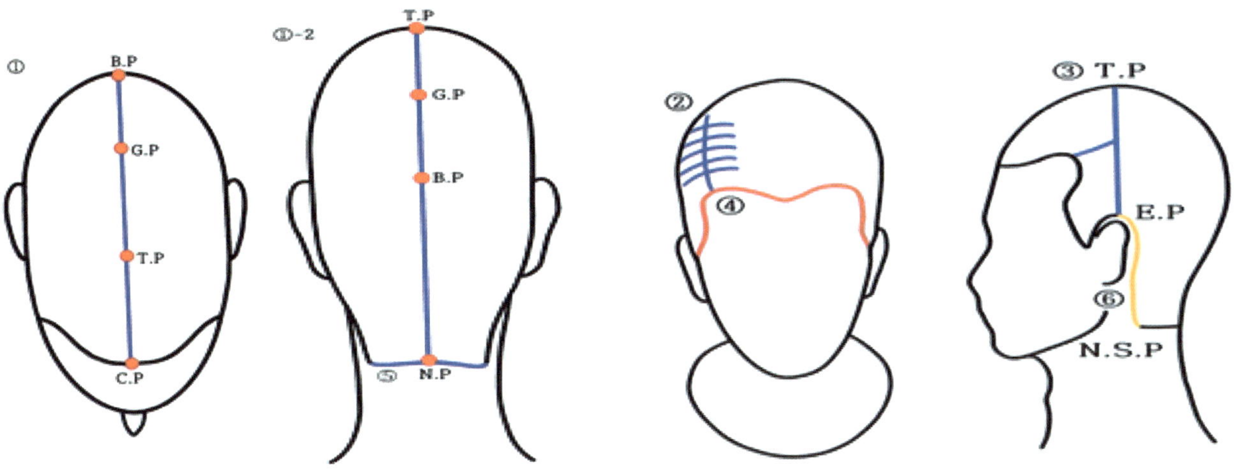


| 구분 | 명칭 | 명칭 설명 |
|---|---|---|
| ① | **정중선** | 코를 중심으로 C.P~T.P~G.P~B.P~N.P를 연결하는 두부 좌·우를 수직 2등분으로 나눈 선 |
| ② | **측두선** | F.S.P에서 측중선까지 연결한 선 |
| ③ | **측중선 (측수직선)** | E.P에서 T.P를 지나 반대쪽 E.P로 수직으로 내린 선 |
| ④ | **페이스 라인** | 전면부의 모발이 나기 시작한 구간(C.P → F.S.P → S.P → S.C.P) |
| ⑤ | **네이프 백 라인 (네이프 라인)** | N.S.P → N.P → N.S.P를 연결한 네이프 백라인 |
| ⑥ | **네이프 사이드 라인** | E.P → N.S.P를 연결한 선 |
| ⑦ | **햄 라인** | 전체적인 모발이 나기 시작한 부분 |

## 3. 두상의 분할과 명칭

**표 3-3 두상의 분할과 명칭**

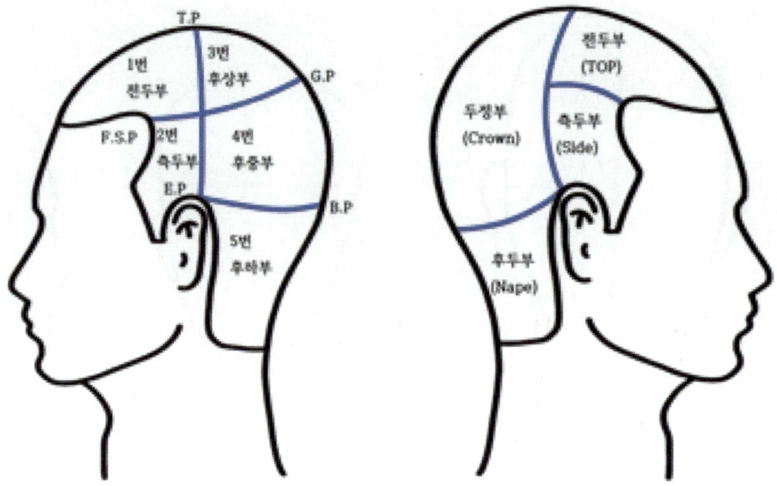


| 구분 | 명칭 | 구획 설명 |
|---|---|---|
| 1번 | 전두부 | • 앞머리 표정 만드는 영역<br>• 얼굴형과 밀접한 관계로 얼굴의 전체적인 균형에 영향을 준다. |
| 2번 | 측두부 | • 옆선 만드는 영역<br>• 옆선의 이미지가 연출되는 곳으로 측면의 형태선 모양과 질감이 표현되는 곳<br>• 짧은 머리는 이곳에서 얼굴형의 이미지가 결정된다. |
| 3번 | 후상부 | • 두상에서 가장 높은 위치의 영역<br>• 헤어스타일의 높이와 볼륨감을 주는 곳으로 두정부라고도 한다. |
| 4번 | 후중부 | • 두상에서 가장 넓은 영역<br>• 돌출된 부분으로 헤어스타일의 전체적인 질감이나 움직임에 관여하고 헤어스타일의 형태에 영향을 준다. |
| 5번 | 후하부 | • 커트의 형태선(Out line), 뒷머리의 모양, 길이를 결정짓는 영역<br>• 두상에서 가장 낮은 위치이며 후두부라고도 한다. |

▌표 3-4 두상의 분할과 명칭

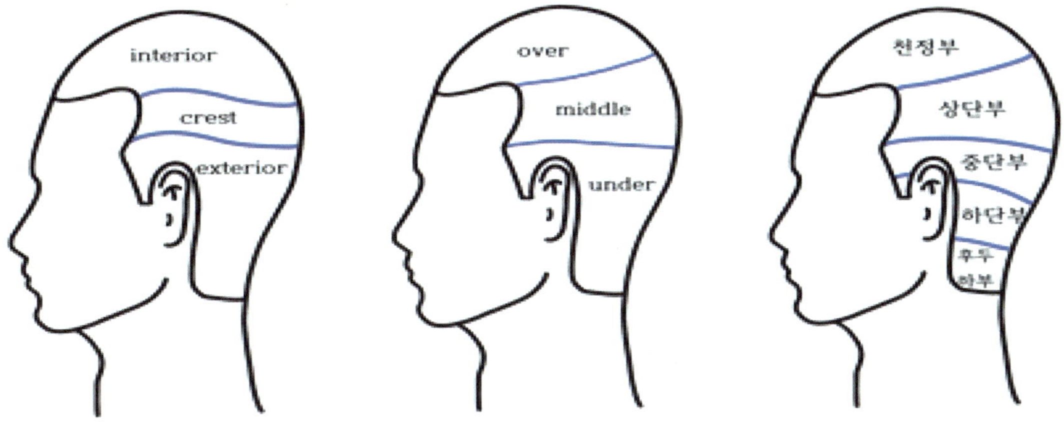


| 명칭 | 구획 설명 |
|---|---|
| Over Section | • 두상에서 측두골 부분에 방사상으로 떨어지는 형태의 모발들로써 전체 헤어디자인의 구성을 좌우하는 부분이다.<br>• 두상골격이 완만하게 바깥쪽을 향하는 내리막으로 모발이 호를 그리면서 아래로 떨어지지만 실제로 부채꼴 모양으로 퍼지면서 떨어지므로 단차가 잘 생기는 곳과 잘 생기지 않는 곳이 있다.<br>• 웨이트를 구성하는 미들에 덮이게 되므로 전체의 포름 크기를 좌우한다. |
| Middle Section | • 두상 골격에서 가장 돌출된 부분으로 헤어디자인의 형태와 두께를 정하는 부분이다.<br>• 두정부 중간부분의 양감과 볼륨 등을 표현하는 섹션으로 폭 넓은 단차가 생기고 두께가 나타난다.<br>• 웨이트를 만들기 쉽다.<br>• 형태의 두께가 결정된다. |
| Under Section | • 헤어디자인의 길이와 아웃라인의 질감을 결정하며 목덜미에 해당하는 부분이다.<br>• 수직보다 안쪽으로 들어가는 내리막으로 모발이 거의 직선적으로 똑바로 아래로 내려오지만 골격이 안쪽으로 들어가서 단차의 폭이 잘 생기지 않고 아웃라인의 두께가 나타나며 아웃라인이 결정된다. |
| 인테리어 | • 좌우 프론트 사이드 포인트와 골덴포인트를 연결한 영역 유라인 영역이다. |
| 크레스트 | • 두상 골격의 가장 넓은 부분으로 헤어디자인의 형태와 두께를 정하는 부분이다. |
| 엑스테리어 | • 두상의 아랫부분으로 길이와 아웃라인을 결정하는 부분이다. |
| 리섹션 | • 이마와 관자놀이 사이의 곡선으로 하이,로우,미들로 나누기도 한다. |

## 4. 리프팅과 베이스의 특징

**표 3-4 리프팅과 베이스**

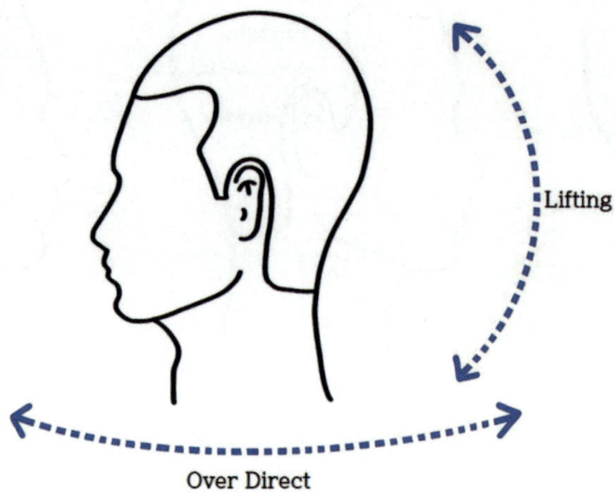


<table>
<tr><td rowspan="2">베이스</td><td rowspan="2">헤어 커트를 위해 잡은 모발 다발(panel)의 당김새를 말한다.<br>선택한 베이스의 종류에 따라 모발 길이와 형태 및 형태선의 변화에 영향을 주며, 헤어 커트에서 가장 기본이면서 커트 스타일의 실루엣에 결정적인 역할을 한다.<br>따라서 베이스의 종류에 따른 당김새의 길이 변화를 이해하고 알아야 정확한 커트 스타일을 완성할 수 있다.<br>커트하는 방향이 가로이거나 세로일 때 베이스의 명칭이 달라지며, 커트 방향이 가로, 세로, 사선일 때 당김새가 달라진다.</td><td>온 베이스 (O)</td><td>자기 자리에서 커트하는 방법으로 같은 길이로 만드는 것이다.</td></tr>
<tr><td>오버 다이렉션 (OD)</td><td>패널을 앞뒤 어느 쪽으로 끌어내어 좌우 컨트롤하는 것이다.</td></tr>
<tr><td rowspan="2">리프팅</td><td rowspan="2">두상 골격의 경사면을 따라 모발 상하길이의 단차를 올리거나 내리기도 하여 패널을 겹쳐서 웨이트를 컨트롤하는 방법으로, 상하 각도를 조절하여 그라데이션과 레이어로 표현하는 방법을 리프팅이라고 한다.</td><td>리프트 업</td><td>가이드보다 들어 올려 경쾌함이 생겨난다.</td></tr>
<tr><td>리프트 다운</td><td>앞 패널보다 똑같이 또는 내리는 것이다.<br>가이드보다 낮게 커트하여 무거움이 생겨난다.</td></tr>
</table>

## 5. 커트 각도(Angle)

### 1) 자연 각(천체축 기준)

중력에 의해 모발이 자연스럽게 떨어지는 상태이다.

### 2) 일반 각(두상 각 기준)

모발을 두상의 곡면에서 90°로 들어 올린 상태로서 디자인의 길이 배열을 분석할 수 있다.

**표 3-6 커트 각도**

<table>
<tr><th>자연 각</th><th>일반 각</th></tr>
<tr><td>
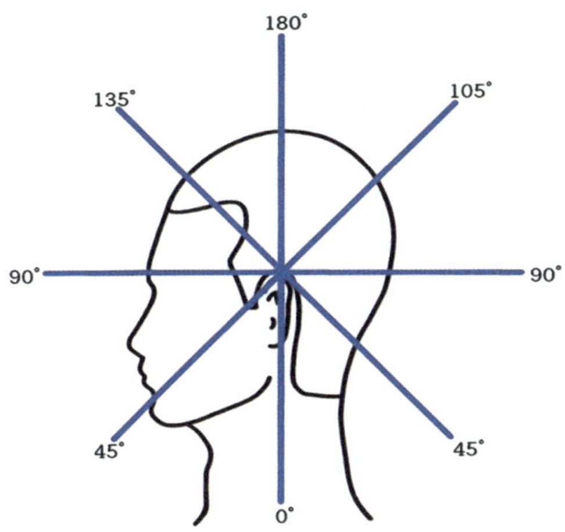

</td><td>
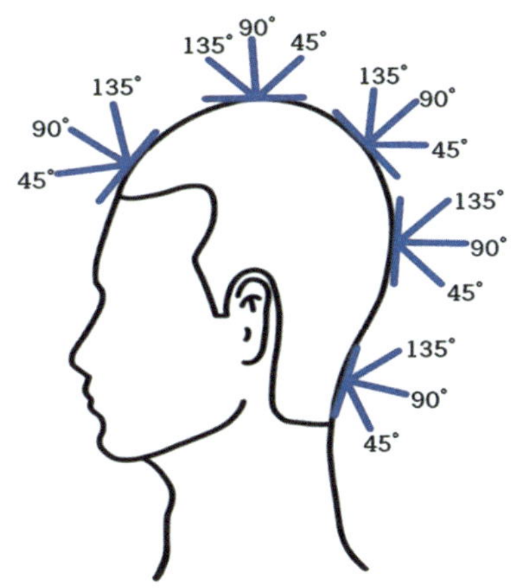

</td></tr>
</table>

# 제1부  남성 베이직 살롱 디자인 커트 이론

(이 책에서의 기초 지식)

Chapter 4

# 커트 도구와 기구의 종류 및 기법

1. 가위의 종류 및 기법
2. 틴닝 가위의 종류 및 기법
3. 질감 처리 기법
4. 빗의 종류 및 기법
5. 클리퍼의 종류 및 기법
6. 클리퍼 사용법에 따른 자르기 기본 기법

Chapter 4

# 커트 도구와 기구의 종류 및 기법

## 1. 가위(scissors)의 종류 및 기법

가위는 손가락의 연장선으로서 이·미용사가 의도하는 디자인에 따라 자유자재로 움직이며 불필요한 모량을 제거한다.

### 1) 가위의 구조

가위는 지렛대의 원리로 만들어진 도구로서 가위날 끝, 날 끝, 유동날(동인), 고정날(정인), 다리, 회전축, 엄지환, 약지환, 소지걸이 등으로 이루어졌다.

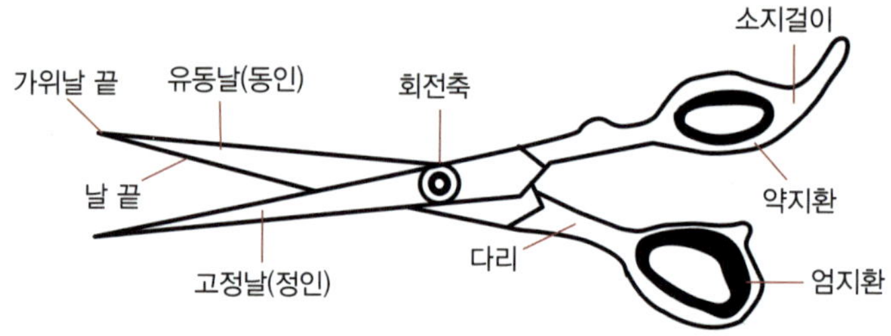


그림 4-1 가위의 구조

### 2) 가위 잡는 법

#### (1) 기본 가위 잡는(개폐) 법

약지환에 약지를 넣어 소지걸이에 소지를 얹은 후 가위 끝이 작업자 쪽으로 사선이 될 수 있도록 위치시켜 엄지환에 엄지 완충면을 살짝 걸쳐 넣는다. 이때 검지와 소지를 안으로 굽혀 주어 가위를 개폐할 때 가위 끝이 검지의 두 관절보다 밖으로 빠져나가지 않도록 한다.

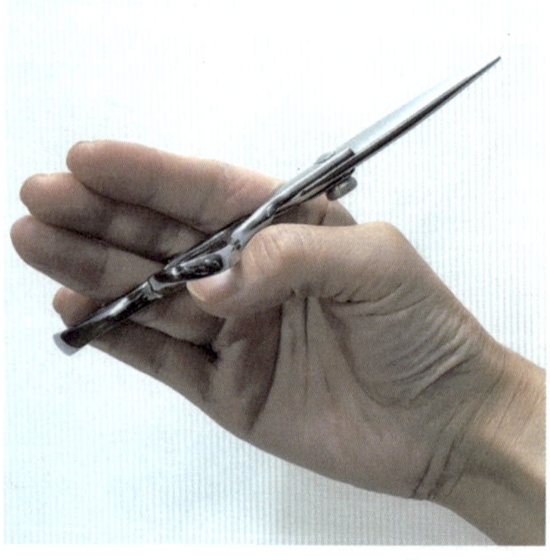

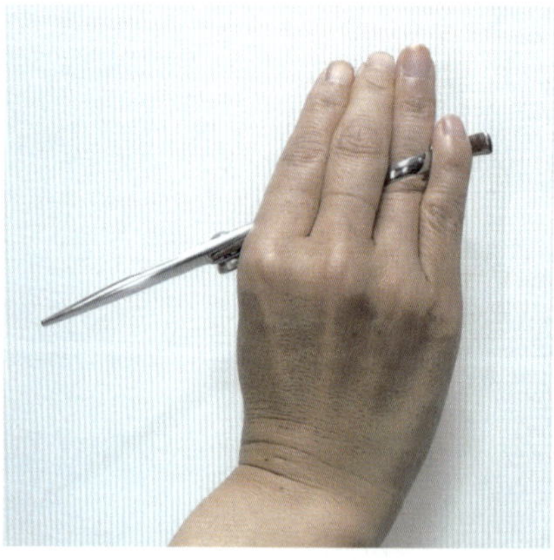

그림 4-2 가위 잡는 법

(2) **지간 가위 잡는**(개폐) **법**

기본 가위 잡는 방법에서 약지와 소지의 관절을 굽혀 검지를 피봇 나사 위에 위치시킨다. 이때 엄지는 'ㄷ' 자 모양으로 구부려 엄지환에 손가락 완충면을 살짝 걸쳐 주기만 한다.

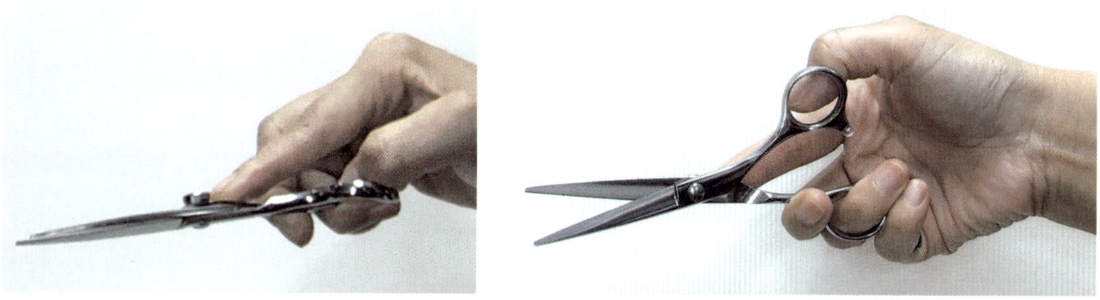

**그림 4-3 지간 가위 잡는 법**

## 3) 가위의 종류

사용 목적에 따라 주로 길이를 자를 때 사용하는 블런트 가위와 모량을 조절하는 틴닝 가위로 구분할 수 있으며, 재질에 따라 착강 가위와 전강 가위로 나눌 수 있다.

(1) **블런트 가위**

블런트 가위는 4.5인치, 5인치. 5.5인치, 6인치, 6.5인치, 7인치 등 가위의 총 길이에 따라 구분한다. 주로 총 길이가 6.5인치 이상인 장가위를 조발 가위라 하며, 떠내 깎기와 연속 깎기 등 시저스 오버 콤 기법에 사용된다. 단발 가위는 4.5~5.5인치의 길이를 사용하며 손가락의 연장선으로 주로 지간 깎기 시 사용한다.

**표 4-1 가위의 종류**

| 구분 | | | 특징 |
|---|---|---|---|
| 종류 | 블런트 가위 | 조발(調髮) 가위 | • 가위 중심부에서 앞쪽 날은 길고 뒤쪽 날은 짧다.<br>• 가윗날판의 부피에 따라 3~4mm 정도로 넓게 갈아서 사용한다.<br>• 보통 조발과 특수 조발에 공통으로 사용한다. |
| | | 단발(短髮) 가위 | • 가위 중심부에서 앞쪽이 뒤쪽보다 약간 짧다. 가윗날판의 부피가 두꺼우며, 가윗날의 넓이는 2.3~3mm 정도로 좁게 갈아서 사용한다.<br>• 길고 강한 모발이나 솔리드형에 주로 사용한다. |
| | 틴닝 가위 | | • 결 치기 또는 숱 치기 가위로서 모량을 제거시켜 주면서 자연스러운 헤어 연출을 할 수 있다. |
| 재질 | 착강 가위 | | • 가윗날 협신부는 특수 강철이며, 몸체는 연질 강철로 이루어졌다. |
| | 전강 가위 | | • 가윗날과 몸체 전체가 특수 강철로 이루어졌다. |

출처 : 교육부(2016). 이발(LM1201010517_62v2, LM1201010518_16v2, LM1201010519_16v2, LM1201010520_16v2, LM1201010550_16v1). 한국직업능력개발원.

### 4) 가위 선택 방법

(1) **협신 :** 날 끝으로 갈수록 자연스럽게 약간 내곡선 상으로 된 것이 좋다.

(2) **날의 두께 :** 가윗날은 얇고 잠금 나사 부분이 강한 것이 좋다.

(3) **날의 견고성 :** 양날의 견고함이 동일해야 하며, 견고함이 다를 경우 부드러운 쪽 날에 상한 자국이 남는다.

(4) **기타 :** 도금된 것은 피한다(강철의 질이 좋지 않다). 선회축인 잠금 나사가 느슨하지 않아야 한다. 날, 기타의 부분이 손상되지 않은 것을 선택한다. 손가락 넣는 구멍은 적합해야 하며, 사용 시 조작하기 쉬운 것을 선택해야 한다.

### 5) 가위 커트 테크닉 종류

(1) **블런트 커트**(Blunt cut) **:** 모발과 가위가 90° 각도를 유지하며 커트하는 테크닉. 커트라인이 강하고 정교하게 잘려진 형태로 깨끗한 라인을 만들 때 사용된다.

(2) **나칭 커트**(Naching cut) **:** 모발과 가위가 45° 각도를 유지하며 커트하는 테크닉. 커트라인의 불규칙한 형태를 만들어 내며 약간의 블런트한 느낌을 없애주며 자연스러운 라인이 형성된다.

(3) **콤 커트**(Com cut) **:** 빗살로 모발을 고정하여 최소한의 텐션으로 커트. 사이드 커트 시 사용한다.

(4) **블럭 커트**(Block cut) **:** 모량이 적은 사람 혹은 빠른 시간 내 커트를 끝내고자 할 때 많은 양의 모발을 한꺼번에 커트하는 방식이다.

(5) **슬라이드 커트**(Slide cut) **:** 자연스럽게 흐르는 선을 만들기 위한 커트로 모다발을 잡고 위에서 아래로 미끄러지게 연결하는 커트이다.

## 2. 틴닝 가위의 종류 및 기법

### 1) 틴닝 가위(thinning scissors)

커트 가위와 함께 사용되는 도구 중의 하나로 모발의 길이 변화는 주지 않은 상태에서 모량의 감소만을 이루는 방법으로, 모량의 불균형이나 모질을 적당하게 조절하여 작업을 용이하게 하기 위하여 사용한다. 틴닝 가위는 커트 시술의 시작부터 마무리까지 전 과정에서 사용된다. 틴닝 가위의 사용은 항상 반드라이된 상태에서 실시해야만 모발의 손상이나 가윗날의 마모를 줄일 수 있다.

그림 3-4 틴닝 가위

### 2) 틴닝 가위의 종류

재질에 따라 분류하기도 하고 발의 수와 모양에 따라 분류하는 것이 일반적이다.

톱니 모양날의 발수와 홈의 모양에 따라 절삭률과 질감이 달라지므로 사용 목적에 따라 고려하여 선택해야 한다.

표 4-2 틴닝 가위의 종류

| 구분 | | 특징 |
|---|---|---|
| 발수 | 20발 이하 | • 초보자용, 질감 처리용으로 대부분 사용되며 최소량의 모발을 제거한다. |
| | 20~40발 이하 | • 가장 많이 사용하고 있는 가위로서 모량의 감소와 테이퍼링 도구 등으로 사용된다.<br>• 기본 틴닝 커트용으로서 중간 정도의 모발을 제거한다. |
| | 40발 이상 | • 커트용 가위의 역할과 거의 흡사하게 사용되나 사용 빈도는 낮다.<br>• 모발을 최대량으로 제거한다. |
| 홈 모양 | V형 | • 발의 홈이 V자 형태를 가진 가위로서 현재 시판되는 틴닝 가위의 대부분을 차지한다.<br>• V자 형태의 홈은 둔각이기 때문에 U자 형태의 가위보다는 잘 잘리지는 않지만 집어주는 힘은 강하다.<br>• V자의 형태를 좁게 또는 넓게 각을 자유롭게 바꿀 수 있다.<br>• 모표피 층을 상하지 않게 최대한 날 하나하나를 붙여서 만들었다. |
| | U형 | • 발의 홈이 U자 형태를 가진 가위로서 홈의 안쪽 날이 예리한 형태이다.<br>• 많은 머리카락의 모량을 제거할 때 사용하며, 머리카락은 잘 잘리지만 집어주는 힘이 약하고, 간격이 넓어 머리를 자를 때 라인이 보일 수 있는 단점이 있다. |
| | 무 홈 | • 발은 형성되어 있으나 어떠한 형태를 가지지 않은 가위로서 정교하면서 자연스러운 스타일을 형성하고자 할 때 사용할 수 있다.<br>• 절삭력은 양쪽 발의 넓이에 따라 달라질 수 있으나 대개 10% 전후로 잘려 나간다. |
| 날 모양 | 일자형 | • 일반 틴닝 가위가 여기에 속하며 모발을 잘랐을 때 단면이 대각선으로 형성되므로, 모발의 끝이 갈라지는 손상을 줄 수 있다. 빠른 틴닝 작업에 유리하다. |
| | S자형 | • 모발을 잘랐을 때의 단면은 일자를 형성하지만, 작업 시 모발을 S자로 물고 들어가기 때문에 자연스러운 선을 얻을 수 있다.<br>• 단점은 가위를 빼낼 때 모발이 S자로 빠져나오기 때문에 작업의 속도가 저하될 수 있다. |
| | Round형 | • R 또는 C형이라고도 하며, 주로 고급 틴닝 가위(thinning scissors)가 주류를 이룬다. 모발을 잘랐을 때 단면이 일자를 형성하기 때문에 모발의 손상이 최소화되고 모발이 밀리지 않는다. |

### 3) 틴닝 가위 기법의 종류

모량과 헤어스타일을 조절하는 가위로 커트 디자인에 따라 사용법이 달라지며, 톱니가 촘촘할수록 많은 양의 모발을 쳐내므로 커트 기법을 고려한 발수를 선택하여 사용한다.

**표 4-3 틴닝 가위 기법의 종류**

| 종류 | | 특징 | |
|---|---|---|---|
| **루트 틴닝**<br>(roots thinning) | | 모근 쪽의 0.5cm 이하에서 커트하여 모류 보정<br>모류가 강한 경우 보정을 위해 솎아내는 방법으로 사용하며, 모량 조절에 이용한다.<br>모류가 역행하거나 모류 각도가 들떠 있을 경우 사용한다. | 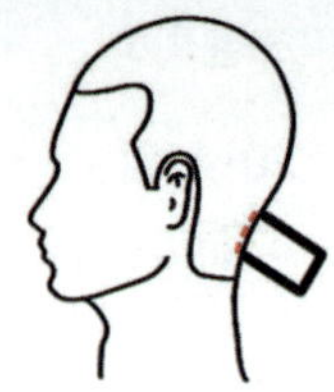 |
| **세임 틴닝**<br>(same thinning) | | 틴닝되는 모발의 위아래 길이가 같게 커트<br>모발의 중간 지점에서부터 틴닝, 모량을 조절하여 원하는 스타일을 쉽게 만들 때 사용한다.<br>딥, 노말, 엔드가 있다. | 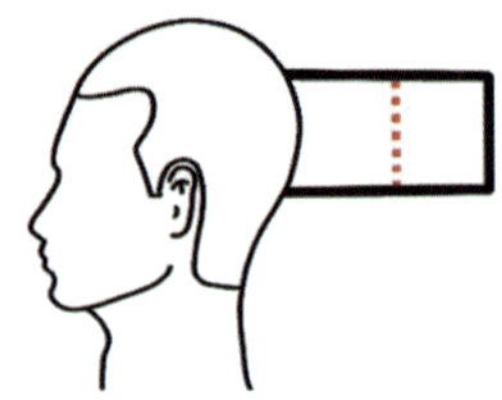 |
| **이너 틴닝**<br>(inner thinning) | **이너 그라데이션 틴닝**<br>(inner graduation thinning) | 틴닝되는 모발이 아래가 짧고 위가 길게 커트. 골격이 들어간 부분에 볼륨감을 만들고 싶을 때, 사용표면은 매끄럽게 두고 모량을 줄이면서 안말음 효과를 낼 때 사용한다. | 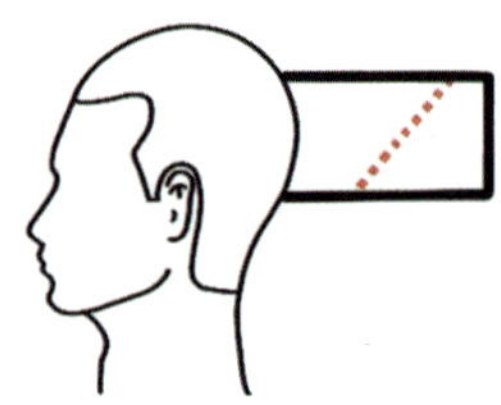 |
| | **이너 레이어 틴닝**<br>(inner layer thinning) | 틴닝되는 모발이 아래가 길고 위가 짧게 커트. 모량과 양감을 줄이고 움직임을 살리는 장점이 있으며, 겉말음 효과를 낼 때 사용한다. | 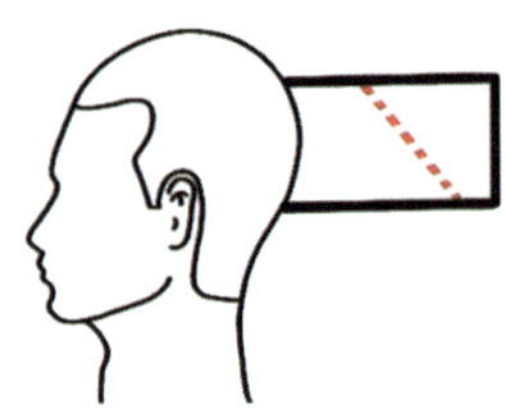 |
| **라인 틴닝**<br>(line thinning) | **사이드 틴닝**<br>(side thinning) | 볼륨과 모발 끝의 움직임을 좌우로 만들 때 사용한다. | 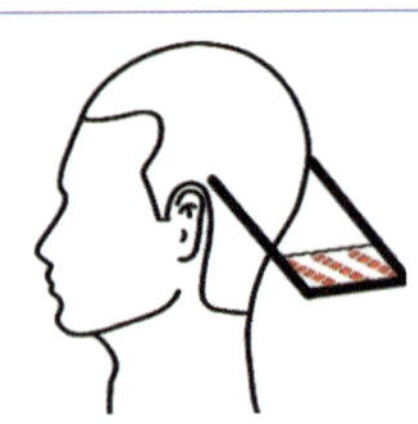 |
| | **언더 틴닝**<br>(under thinning) | 머리숱이 적은 모발의 볼륨과 안말음 효과를 만들 때 사용한다. | 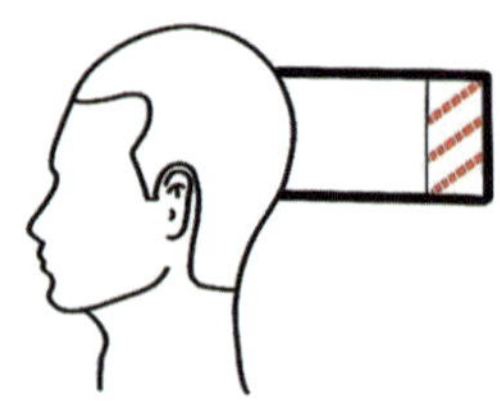 |
| | **오버 틴닝**<br>(over thinning) | 머리숱이 적은 모발의 뻗침이나 겉말음 효과를 만들 때 사용한다. | 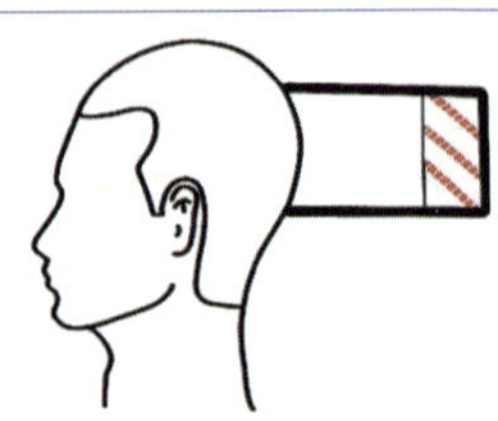 |

## 3. 질감 처리 기법

모발의 길이를 유지하고 두상의 골격 보정이나 커트 스타일의 완성도를 높이면서 표면 이미지를 만들기 위하여 실루엣의 시각적, 촉각적 느낌을 살리는 모발 감소 작업으로, 움직임과 볼륨감, 무게감, 입체감을 조절하기 위해 다양한 도구를 적절하게 사용한다. 도구는 커트 가위, 틴닝 가위, 레이저를 이용하여 질감 처리를 한다.

가위를 사용하여 질감 처리를 하는 방법은 슬리더링(slithering), 스트록 커트(stroke cut), 슬라이싱(slicing), 슬라이드 커트(slide cut), 나칭 커트(notching cut), 포인트 커트(point cut), 브릭 커트(brick cut) 등이 있다.

틴닝 가위를 사용하여 질감 처리를 하는 방법은 루트 틴닝(roots thining), 이너 틴닝(inner thining), 라인 틴닝(line thining)으로 구분된다.

레이저를 사용하여 질감 처리를 하는 방법은 베벨-업 기법(Beverl-up), 베벨-언더 기법(Bevel-under), 레자 회전 기법(Razor rotation) 등으로 구분된다.

질감 처리는 테이퍼링(tapering)이라고도 불리며 크게 3가지로 구분된다.

### 표 4-4 질감 처리 기법

| 앤드 테이퍼링<br>(and tapering) | 모발의 1/3 부분, 모발 끝을 가볍게 해서 부피감은 줄이고 생동감이 생기며, 무게선을 부드럽게 하고, 자연스럽게 연결해준다. | 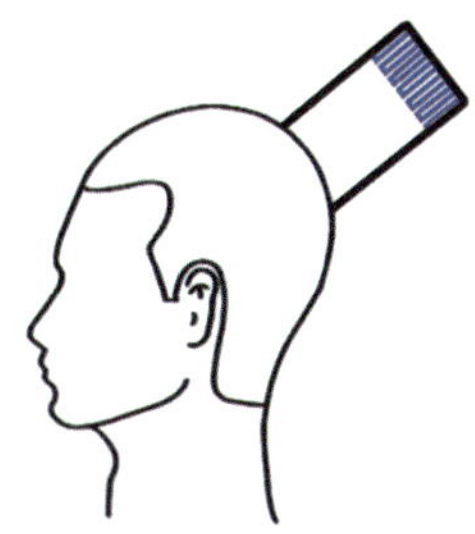 | 포인팅 기법, 스트록 기법, 세임 틴닝, 라인 틴닝 기법, 베벨-언더 기법, 레자 회전 기법 등이 있다. |
|---|---|---|---|
| 노멀 테이퍼링<br>(normal tapering) | 모발의 1/2 부분의 숱을 쳐내 부피감을 줄이고, 모발이 두상에 평평하게 붙도록 하며, 커트 골격에 들어간 부분에 볼륨감을 주고 움직임을 살린다. | 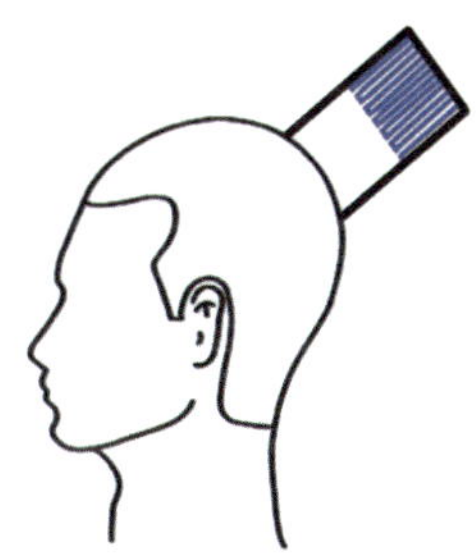 | 슬라이싱 기법, 스트록 기법, 슬라이드 기법, 이너 틴닝 기법, 세임 틴닝, 레자 회전 기법 등이 있다. |
| 딥 테이퍼링<br>(deep tapering) | 보통 베이스 근처나 2/3 부분, 모근 쪽에 사용되어 확장이나 볼륨감, 모류 조절이나 모류 각도가 들떠있을 때 사용한다. 모발이 두상의 표면에서부터 들려지게 한다. 짧은 머리는 긴 머리를 받쳐준다. |  | 스트록 기법, 슬라이드 기법, 슬라이싱 기법, 루트 틴닝, 세임 틴닝 기법 등이 있다. |

## 4. 빗의 종류 및 기법

### 1) 빗의 종류

빗은 크기와 재질(나무, 플라스틱, 금속 등), 모양에 따라 다양한 종류가 있다. 크기는 대·중·소로 나뉘며, 일반적으로 손잡이가 있는 모양의 빗과 손잡이가 없고 굵은 살과 고운 살이 같이 있는 세트 빗이 있다.

여러 종류의 빗 중 작업할 두상의 위치, 모발의 길이, 자르는 도구, 기법 등을 고려하여 선택한다.

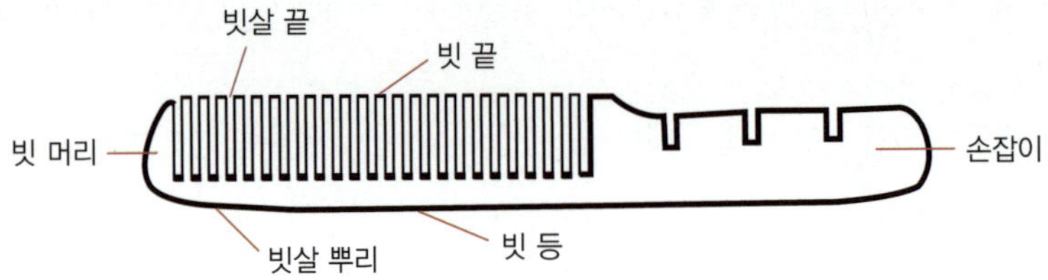


그림 3-5 빗

(1) **대 빗**(coarse comb, large cutting comb)

빗의 크기와 빗살의 간격이 넓은 9호 이상의 빗을 말한다. 이는 긴 모발을 거칠게 자르거나 모량이 많을 때 이용된다.

(2) **중 빗**(sculpting comb, cutting comb)

3~8호의 중간 크기의 빗을 말한다. 연속된 떠올려 깎기(elevation) 동작으로서 많은 모량을 제거하기보다는 짧은 길이 또는 다듬는 동작 시 주로 사용한다.

(3) **소 빗**(taper comb)

1~3호의 작은 크기의 빗을 말한다. 빗살의 두께가 가장 얇으며 아주 짧은 길이로 모발을 그라데이션하거나 가장자리를 다듬을 때 용이하다.

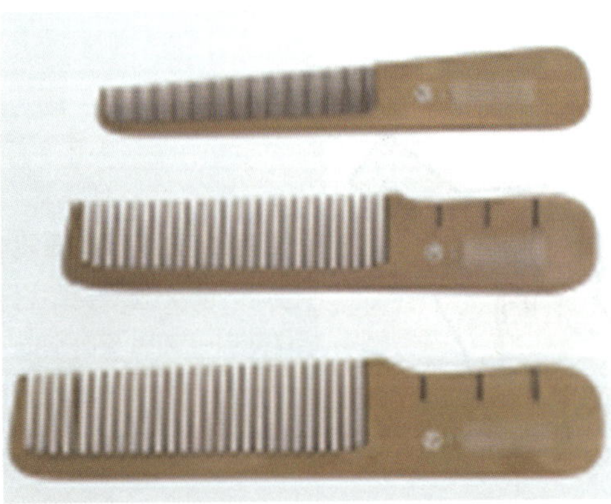

그림 4-6 손잡이가 있는 빗

그림 4-7 고운 살과 굵은 살로 이루어진 빗

출처 : C사 홈페이지(https://smartstore.naver.com/ceate). 2020.8.10 스크린샷.

### 2) 빗 잡는 방법

#### (1) 빗살이 위로 향하도록 잡는 방법

두상 위치에 따라 빗 손잡이를 다양하게 잡는다.

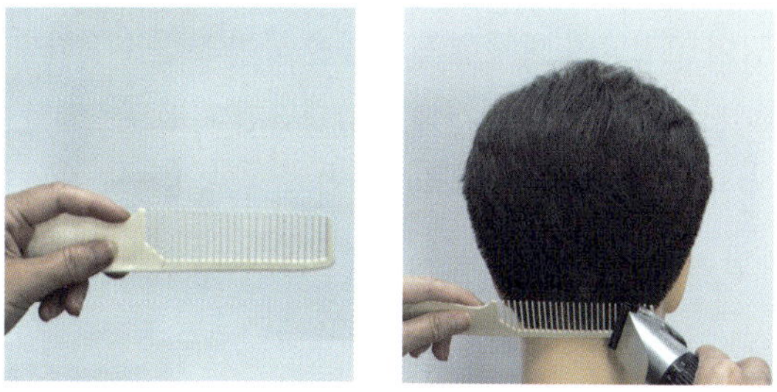

빗 손잡이 중심을 엄지손가락을 대고 잡는 방법
※ 엑스테리어 부분 커트 시 사용

그림 4-8

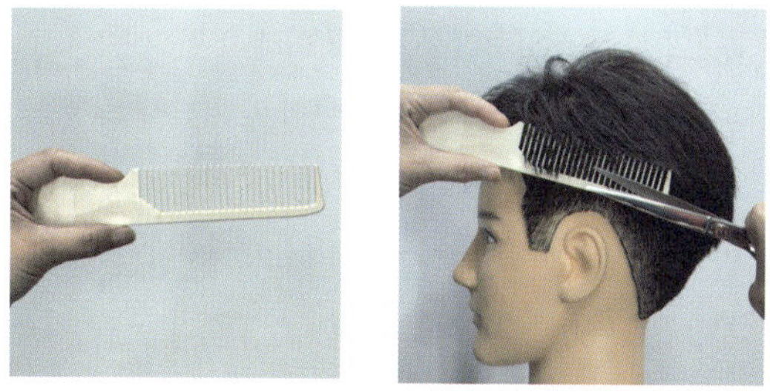

빗 손잡이의 양 끝은 엄지와 검지로 잡고, 중지손가락으로 빗 손잡이 뒷면을 고정하여 잡는 방법. 템플 부분, 인테리어 커트 시 사용한다.

그림 4-9

#### (2) 빗살이 아래로 향하도록 잡기

모발 표면 빗질 시 사용하는 방법으로 위에서 아래 방향으로 내려 빗질한다.

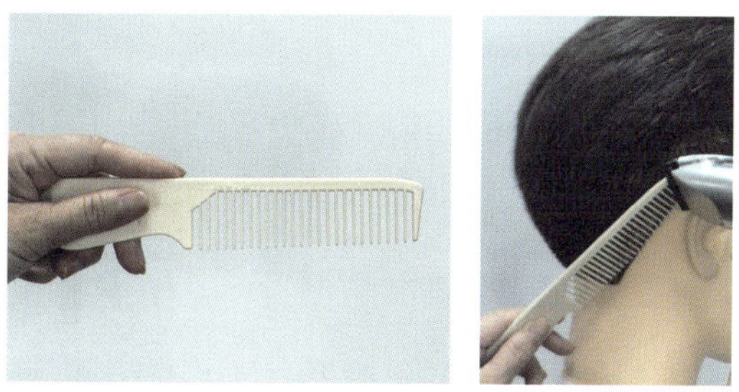

그림 4-10

#### (3) 다양한 빗 잡는 방법을 익힌다.

표 4-5 다양한 빗 잡는 방법

| 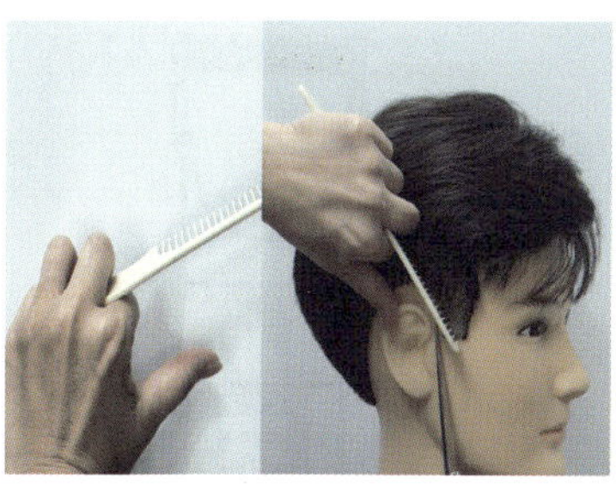 | 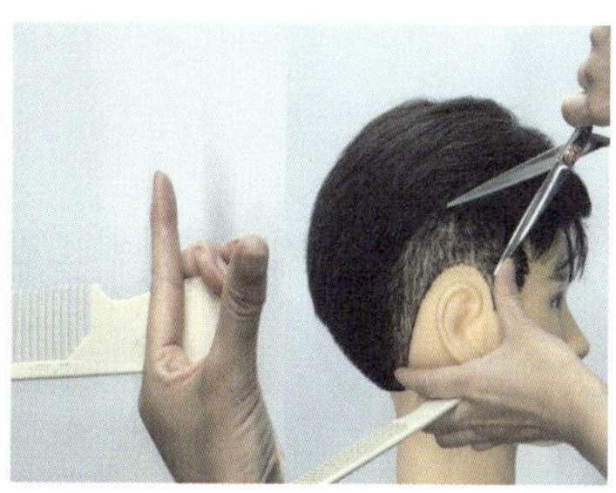 | 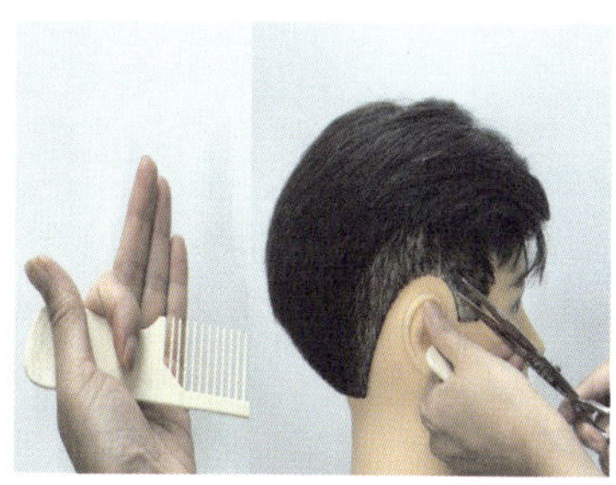 |
|---|---|---|
| 빗을 중지와 검지, 약지 사이로 옮겨 잡아 귀 주변 커트 시 엄지로 귀를 눌러서 귀를 보호한다. | 밀어 깎기 기법으로 커트 시 빗을 검지와 중지 사이로 옮겨 잡아 엄지를 두상에 지지하거나, 귀를 눌러 보호하기도 한다. | 이어라인을 다듬을 때 빗이 두상에 부딪히지 않도록 빗 머리를 바닥을 향해 돌려 잡는다. |

## 5. 클리퍼(hair clipper)의 종류 및 기법

### 1) 클리퍼의 유래 및 정의

클리퍼는 남성 커트에서 주로 사용되는 도구이다. 1870년경 프랑스의 바리깡뜨 엣 마리사(Bariquand et Mare co.)의 창업자인 머리깡 Em에 의해 발명되었는데, 가동 날이 고정날에 대해 왕복 운동을 하여 모발을 잘라내는 원리이다. 짧은 시간에 많은 모발을 커트할 수 있는 클리퍼는 처음에는 수동 형태로 발명되었다. 프랑스식과 미국 & 독일식이 사용되다가 1920년 미국에서 전동식을 개발하여 일본에 수출하게 된다. 우리나라에는 일본 식민지 시절에 미국에서 수출된 클리퍼를 일본에서 자체 개발하여 보급함으로써 지금에 이르고 있으나, 본격적인 사용은 1960년대로 추측된다.

### 2) 클리퍼의 종류

작동되는 힘의 원리에 의해 수동식과 전동식으로 나눌 수 있으며, 날의 두께에 따른 사용 용도와 모터의 종류에 따라서도 구분할 수 있다.

#### (1) 수동식 클리퍼와 전동식 클리퍼

수동식 클리퍼는 한 손으로 조작하는 편수기와 양손으로 조작하는 양수기가 있다. 전동식 클리퍼는 유선과 무선으로 분류할 수 있다.

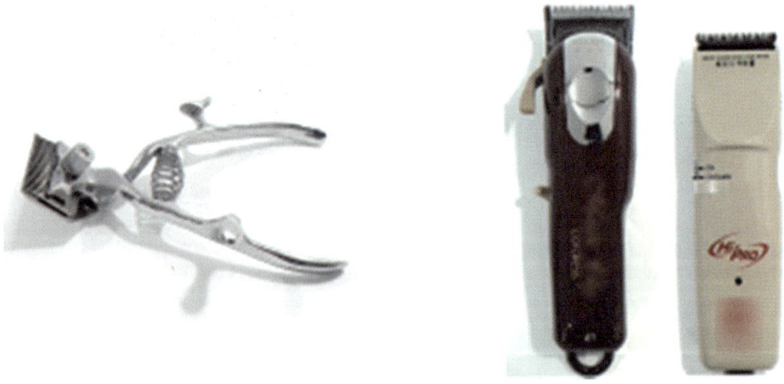

그림 4-11 수동식 클리퍼(좌)와 전동식 클리퍼(우)
출처 : C사 홈페이지(https://smartstore.naver.com/ceate). 2020.8.10 스크린샷.

#### (2) 클리퍼의 구조

전동식 클리퍼는 모터의 동력에 의해 아랫날이 움직이며, 전원 스위치로 On/Off 상태를 조절한다.

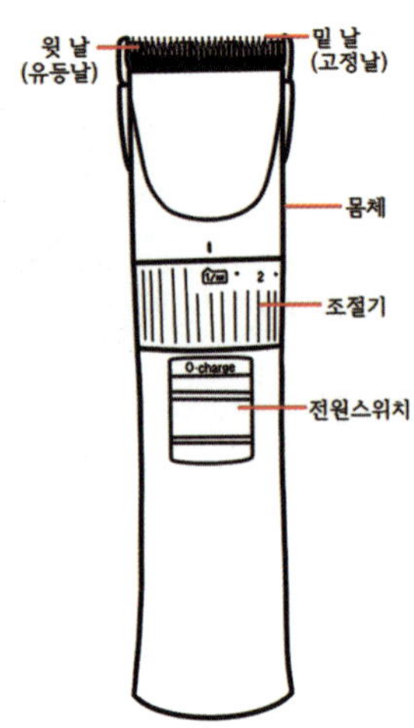


그림 4-12 전동식 클리퍼

(3) **날의 두께에 따른 클리퍼**

밑날판의 두께 또는 윗날(이동날)과 아랫날(고정날)의 간격에 의해 커트되는 모발의 길이가 달라진다. 일반적으로 0.8~2mm 이상으로 커트되는 클리퍼와 0.5mm 이하로 짧게 커트되는 소형 클리퍼로 구분하여 사용한다.

또한 날의 mm 수를 더 다양하게 사용할 수 있도록 윗날과 아랫날의 간격이 조절되는 클리퍼도 있으며, 덧날을 끼워 사용하는 다양한 클리퍼가 존재한다.

조절기가 있는 클리퍼 | 조절기가 없는 클리퍼 | 소형 클리퍼

**그림 4-13 날의 두께에 따른 클리퍼**

출처 : C사 홈페이지(https://smartstore.naver.com/ceate). 2020.8.10 스크린샷.

## 6. 클리퍼 사용법에 따른 자르기 기본 기법

### 1) 클리퍼 잡는 법

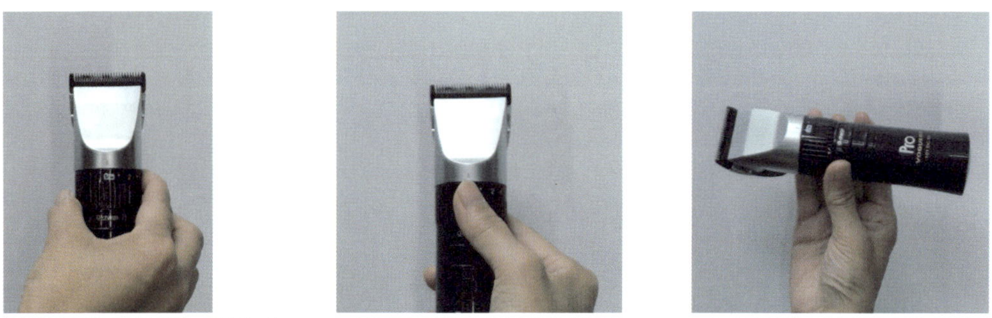

엄지와 검지를 이발기 측면에 위치하여 프리로 잡는 법을 수행한다.

엄지와 검지를 이발기 앞뒤에 위치하여 프리로 잡는 법을 수행한다.

엄지와 검지, 중지를 이용하여 클리퍼를 연필 쥐듯이 잡고, 약지와 소지는 클리퍼 아래에 받쳐 주어 '펜슬로 잡는 법'을 수행한다.

**그림 4-14 클리퍼 잡는 법**

## 2) 클리퍼 기법

### (1) **프리핸드 기법**

① 클리퍼의 아랫날을 두피면에 밀착하며 들어 올리는 기법

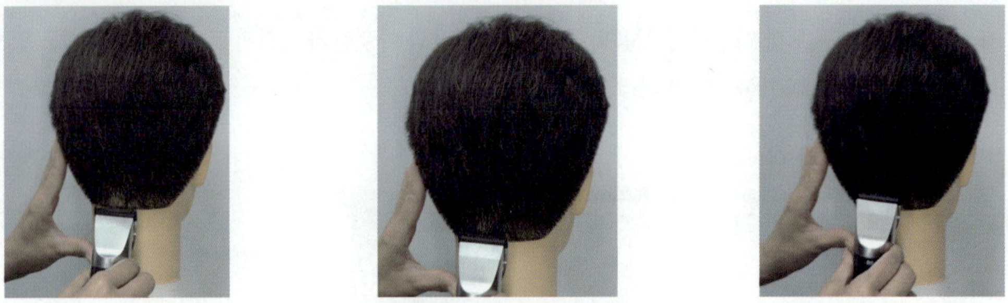

클리퍼를 네이프 백라인에 위치하여 클리퍼 날 끝을 두피면에 닿아 시작하고 날 끝을 원하는 각도로 클리퍼 날 끝을 들어 올리며 그라데이션 커트한다.

**I** 그림 4-15

② 클리퍼를 수평으로 위치하여 'C' 곡선을 그리며 회전하듯 들어 올리는 기법

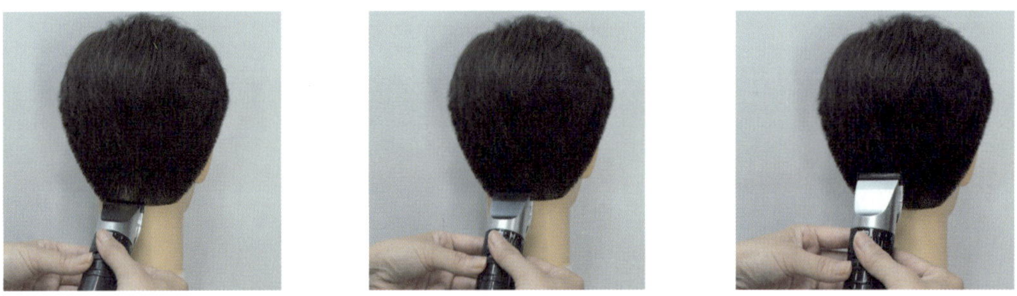

클리퍼를 네이프 백라인에 위치하여 클리퍼 잡은 손을 위로 들어 올림과 동시에 클리퍼 날 끝을 작업자 쪽으로 당겨오며 그라데이션 커트하고, 다시 제자리에 위치하여 같은 동작을 반복한다.

**I** 그림 4-16

### (2) **클리퍼 오버 콤 기법**

① 빗살면에 걸쳐진 모발 깎기 기법

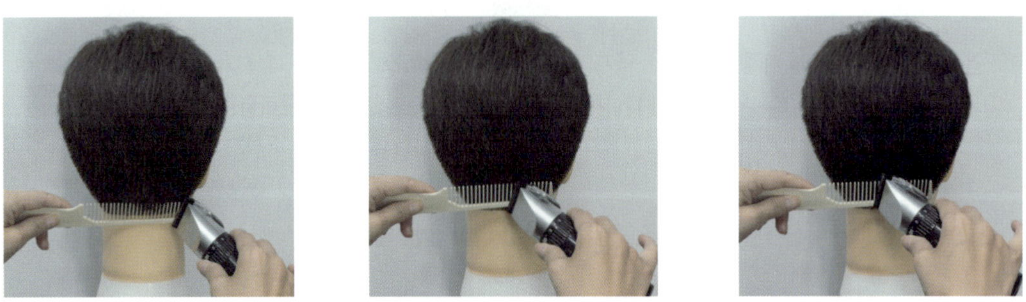

클리퍼 날을 빗에 대하여 수직 또는 사선으로 위치하여 빗살에 걸쳐 있는 모발 전체를 자른다.
빗살 끝을 당겨 주어 모발 길이를 조절하며 모발 길이가 길 때는 빗이 좌측에서 우측 방향으로 들어가는 것이 좋고, 모발 길이가 짧을 때는 아래에서 위 방향으로 들어가는 것이 좋다.

**I** 그림 4-17

② 빗살 뿌리 또는 빗등에 걸쳐진 모발 깎기 기법

클리퍼 날을 빗에 대하여 수직 또는 사선으로 위치하여 빗 등에 걸쳐져 있는 모발을 커트하며,
빗 등 각도를 들어 원하는 모발 길이를 조절한다. 이때 클리퍼를 숙일수록 많은 양의 모발이 잘려 나간다.

그림 4-18

③ 클리퍼를 이용한 돌려 깎기 기법

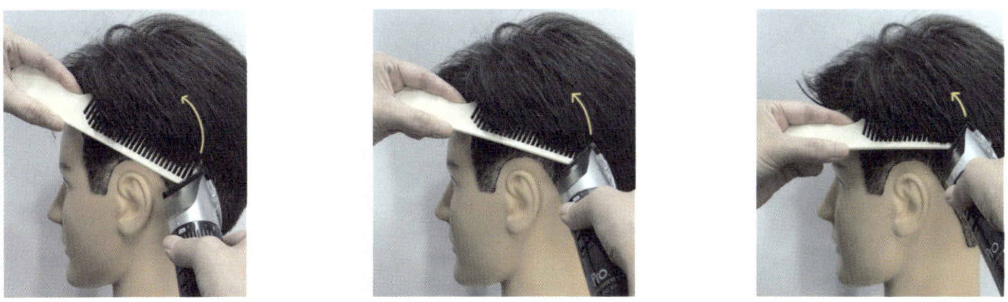

빗 머리를 시계 반대 방향으로 돌리면서 좌측 두부의 E.P에서 E.B.P 사이 영역에 모발 길이를 조절한다.
이때 빗 쥐는 방법에 따라 클리퍼는 빗면 또는 빗 등에 걸쳐진 모발을 제거하며, 우측 두부는 빗 손잡이 부분을 시계 방향으로 돌려준다.

그림 4-19

④ 클리퍼를 빗살 끝에 위치하여 명암을 조절하는 기법

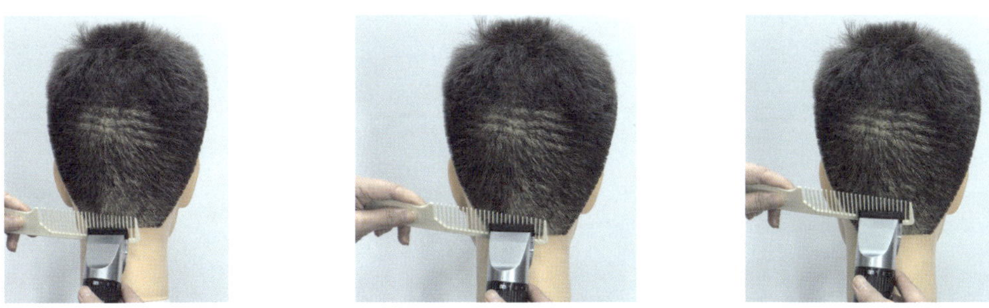

모발 길이가 짧을 때에는 클리퍼를 빗살 끝에 수평으로 위치하여 커트한다.
빗을 들어 올리며 모발 길이를 조절하여 자연스러운 그래주에이션이 되도록 커트한다.

그림 4-20

# 제1부  남성 베이직 살롱 디자인 커트 이론

(이 책에서의 기초 지식)

Chapter 5

# 남성 커트의 기본 기법

1. 형태에 따른 커트 기법
2. 빗으로 모발을 조절하는 커트 기법(over-comb technique)
3. 다듬거나 마무리 작업 시 사용되는 기법(trimming)
4. 가장자리 다듬기(outlining) 기법
5. 장가위 커트 기법

Chapter 5

# 남성 커트의 기본 기법

## 1. 형태에 따른 커트 기법

자르는 기법과 동시에 커트 형태선이 완성된다.

**표 5-1 형태에 따른 커트 기법**

| 구분 | 내용 |
|---|---|
| **블런트** | 일직선으로 뭉툭하게 자른다. |
| **그라데이션** | 두상 외부(크레스트 아랫부분)에서부터 내부(크레스트의 윗부분)로의 모발 길이가 점차적인 미세한 단차가 생기도록 자른다. 겹겹이 쌓인 것처럼 미세한 층을 이룬다. |
| **레이어** | 위가 짧고 밑이 긴 모발의 길이 구조 상태로서 두피에 대해서 90° 이상으로 들어서 자르는 기법이다. 모발 길이는 동일하나 두상 자체가 이루는 각도에 의해 단차를 갖는다. |

출처: 교육부(2016). 이발(LM1201010517_16v2, LM1201010518_16v2, LM1201010519_16v2, LM1201010520_16v2, LM1201010550_16v1). 한국직업능력개발원. p.29.

## 2. 빗으로 모발을 조절하는 커트 기법(over-comb technique)

짧은 헤어스타일을 커트할 때 사용되는 기법이다. 왼손으로 모다발을 쥘 수 없을 때 손 대신 빗을 이용하여 모발을 컨트롤한다. 주로 빗살 또는 빗 등 밖으로 나온 모발을 깎으며, 운행 방향과 모발 길이에 따라 다양한 기법이 있다. 클리퍼(clipper)로 커트 시에는 '클리퍼 오버 콤 테크닉'이라 하며, 가위(scissors)로 커트 시에는 '시저스 오버 콤 테크닉'이라 한다.

**표 5-2 빗으로 모발을 조절하는 커트 기법**

| 구분 | 내용 |
|---|---|
| **거칠게 깎기** | 전처치 커트(pre cut)에 해당하는 1차 커트 방법이다. |
| **떠내려 깎기** | 거칠게 깎는 기법으로서 위에서부터 빗으로 모발을 떠내어 빗살 밖으로 나온 긴 모발을 잘라 형태를 만들어 가며 하향으로 커트한다. |
| **떠올려 깎기** | 아래에서부터 빗으로 모발을 떠내어 빗살 밖으로 나온 긴 모발을 잘라 형태를 만들며 상향으로 커트한다. |
| **연속 깎기** | 짧은 모발의 형태를 만들거나, 긴 모발을 다듬어줄 때 가장 많이 사용되는 기법이다.<br>빗 운행 시 두상을 따라 이동하면서 가위를 빗 각도에 맞게 조절하여 연속 동작으로 조작된다. |
| **돌려 깎기** | 빗을 시계 방향 또는 시계 반대 방향으로 돌려가며 커트하는 기법으로, 부드러운 곡선 라인을 연출하며 주로 귀 주변에서 많이 사용되는 기법이다. |

출처: 교육부(2016). 이발(LM1201010517_16v2, LM1201010518_16v2, LM1201010519_16v2, LM1201010520_16v2, LM1201010550_16v1). 한국직업능력개발원. pp.29-30.

## 3. 다듬거나 마무리 작업 시 사용되는 기법(trimming)

길이를 자르고 난 후 튀어나온 잔머리를 다듬거나 모발이 뭉친 곳을 솎아줄 때 사용되는 기법이다.

표 5-3 다듬거나 마무리 작업 시 사용되는 기법

| 구분 | 내용 |
|---|---|
| 수정 깎기 | 모든 깎기 작업의 마지막에 행하는 커트 기법이다. |
| 밀어 깎기 | 모발 길이를 미세하게 제거하는 방법이다. 정인의 가윗날 끝을 왼손 엄지에 고정하여 밀어주며, 동인을 연속으로 개폐 조작하는 커트 기법이다. 개폐 시 일정 각도를 유지하기 위해 중지, 약지, 소지가 두피부에 지지하여 순조로운 움직임을 조작하는 역할을 한다. |
| 끌어 깎기 | 가윗날 끝을 왼손의 모지 완충면 위에 고정한 후 시술자 앞으로 당겨주며, 동인을 연속으로 개폐 조작하는 커트 기법이다. |
| 솎음 깎기 | 모량을 조절하거나 일정 모량을 솎아내어 뭉친 모발을 솎아낼 때 또는 불필요한 모발을 제거하거나 모발 표현을 연결하고자 할 때 조작하는 커트 기법이다. |

출처: 교육부(2016). 이발(LM1201010517_16v2, LM1201010518_16v2, LM1201010519_16v2, LM1201010520_16v2, LM1201010550_16v1). 한국직업능력개발원. pp.29-30.

## 4. 가장자리 다듬기(outlining) 기법

클리퍼 또는 가위를 이용하여 헤어스타일의 가장자리(outline)를 다듬는다. 헤어라인 성장 패턴에 맞춰 자연스럽게 연결되어 연출하거나 선명하고 명확한 라인을 만들 수 있다.

### 1) 테이퍼드 아웃라인(tapered outline)

주변의 모발과 자연스럽게 연결된 아웃라인이다. 이는 모발이 자라도 경계가 두드러지지 않아 지저분해 보이지 않고 단정하다.

### 2) 블런트 아웃라인(blunt outline)

인위적으로 명확한 선을 만들어낸 아웃라인이다. 이는 커트 당시에는 깔끔해 보일지라도 모발이 자라면서 경계가 두드러져 단정하지 못하다.

### 3) 커트 도구만을 활용해서 커트하는 기법(freehand technique)

손(또는 빗)으로 모발을 쥐지 않고 커트 도구만을 사용해서 커트하는 기법을 말한다. 짧은 길이의 헤어스타일에서 클리퍼로 두상에 밀착하여 곡선을 그리며 끌어올리는 경우를 예로 들 수 있다.

## 5. 장가위 커트 기법

1) **지간 깎기 기법** : 모발을 잡아, 개폐 동작을 크게 하며 한 번에 커트하는 동작이다.

아웃사이드 커트(outside cut)와 인사이드 커트(inside cut) 기법이 있다.

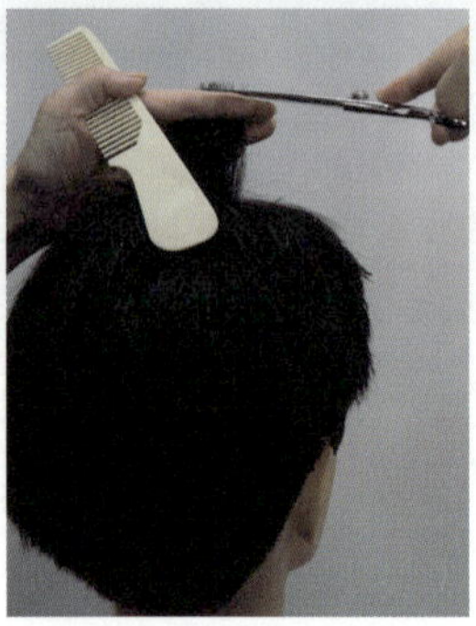

손 등을 위로 향하여 손의 바깥쪽의
모발을 자르는 방법

**그림 5-1 아웃사이드 커트**

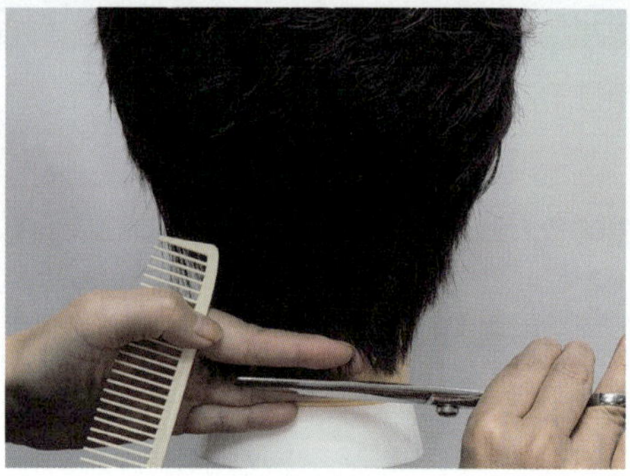

손바닥을 아래로 향하여 손의 안쪽의
모발을 자르는 방법

**그림 5-2 인사이드 커트**

2) **시저스 오버 콤 기법**(연속 깎기 기법)

연속 깎기는 5cm 이하의 모발 길이일 경우 빗과 가위가 커트된 형태면에 따라 연속적으로 깎는다.

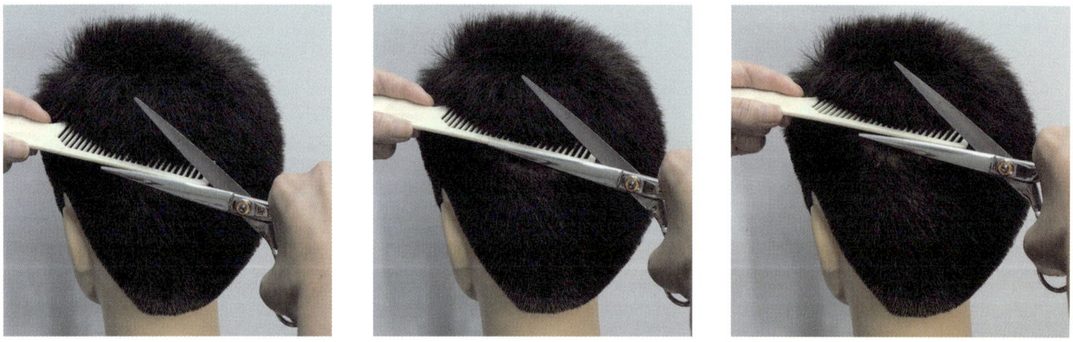

자르고자 하는 부분에 빗을 위치하여 모발 길이에 따라 빗 각도 및 위치를 조절하면서 빗을 위로 이동하며 가위를 연속적으로 개폐한다.

**그림 5-3 시저스 오버 콤 기법**

### 3) 밀어 깎기와 끌어 깎기 기법

밀어 깎기와 끌어 깎기는 모발 전체에 요철을 제거하고자 수정 커트 시 사용된다. 측두면과 후두면에서는 가윗날을 세워서 지지하고(옆가위질이라고도 함), 천정부에서는 가윗날을 수평으로 지지한다.

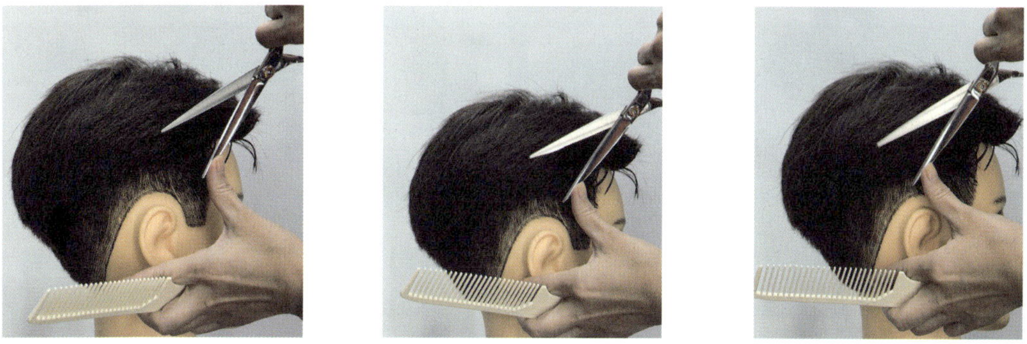

측두면의 밀어 깎기는 시계 방향, 즉 오른쪽 측두면에서 왼쪽 측두면을 향하여 모류 방향을 향해 엄지에 정인의 가윗날 끝을 지지시켜 대패로 미는 듯한 느낌으로 섬세하게 깎는다.

▌그림 5-4 밀어 깎기

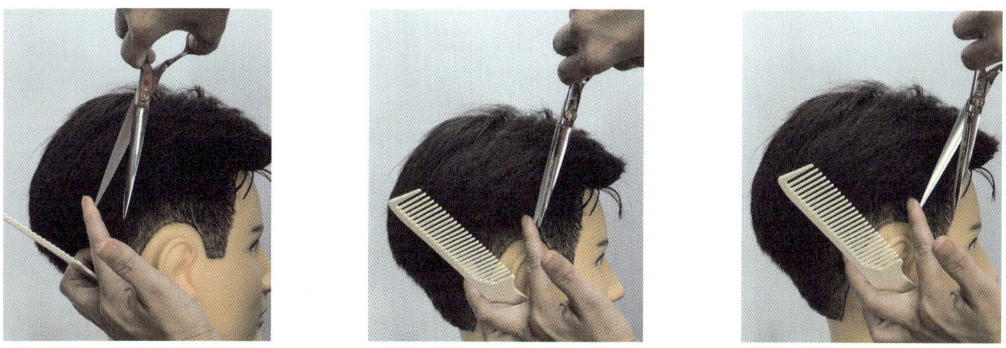

측두면의 끌어 깎기는 시계 반대 방향으로 검지에 동인의 가윗날 끝을 지지하여 당기는 듯한 느낌으로 섬세하게 깎는다.

▌그림 5-5 끌어 깎기

### 4) 가위를 이용한 아웃라이닝 기법

왼손의 엄지로 귀를 눌러 잡고 가위를 중지와 약지에 위치시켜 가위 끝이 이어라인을 따라 이동하며 커트한다.

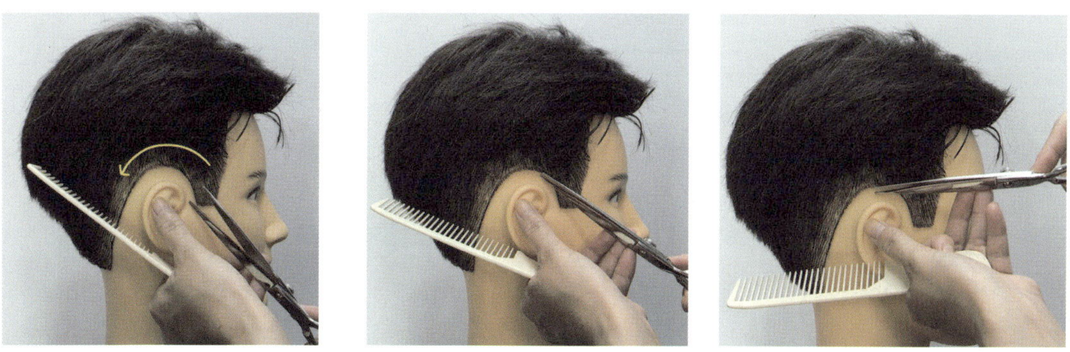

▌그림 5-6 가위를 이용한 아웃라이닝 기법

### 5) 돌려 깎기 기법

두상의 곡면을 따라 돌아가며 커트하는 동작을 말한다.

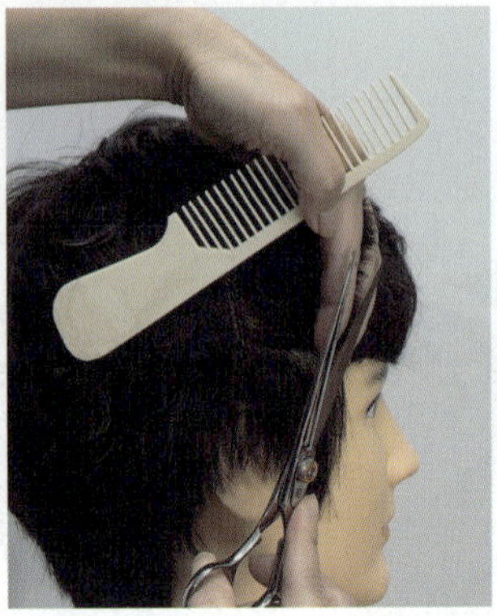

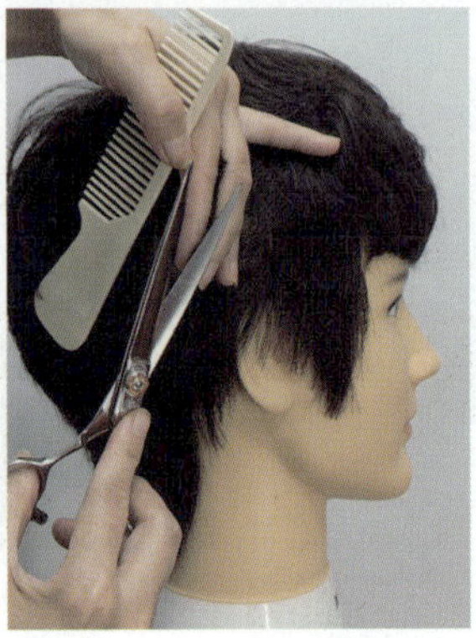

그림 5-7 돌려 깎기 기법

### 6) 소밀 깎기 기법

빗을 두상에 밀착하여 세밀하게 수정하는 커트를 말한다.

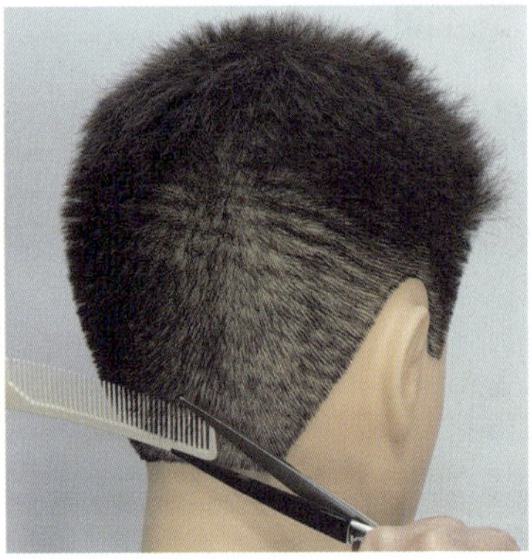

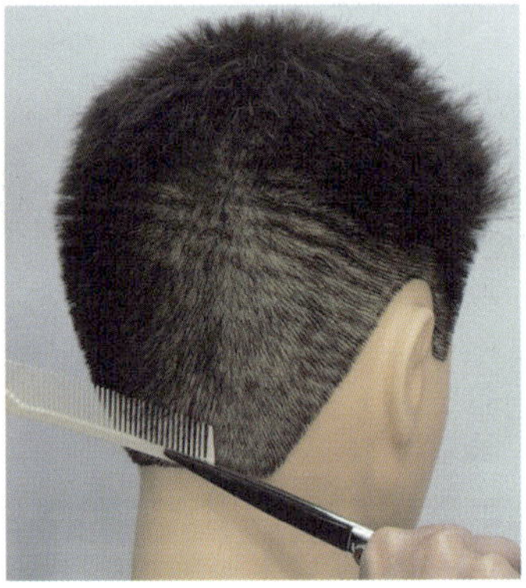

그림 5-8 소밀 깎기 기법

### 7) 솎음 깎기 기법

모발에 숱이 많을 때 모발 숱을 정리하기 위한 방법으로, 모발을 빗으로 떠올려 모근 쪽의 모발을 잡아 내리며 커트한다.

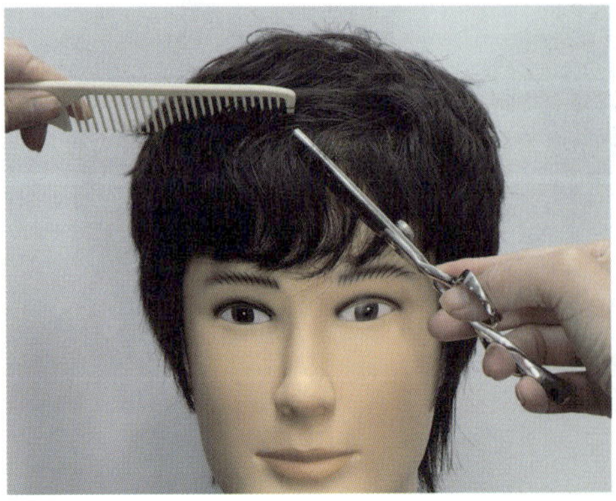

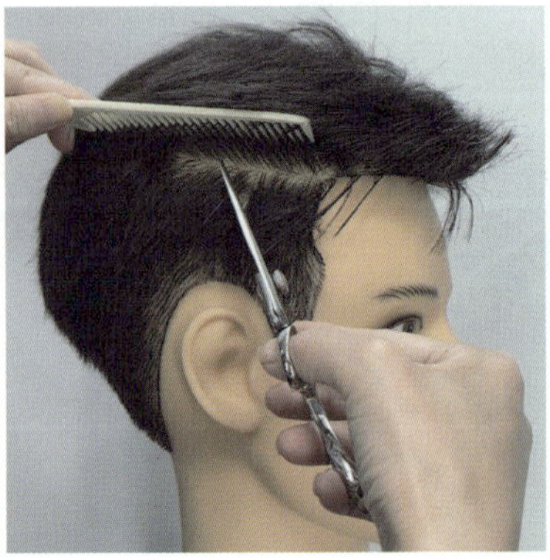

그림 5-9 솎음 깎기 기법

# 제2부 남성 베이직 살롱 디자인 커트 실기

## Chapter 1
## 베이직

1. Style number 1 하상고(낮은 상고)
2. Style number 2 중상고(중간 상고)
3. Style number 3 상상고(높은 상고)
4. Style number 4 긴 스포츠
5. Style number 5 각 스포츠
6. Style number 6 둥근 스포츠

# 베이직

하상고 47p

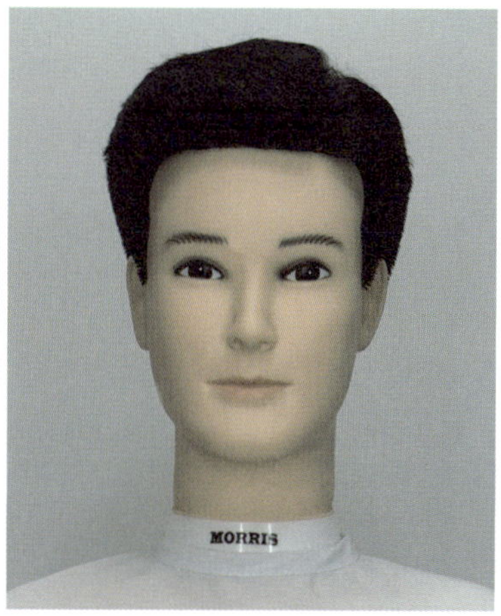


중상고 55p

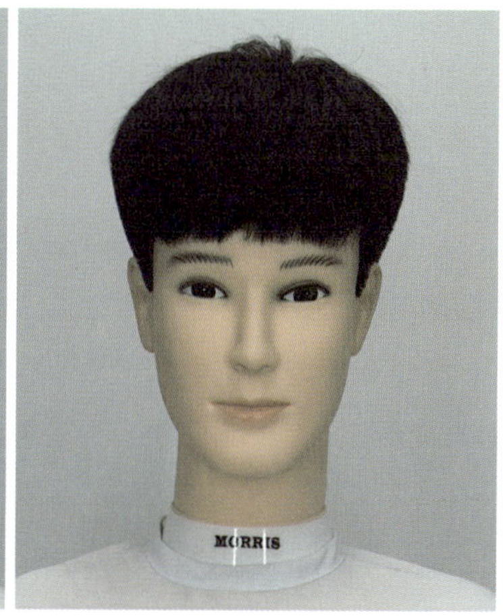

상상고 63p

긴 스포츠 71p

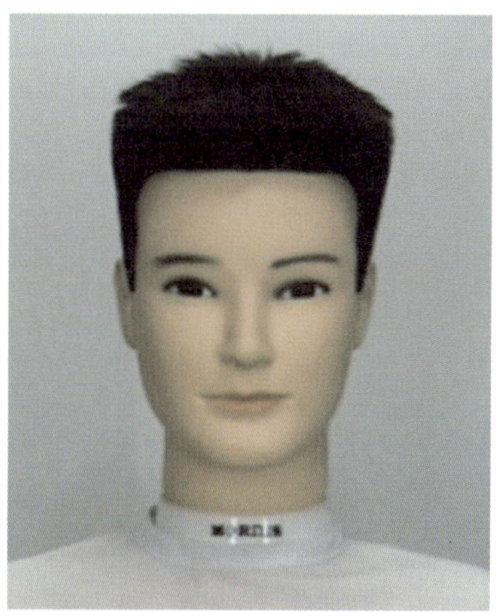

각 스포츠 77p

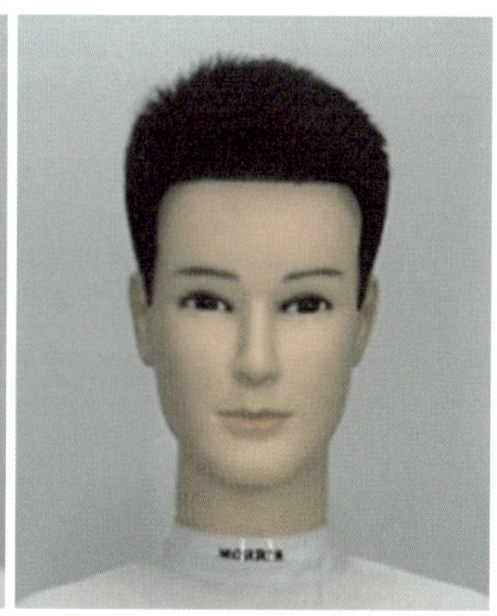

둥근 스포츠 83p

Chapter 1

# 베이직

## 1. 상고의 유래 및 특징

상고 머리란 앞머리만 약간 길게 놓아두고 옆머리와 뒷머리를 짧게 치켜 올려 깎고, 정수리 부분은 평평하게 다듬어 앞머리는 가르마 없이 내려 빗은 상태에서 일자로 가지런히 자른 머리를 뜻한다. 납작한 한국인 두상의 단점을 보완하기에 알맞은 스타일이다.

상고 머리의 어원은 한자어의 상(上)과 일본어의 고(ご)가 합쳐진 합성어인데, 일본어의 고(ご)는 다섯을 의미하여 5cm를 올려친 머리라는 의미를 가지고 있다.

현재는 하상고, 중상고, 상상고로 나누어서 정의하고 있다.

## 2. 스포츠의 유래 및 특징

스포츠 헤어 커트는 브로스(Brosse)형, 크루 컷(Crew Cut)이라고도 하며, 특수 조발에 속한다. 처음 커트 시에는 가위로만 커트하였다.

1960년도에 하와이 미 해군 부대에서 유행하기 시작하였다. 스포츠 헤어 커트의 디자인 구성을 보면 전체를 하나의 박스 형태로 머리 모양을 직각으로 연출하고, 네이프(Nape Line)와 사이드(Side Line)는 짧게 올려쳐주는 형태이다.

현재는 모든 커팅 도구를 사용하여 커트하며 브로스(Brosse), 미들 브로스(Middle Brosse), 스퀘어 브로스(Square Brosse), 라운드 브로스(Round Bross)로 분류할 수 있다.

## [Style number 1] 하상고(낮은 상고)

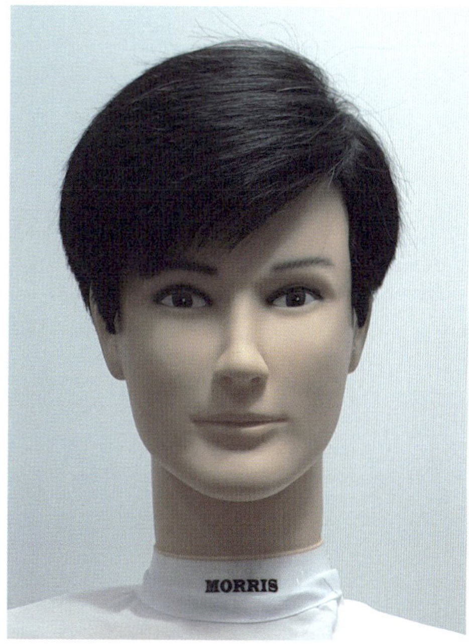


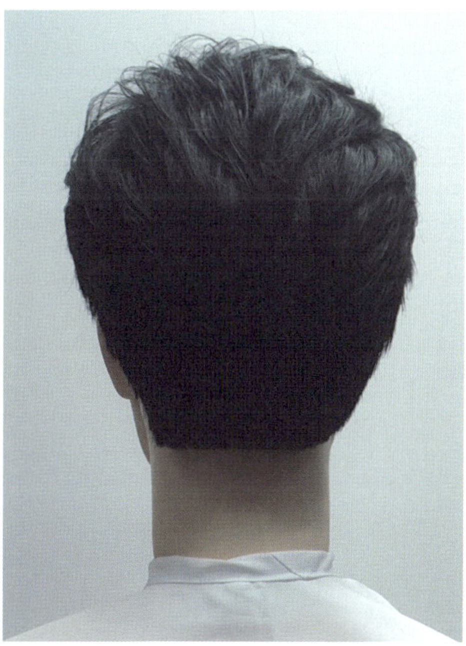

# 유사 스타일 찾아보기

| | |
|---|---|
| | |
| | |

## 1. 하상고 특징

하상고는 커트된 모발을 내려뜨렸을 때 가장 마지막에 떨어지는 모발에 맞춰 옆선의 빗의 기울기를 15~30°로 하여 옆 모발을 커트한다.

측두부 네이프 사이드 라인 또는 E.P에서 0~1cm 위로, 네이프 백라인에서 귓불 또는 귓불 중간 이하로 바리깡 라인이 형성되며, 무게선이 하단부에 위치하는 로우 그라데이션 커트이다. 무게선을 수평, 대각선(후대각, 전대각)을 어떻게 조합하느냐에 따라 다양한 디자인 연출이 가능하다.

## 2. 도해도

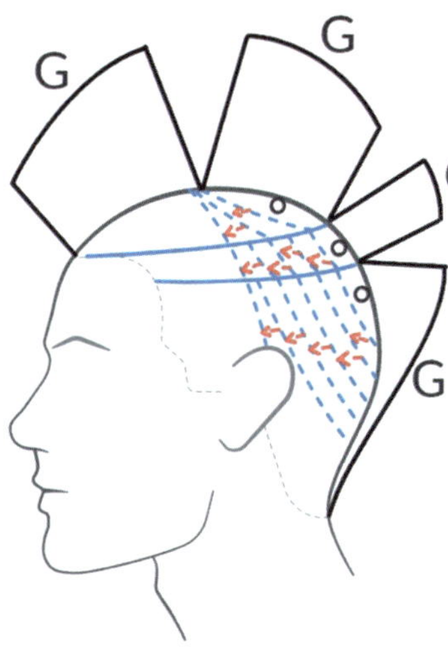


ⅡI 그림 1-1

## 3. 커트 진행 방법 및 절차

크레스트를 중심으로 투 섹션으로 나눈 후 측두부 네이프 사이드 라인 또는 E.P에서 1cm 위로, 네이프 백라인에서 귓불 중간 이하로 클리퍼 라인이 형성되며, 무게선이 하단부에 위치하게 진행한다.

ⅡI 표 1-1

| 섹션 / 구분 | 엑스테리어 | | 인테리어 | |
|---|---|---|---|---|
| | 측두부 | 후두부 | 전두부 | 두정부 |
| **파팅** | 가로 | 후대각 | 가로 | 후대각 |
| **베이스** | 스퀘어 | OD<br>On Base | 스퀘어 | OD<br>On Base |
| **각도** | 90° | 파팅과 평행하게<br>빗질 | 45° | 파팅과 평행하게<br>빗질 |
| **형태** | 그라데이션(G) | G | G | G |

1

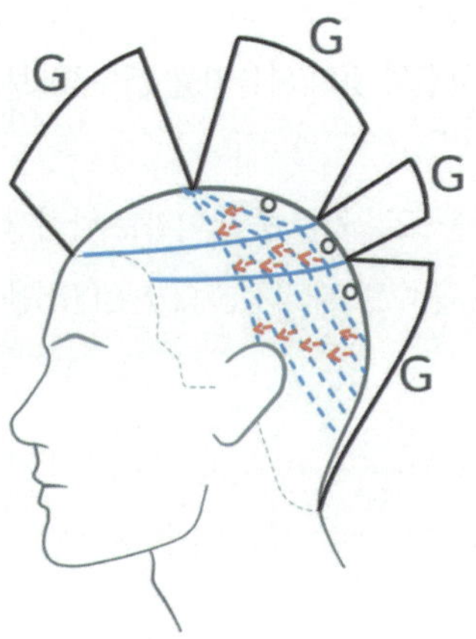


도해도

2

크레스트를 중심으로
인테리어와 엑스테리어로
투 섹션 블로킹한다.

3

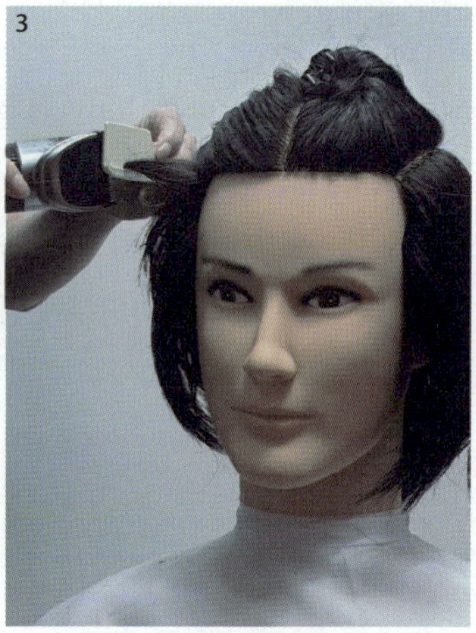

엑스테리어의 헴라인까지
떨어지는 길이로 스퀘어 라인이
되게 측두부를 클리퍼 오버 콤
으로 측중선까지 진행한다.

4

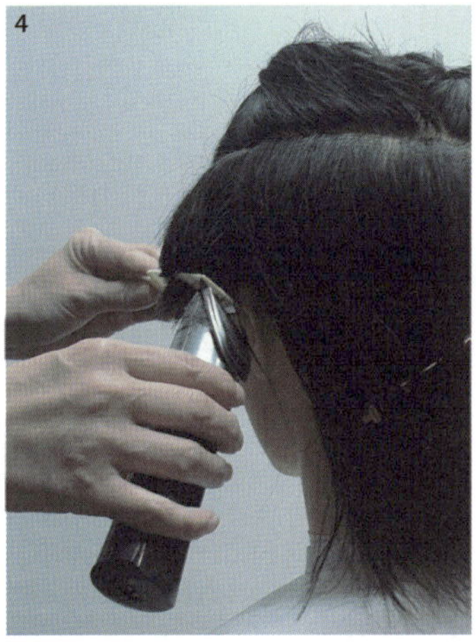

③의 가이드로 빗의 기울기를
30°로 하여
클리퍼 오버 콤으로 진행한다.

5

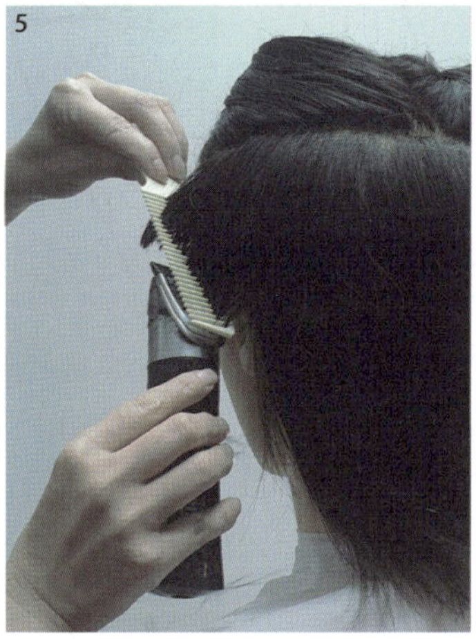

측두부의 커트라인과
중단부를 후대각으로
연결 커트한다.

6

엑스테리어 측두부 완성

7

측두부와 하단부를 연결하는
후대각 후 E.B.P와 N.S.P
쪽으로 빗의 방향을 주고
클리퍼 오버 콤으로 진행한다.

8

후두하부까지 동일하게
진행한다.

9

E.B.P에서 N.P 쪽으로 빗의
방향을 주고 후두하부 쪽을
클리퍼 오버 콤으로 진행한다.

⑨를 가이드로 Back 쪽에서
스퀘어로 하단부를
클리퍼 오버 콤으로 진행한다.

⑩을 가이드로 후두하부까지
빗의 각도를 기울이면서
그라데이션으로 진행한다.

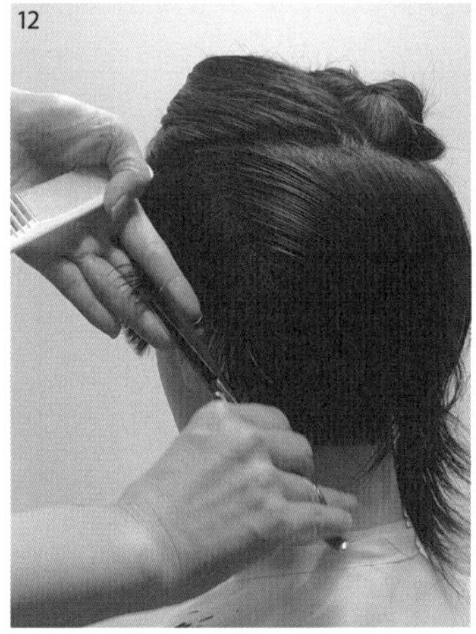

엑스테리어 측중선에서
하단부로 후대각 파팅 후 E.B.P
쪽으로 OD하여 진행한다.

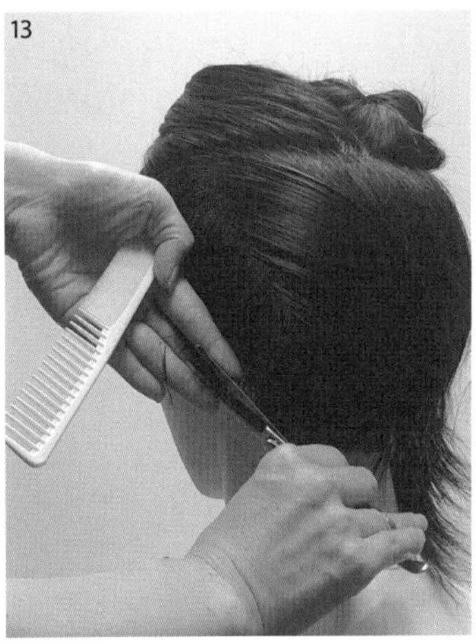

계속하여 후두하부 N.S.P 쪽으로
진행한다.

계속하여 후대각 파팅 후
전 패널로 OD하여
중단부를 진행한다.

계속하여 하단부 쪽으로
진행한다.

계속하여 후대각 파팅 후
파팅과 평행하게 빗질하여
그라데이션으로 진행한다.

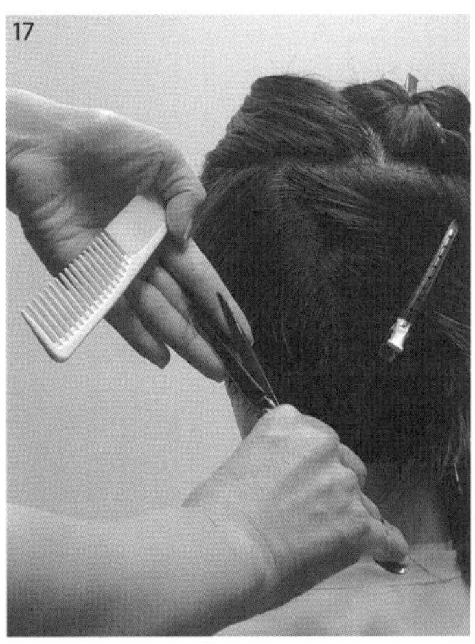

계속하여 하단부로
진행한다.

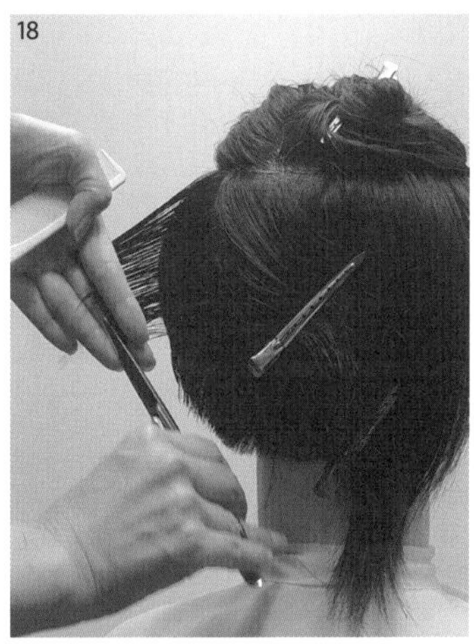

계속하여 후대각 파팅 후
전 패널로 OD하여 중단부를
동일하게 진행한다.

19 계속하여 후대각 파팅 후 전 패널로 OD하여 동일하게 진행한다.

20 나머지 남은 파팅은 정중선에서 On Base로 B.N.M.P 쪽으로 그라데이션 커트한다.

21 엑스테리어 커트 완성

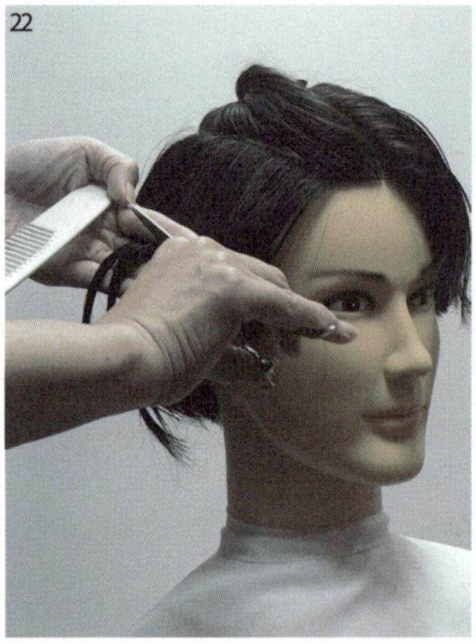

22 인테리어 부분을 2등분으로 나눈 후 엑스테리어를 가이드로 측두부를 45° 커트한다.

23 측중선에서 Back 상단부를 후대각 파팅 후 파팅과 평행하게 빗질하고, 측중선으로 OD하여 그라데이션으로 커트한다.

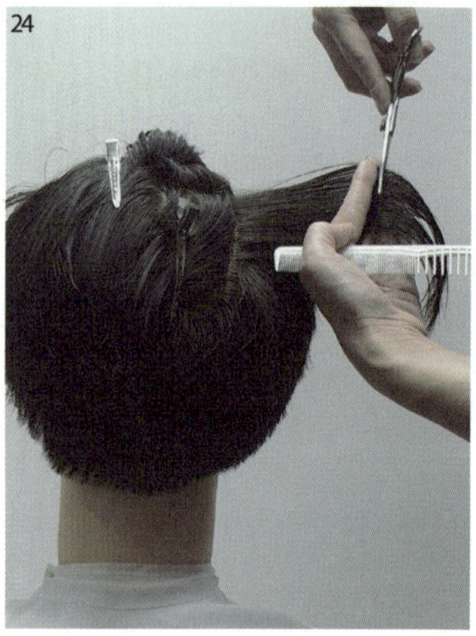

24 계속하여 후대각 파팅 후 전 패널로 OD하여 동일하게 진행한다.

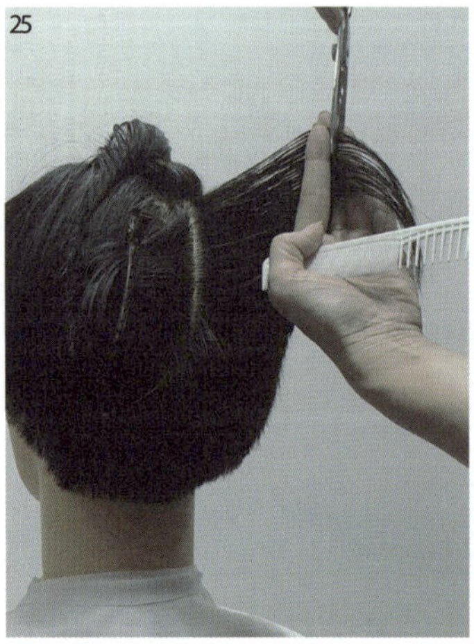

25 정중선 쪽은 On Base로 진행한다.

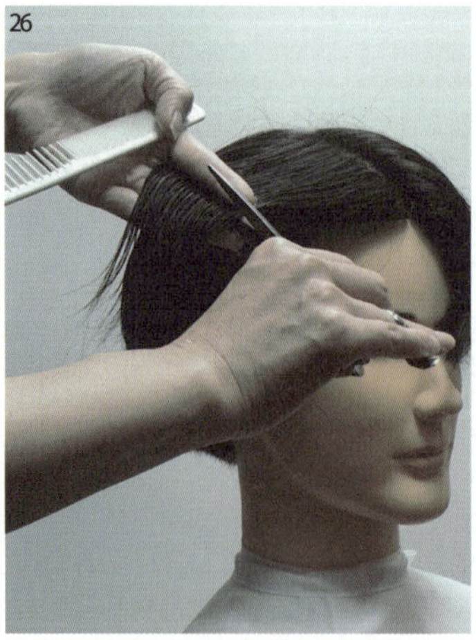

26 남은 전두부는 측중선까지 스퀘어로 90° 커트 진행한다.

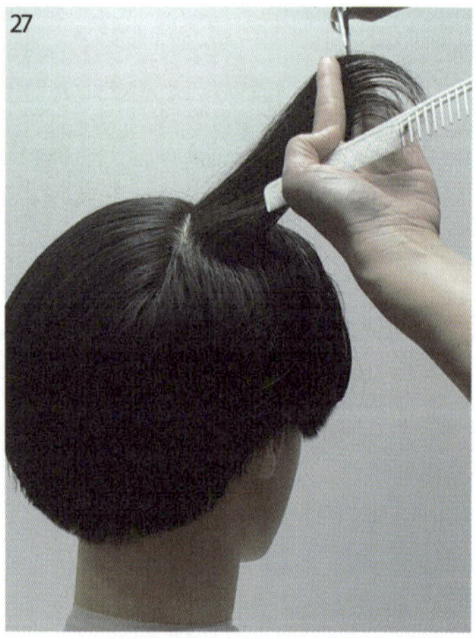

27 나머지 두정부는 T.P를 기점으로 피봇파팅 후 파팅과 평행하게 빗질하고, 측중선으로 OD하여 그라데이션으로 커트한다.

28

계속하여 피봇파팅 후
전 패널로 OD하여 진행한다.

29

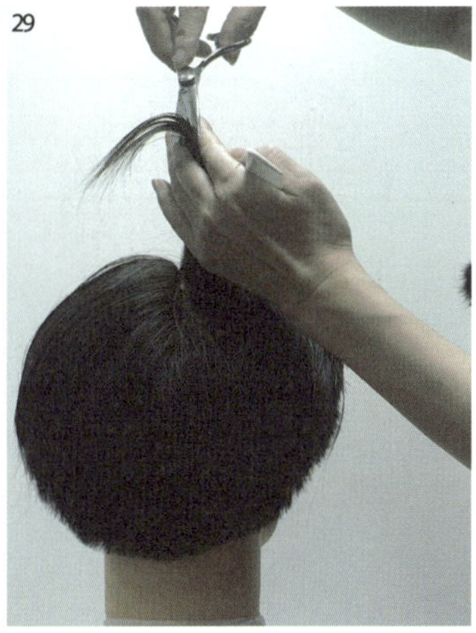

정중선 쪽의 파팅은
On Base로 진행한다.

30

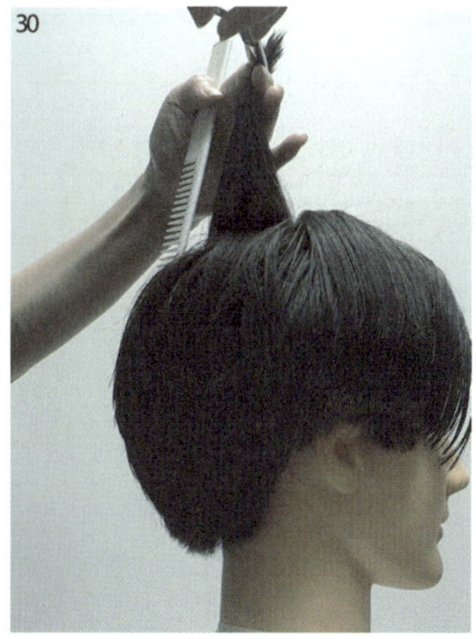

완성 후 천정부는
90° 빗질하여
코너 정리 체크 커트한다.

31

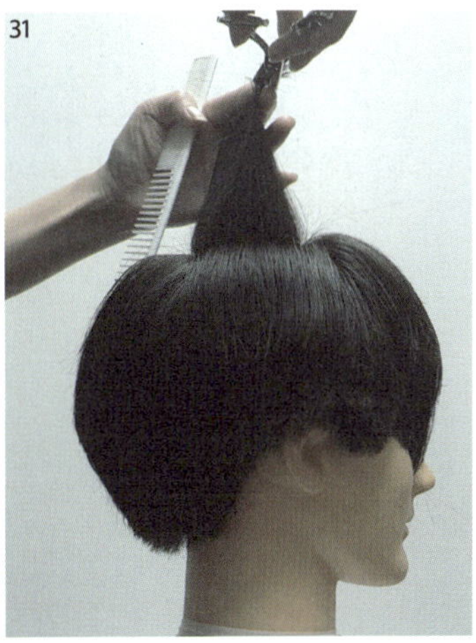

동일하게 진행한다.

32

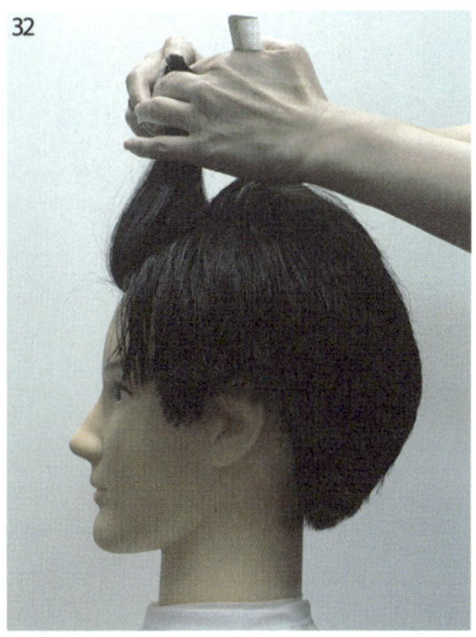

C.T.M.P로 OD하여 앞머리
길이가 짧아지지 않게 체크한다.

33

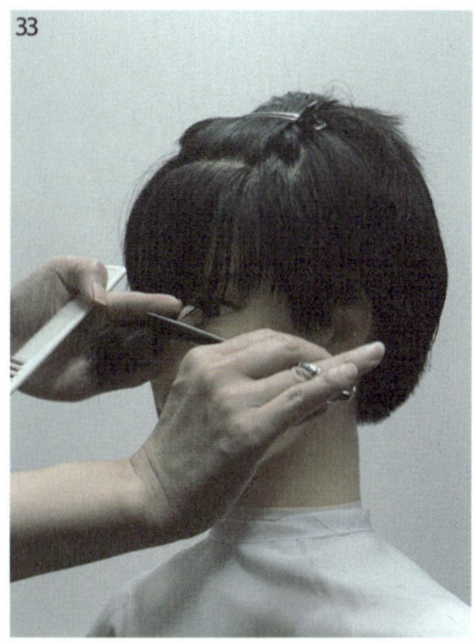

프린지는 좌, 우 F.S.P와 연결
빗질하여 리프트 다운하여
일자 커트한다.

34

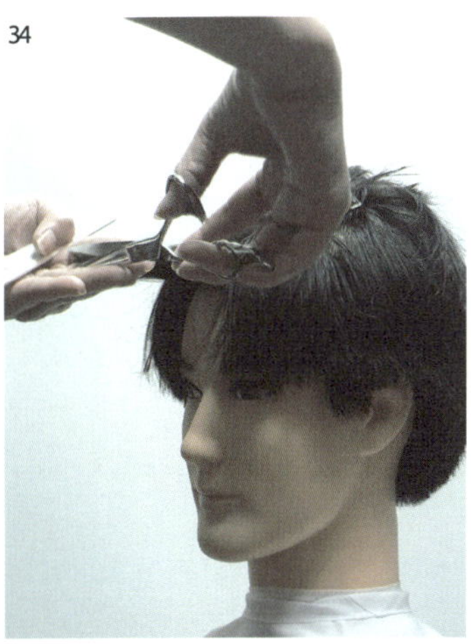

조금씩 리프트 업 하여
커트한다.

35

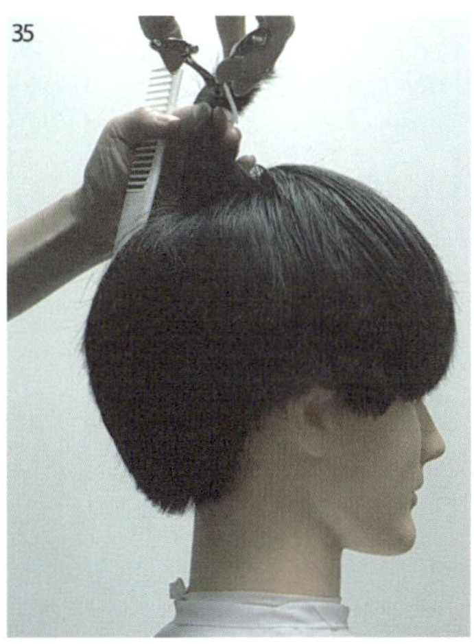

세임 틴닝으로 양감 및 질감
처리하여 스타일의
균형을 맞춘다.

36

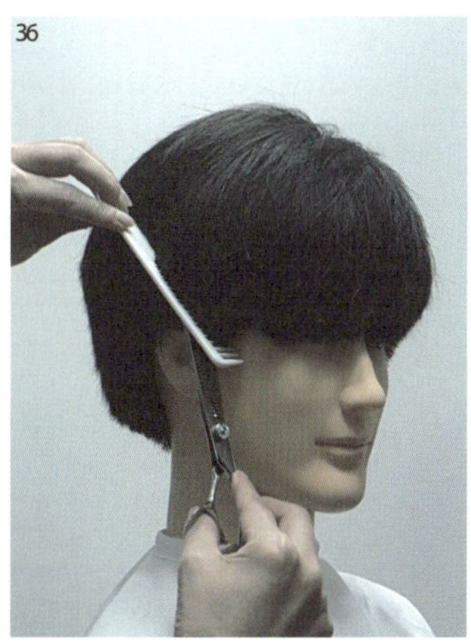

구레나룻 라인을 따라
틴닝 가위로 형태선을 잡고
가위로 정리한다.

37

38

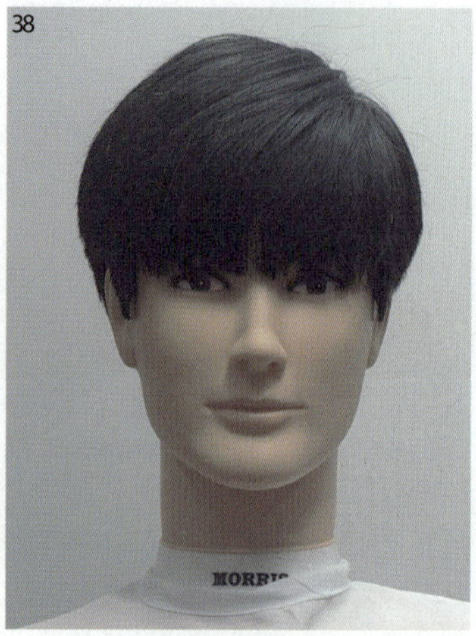

39

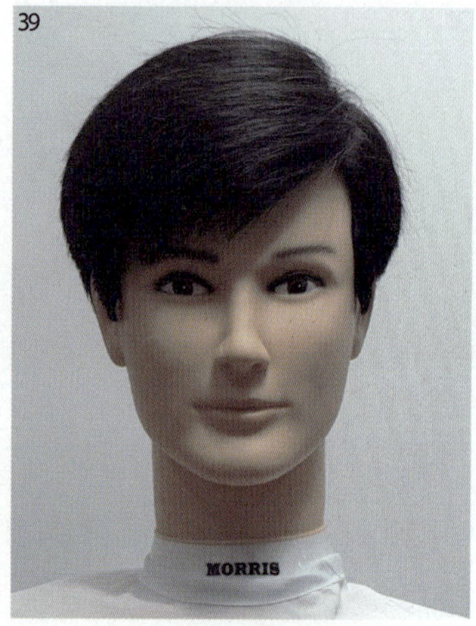

프리핸드 기법으로 전체 라인을 정리하고 밀어 깎기, 끌어 깎기로 수정 커트하여 스타일링한다.

40

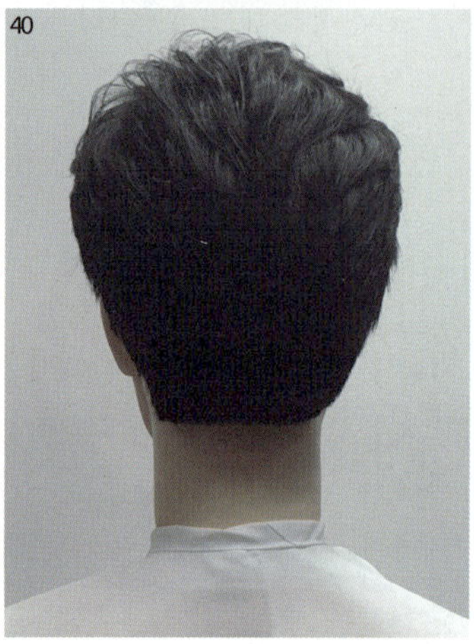

41

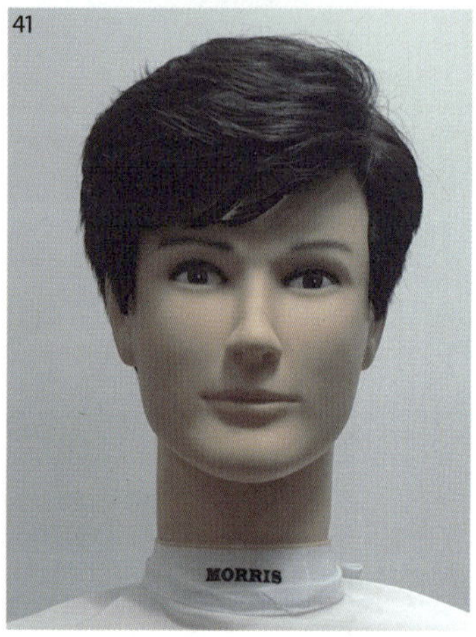

42

## [Style number 2] 중상고(중간 상고)

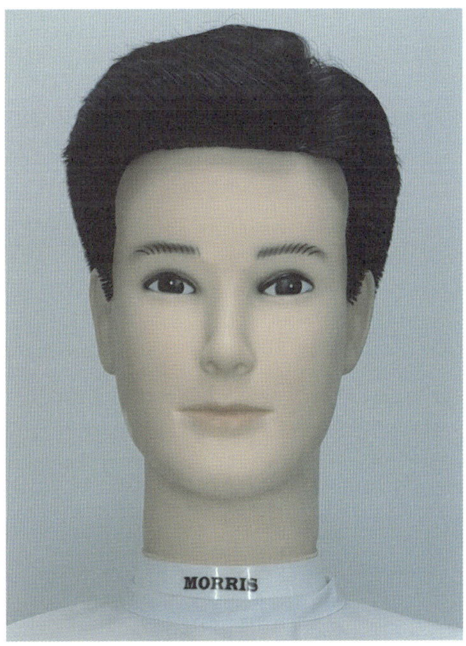

# 유사 스타일 찾아보기

## [Style number 6] 둥근 스포츠

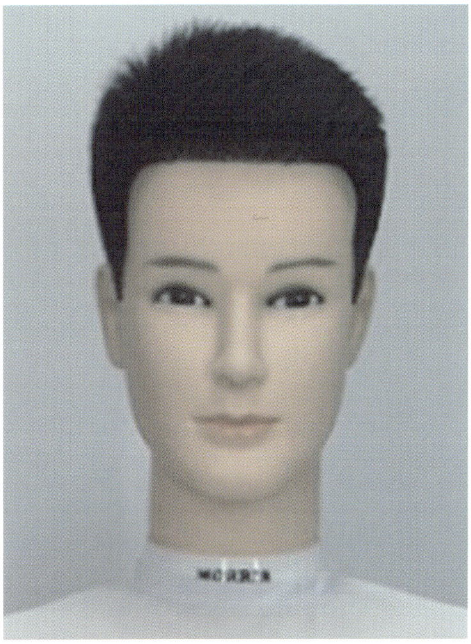


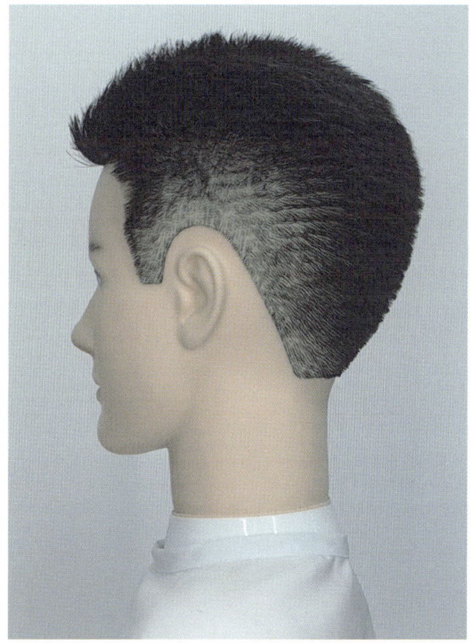

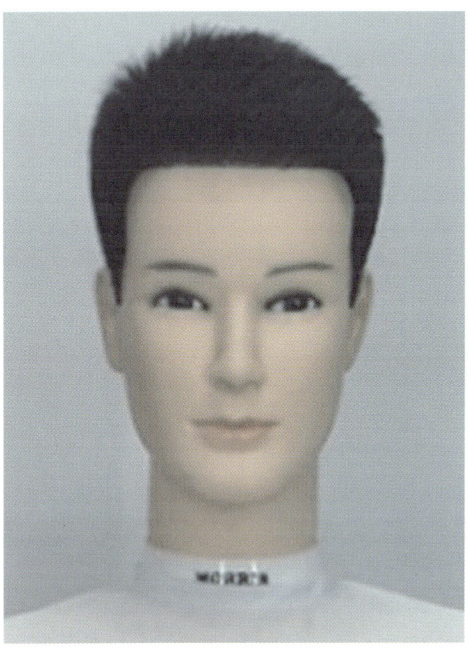


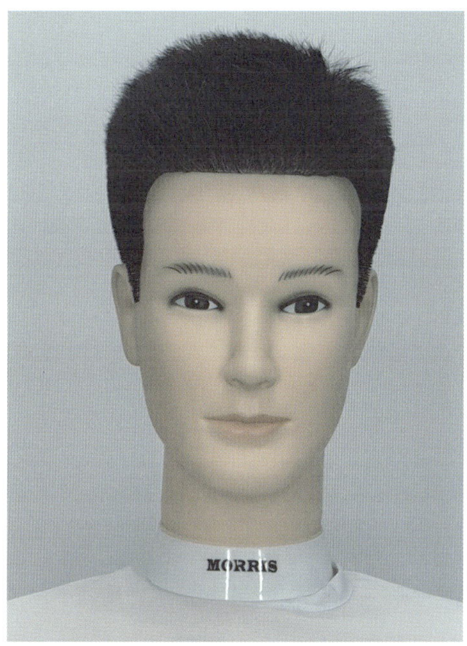

## 유사 스타일 찾아보기

| | |
|---|---|
| | |
| | |

## 1. 둥근 스포츠의 특징

스포츠 헤어 커트 중 라운드 브로스(Round Bross)로 전체를 하나의 둥근 형태로 연출하고, 클리퍼와 가위를 사용하여 엑스테리어는 짧게 올려 쳐주는 형태로 무게선이 상단부에 위치하나, 인테리어의 영역은 둥근 형태로 연결되므로 무게감이 없어 무게선을 찾기 어려운 스타일이다.

## 2. 도해도

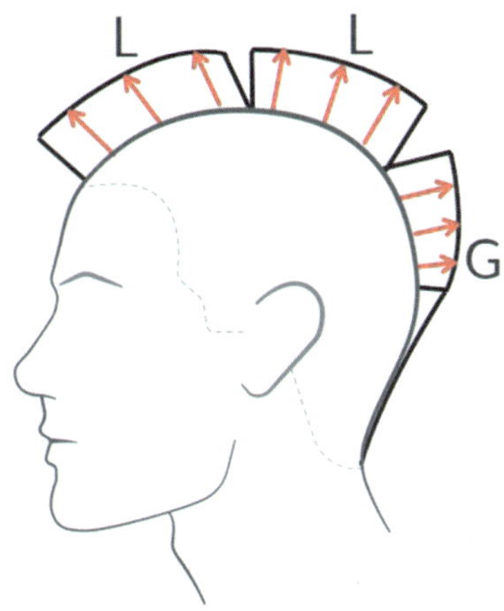


그림 1-6

## 3. 커트 진행 방법 및 절차

인테리어 영역을 4cm 미만으로 짧게 하여 둥근 모양을 만들고, 엑스테리어 영역을 하이 그라데이션으로 진행하고, 인테리어와 둥근 형태로 연결하여 하단부는 짧게 올려 진행한다.

표 1-6

| 구분 \ 섹션 | 인테리어 | 엑스테리어 |
|---|---|---|
| | 천정부 | 측두부, 후두부 |
| 파팅 | 가로 | 가로, 세로, 사선 |
| 베이스 | 위로 똑바로 | On Base |
| 각도 | 90° | 80 ~ 90° |
| 형태 | L | G |

1

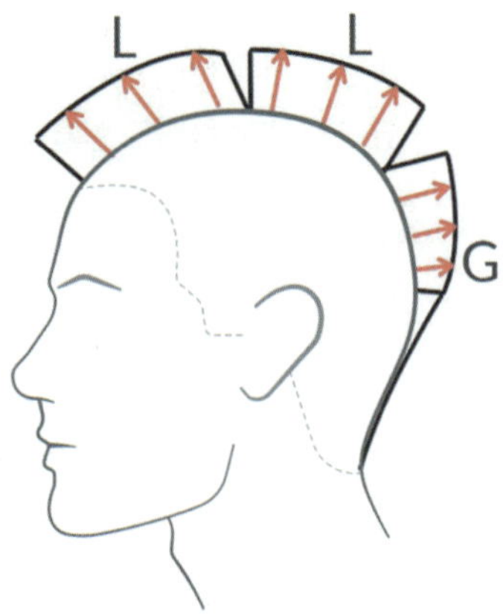


도해도

2

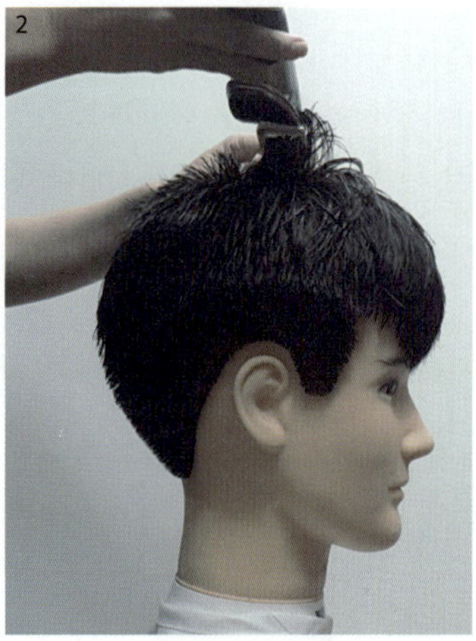

T.P 4cm 미만의 길이로 인테리어 부분이 둥근 형태가 될 수 있게 두상각 90˚로 클리퍼 오버 콤으로 진행한다.

3

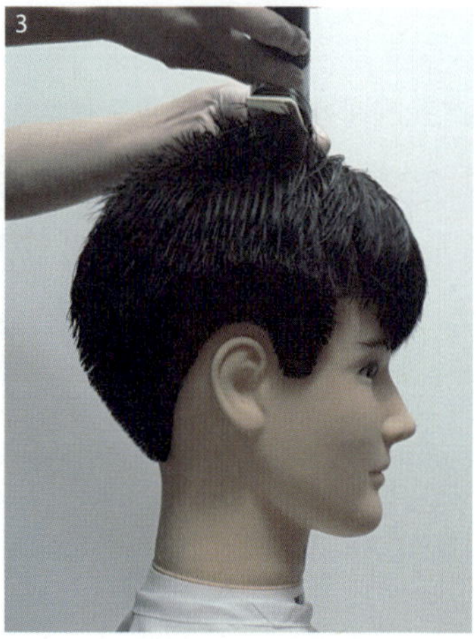

계속하여 전두부 쪽으로 이동하면서 두상각 90˚로 진행한다.

4

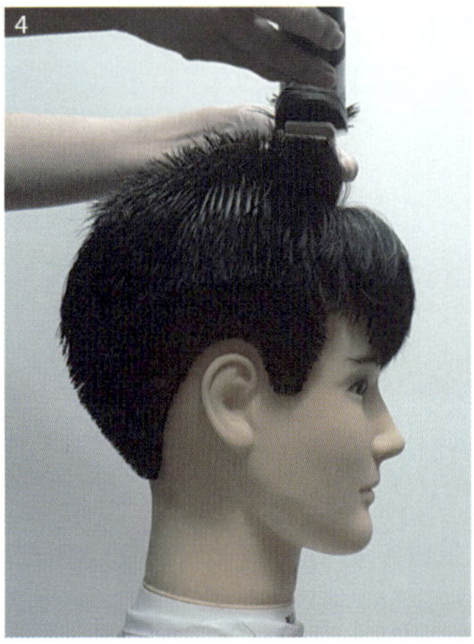

계속하여 동일하게 C.T.M.P 쪽으로 연결하여 진행한다.

5

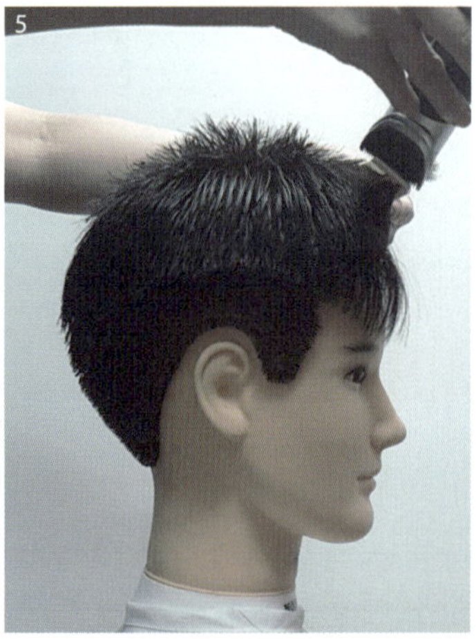

C.P까지 연결하여 진행한다.

6

천정부의 정중선을 가이드로 인테리어 모발을 정중선으로 연결하여 90˚로 클리퍼 오버 콤으로 진행한다.

7

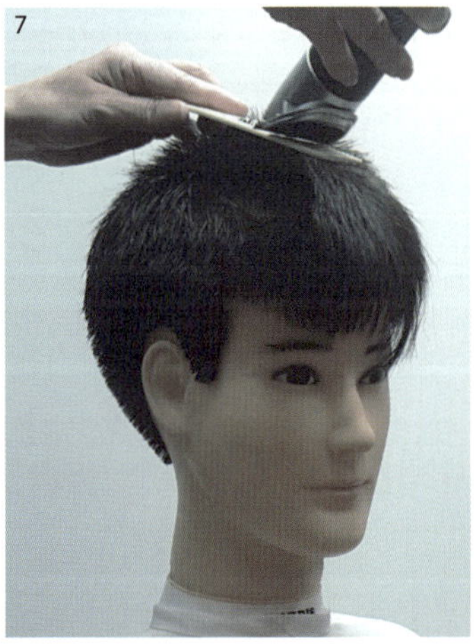

계속하여 전두부까지 연결하여 진행한다.

8

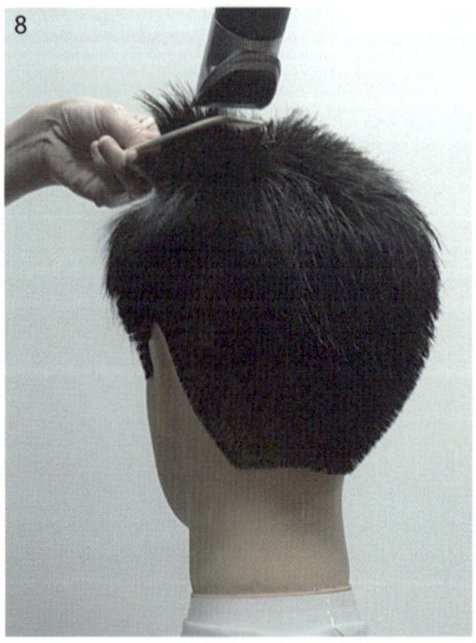

반대쪽도 동일하게 진행한다.

9

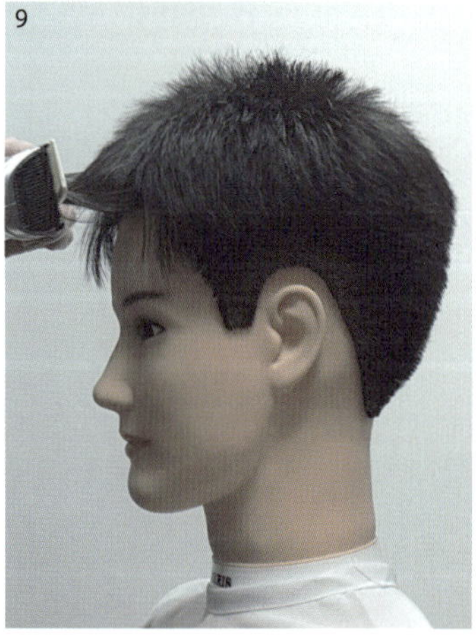

페이스 라인은 전방에서 일직선으로 클리퍼 오버 콤으로 진행한다.

10

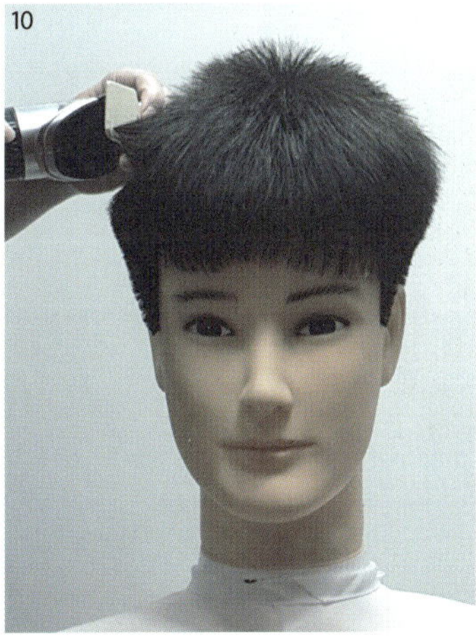

인테리어 커트 후 상단부 90°
빗질하여 측중선까지 클리퍼 오버
콤으로 측두부를 진행한다.

11

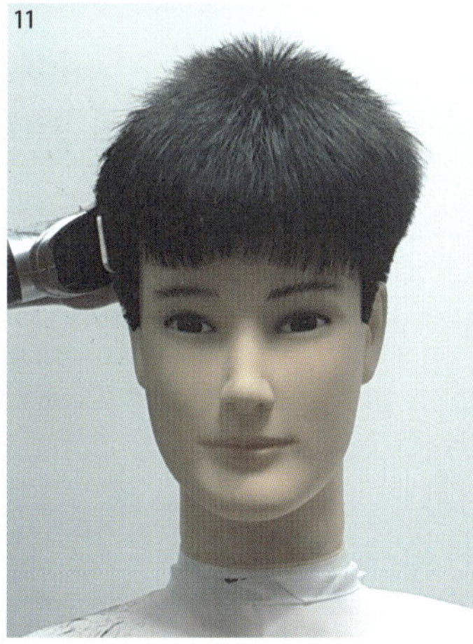

계속하여 측두부 전체는
동일하게 진행한다.

12

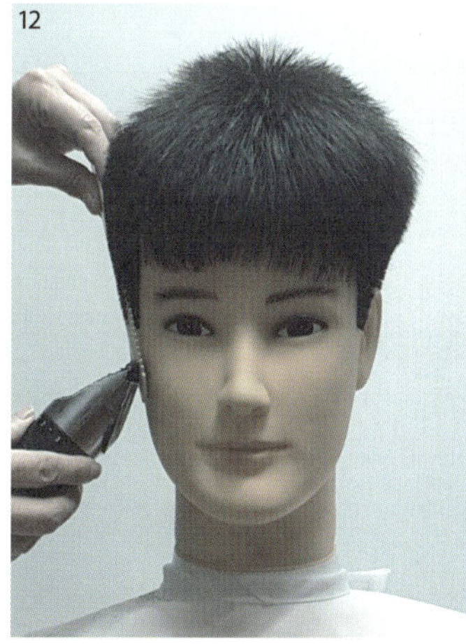

측두부 구레나룻 부분은
입술 쪽으로 빗의 방향
각도를 주어 체크 커트한다.

13

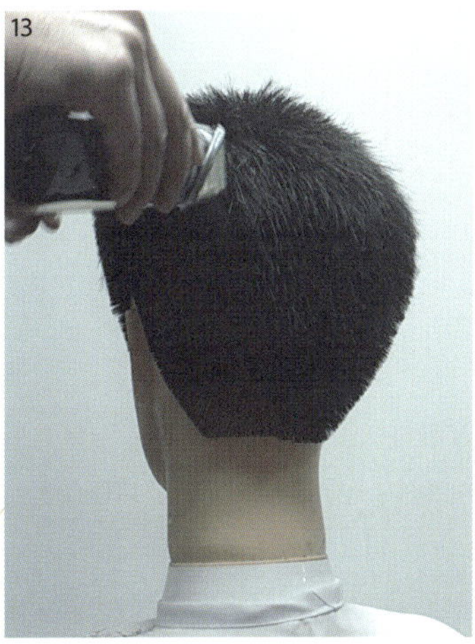

측두부에서 후상단부 쪽으로
연결하여 90°
클리퍼 오버 콤으로 진행한다.

14

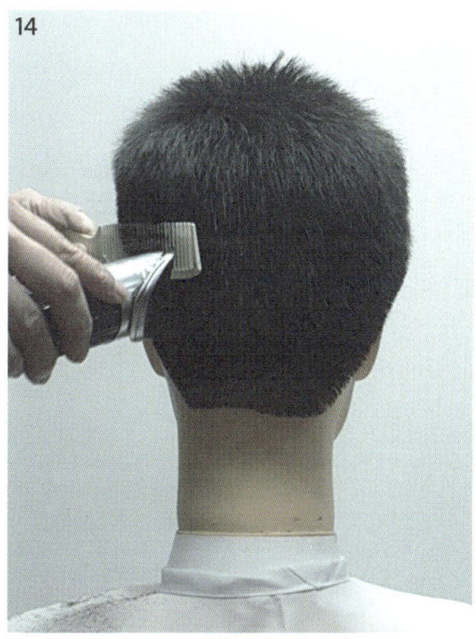

계속하여 중단부 쪽으로
하이 그라데이션
진행한다.

15

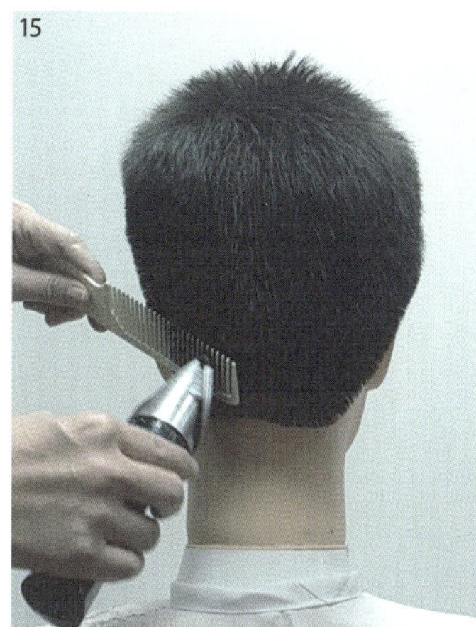

하단부까지
하이 그라데이션으로
연결하여 진행한다.

16

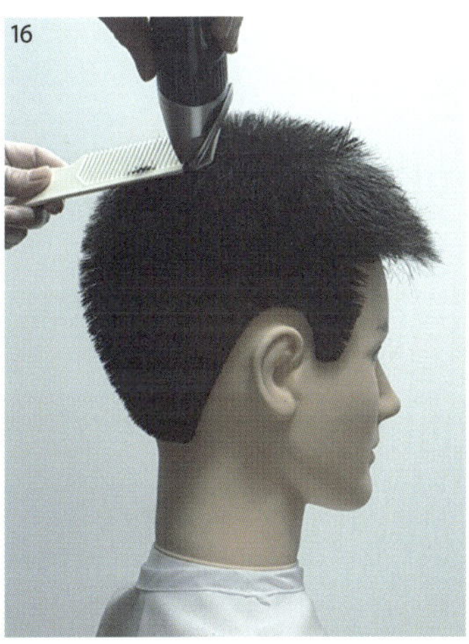

전체 완성 후 인테리어와
엑스테리어의 연결선을
둥근 형태가 될 수 있게
인테리어 부분을 체크 커트한다.

17

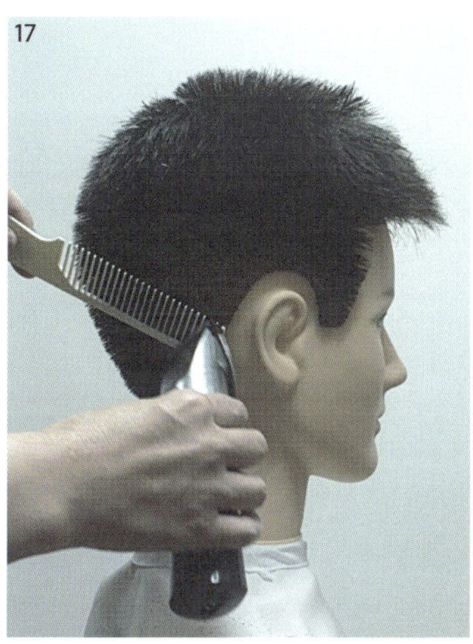

엑스테리어의 요철을
클리퍼 오버 콤으로 정리한다.

18

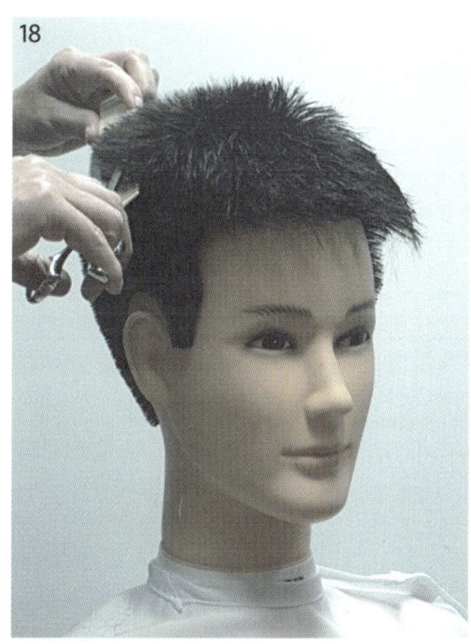

전체 세임 틴닝으로
양감 및 질감 처리하여
형태를 만든다.

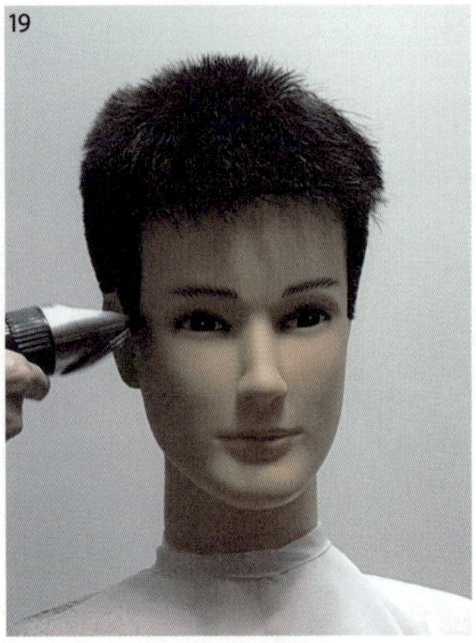

19

전체 햄라인을
클리퍼 프리핸드 기법으로
요철 부분을 그라데이션 시킨다.

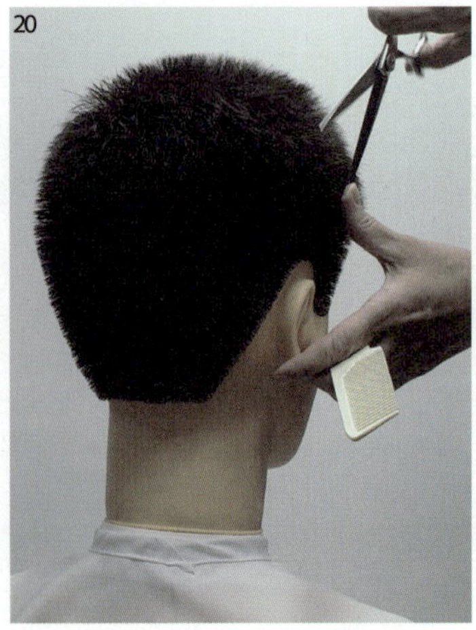

20

끌어 깎기, 밀어 깎기로 요철 부분을
매끈한 형태로 마지막 수정 커트하여 마무리한다.

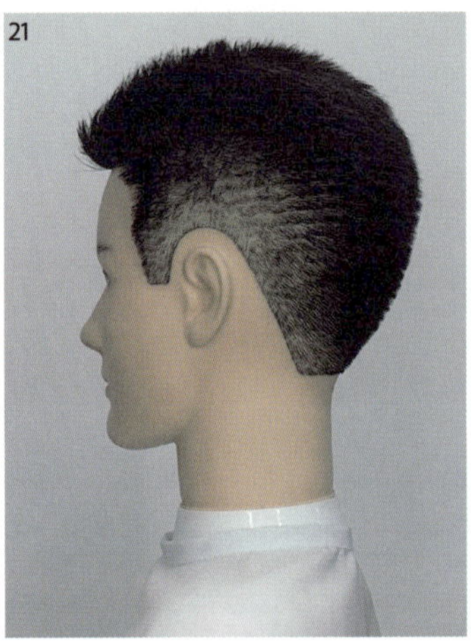

21

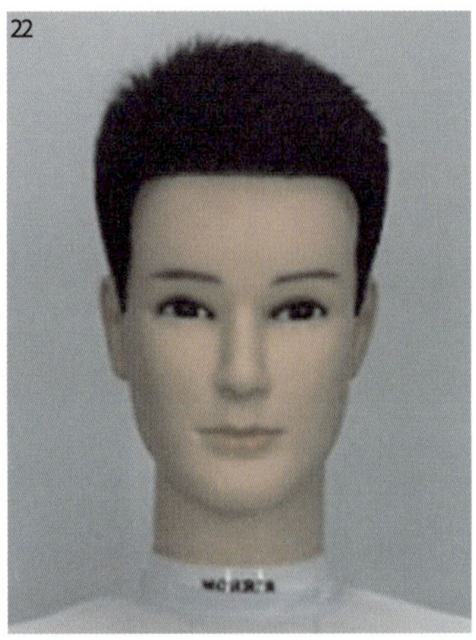

22

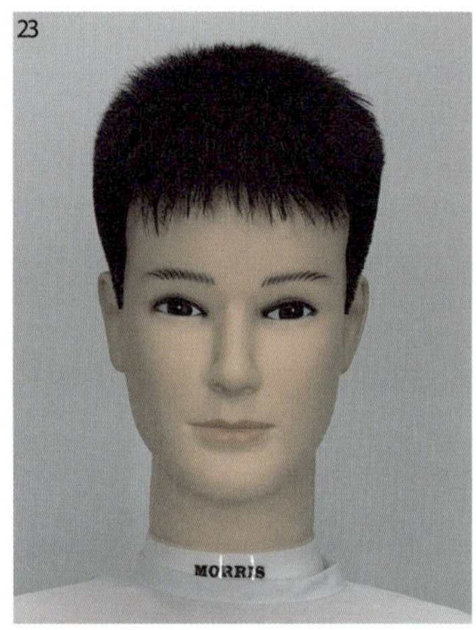


23

# 제2부 남성 베이직 살롱 디자인 커트 실기

## Chapter 2
## 베이직 응용

1. Style number 7 소프트 모히칸
2. Style number 8 숏 모히칸
3. Style number 9 투 블럭 상고 1(하상고 응용)
4. Style number 10 투 블럭 상고 2(중상고 응용)
5. Style number 11 투 블럭 상고 3(상상고 응용)

# 베이직 응용

소프트 모히칸 93p

숏 모히칸 100p

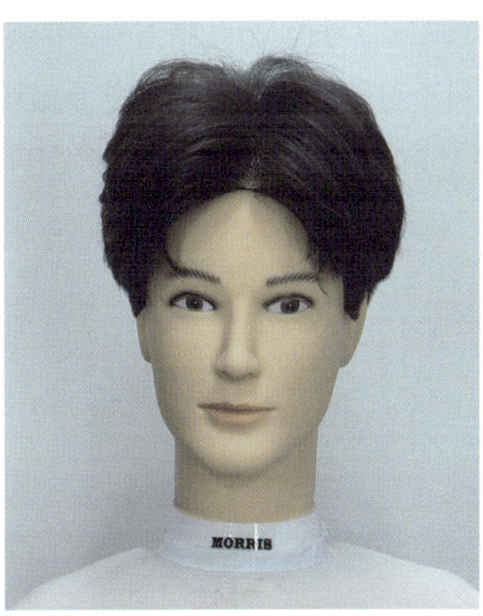

투 블럭 상고 1(하상고 응용) 106p

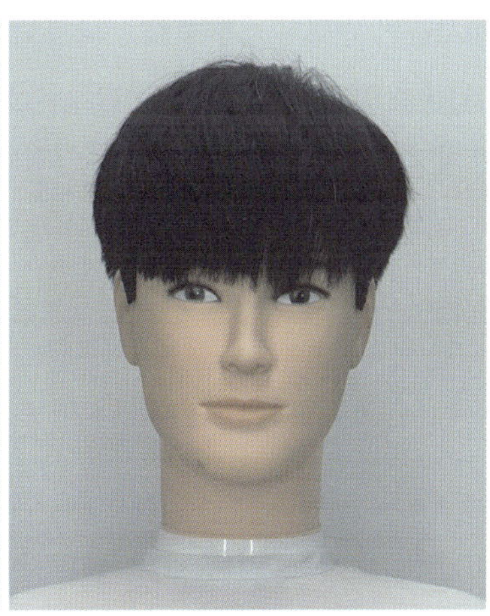

투 블럭 상고 2(중상고 응용) 113p

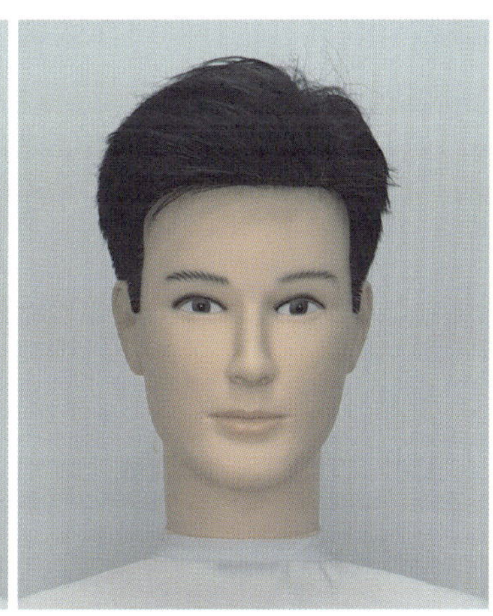

투 블럭 상고 3(상상고 응용) 119p

Chapter 2

# 베이직 응용

## 1. 모히칸의 유래 및 특징

모히칸 커트는 북아메리카 동부의 삼림 지대에 사는 인디언 부족의 스타일로, 수탉의 벼슬 모양으로 가운데 부분만 기르고 좌우를 깎거나 삭발을 하는 헤어스타일이다. 1970년대에 펑크 패션으로 유행하였으며, 1980년대에는 다양한 모히칸 커트가 생겨나기도 하였다.

우리나라에 모히칸 커트가 유행하게 된 계기는 축구선수 데이비드 베컴을 통해 알려지게 되면서 베컴 머리 또는 닭벼슬 머리로 불리게 되었다.

인테리어 영역의 T.P를 기점으로 앞, 뒤, 좌, 우로 점차 짧아지게 하는 삼각형 모양의 스타일로, 엑스테리어 영역은 하이 그라데이션(75°)으로 무게선이 상단부에 위치하며, 소프트, 숏 등의 응용으로 무게선의 위치가 인테리어로 이동하는 다양한 스타일이 있다.

머리 가운데 부분만 삭발하고 좌우를 남기는 역 모히칸 헤어 커트도 있으며, 옆머리가 뜨는 스타일에 어울리며, 짧고 깔끔한 스타일을 조금 더 강하고 개성 있는 스타일링으로 표현할 수 있다.

## 2. 투 블럭의 유래 및 특징

2010년대 메트로 섹슈얼, 워버 섹슈얼, 크로스 섹슈얼 시대에 댄디, 비대칭, 리젠트, 투 블럭이 유행하면서 다양한 투 블럭이 지금까지 사랑받고 있다.

전체적으로 인테리어와 엑스테리어 두 파트로 나누어 시작하며, 엑스테리어의 뻗치고 뜨는 머리는 짧게 커트하고, 인테리어는 엑스테리어의 머리 길이를 덮는 두 개의 블럭으로 나눈다고 하여 투 블럭이라고 한다.

모발 전체의 길이가 비대칭으로 내린 모습이 전형적인 투 블럭 스타일로, 소프트 투 블럭, 댄디 투 블럭, 비대칭 투 블럭 등으로 나눌 수 있다. 부드럽고 귀여운 이미지, 날카로운 분위기, 섹시하고 시크한 이미지가 가능한 투 블럭은 스타일링 범위가 넓은 만큼 응용력이 광범위하여 다양한 투 블럭이 개인의 취향에 부합하게 디자인이 가능하다.

# [Style number 7] 소프트 모히칸

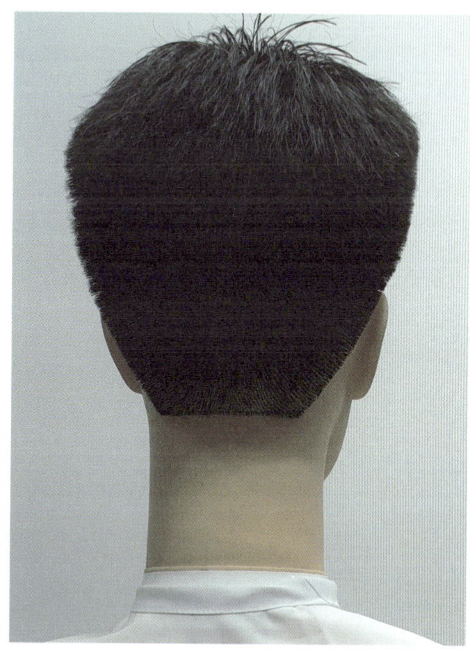

## 유사 스타일 찾아보기

## 1. 소프트 모히칸의 특징

인테리어 영역의 T.P를 기점으로 앞, 뒤, 좌, 우로 점차 짧아지게 하며, 엑스테리어 영역은 하이 그라데이션(75°)으로 무게선을 상단부에 위치시켜 삼각형 모양의 스타일로 디자인한다.

## 2. 도해도

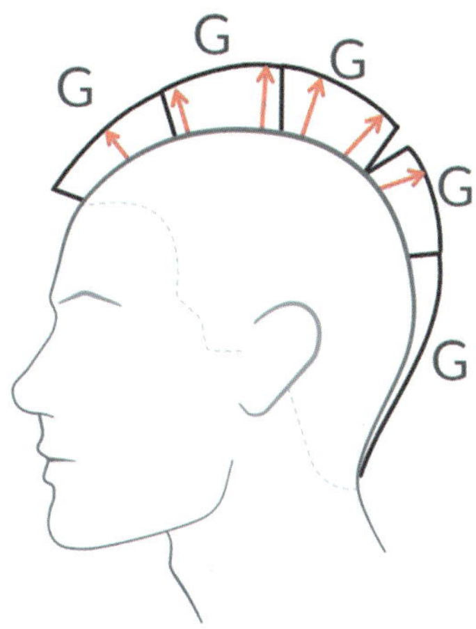


그림 2-1

## 3. 커트 진행 방법 및 절차

인테리어 영역의 T.P 5~6cm를 기점으로 앞, 뒤, 좌, 우로 점차 짧아지게 하고, 다시 T.P를 기점으로 측두부에서 엑스테리어 영역을 하이 그라데이션(75°)으로 진행하여 삼각형 모양으로 진행한다.

표 2-1

| 섹션 / 구분 | 인테리어 | 엑스테리어 |
|---|---|---|
| | 천정부 | 측두부, 후두부 |
| 파팅 | 가로, 세로 | 세로, 가로 |
| 베이스 | On Base | On Base |
| 각도 | 90° | 70 ~ 80° |
| 형태 | G | G |

1

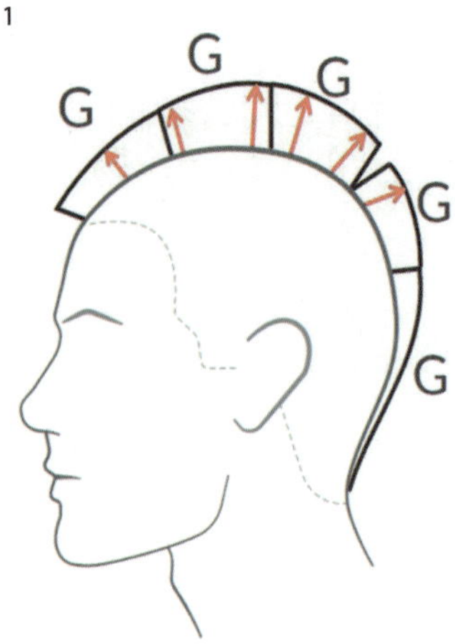


도해도

2

인테리어의 T.P를 기점으로
5~6cm로 가이드 설정한다.

3

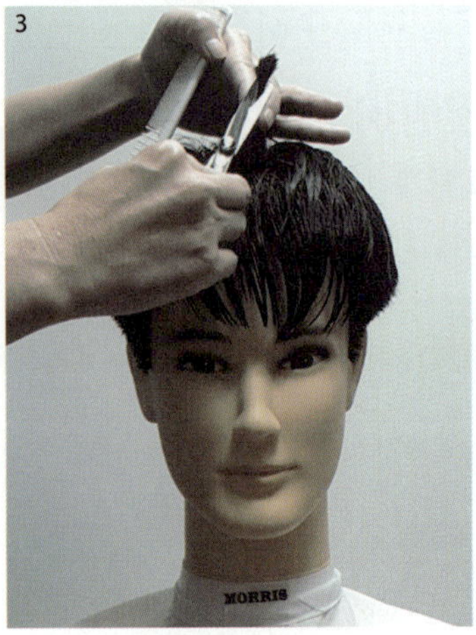

정중선을 따라 C.T.M.P까지
점차 짧아지게 연결 커트한다.

4

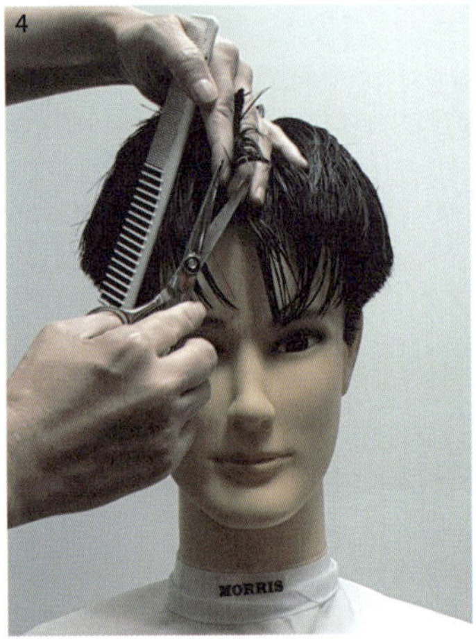

C.T.M.P~C.P까지
점차 짧아지게 연결 커트한다.

5

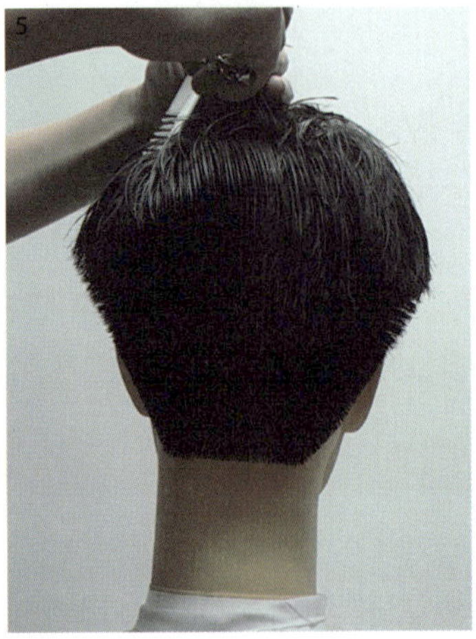

전두부 쪽의 완성 후 두정부 쪽으로
T.P~T.G.M.P까지 같은
길이로 연결 커트한다.

6

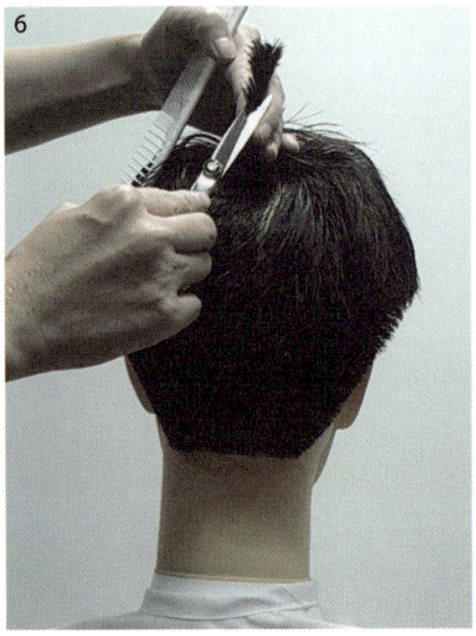

T.G.M.P~G.P까지 짧아지게
연결 커트한다.

7

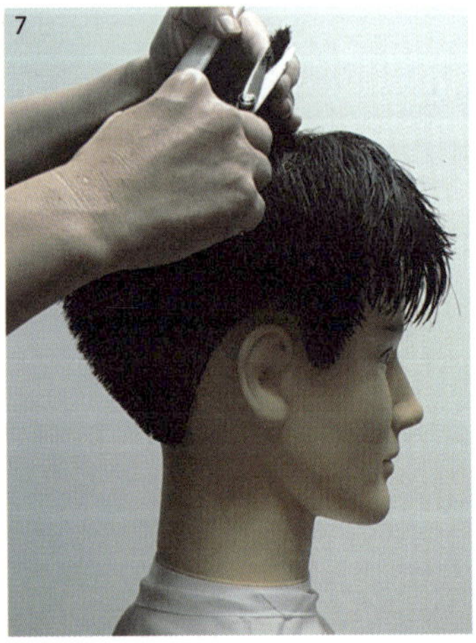

8

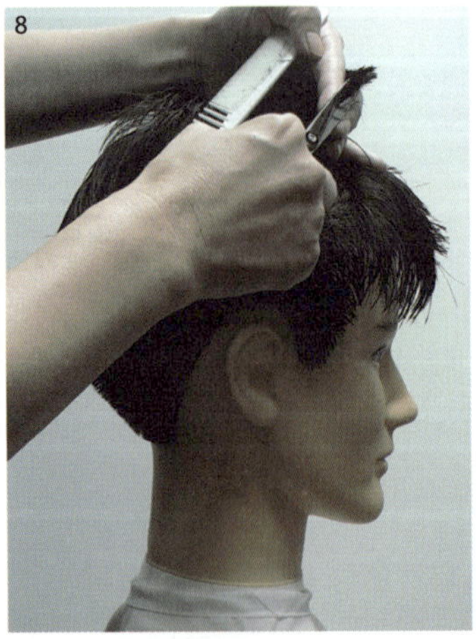

9

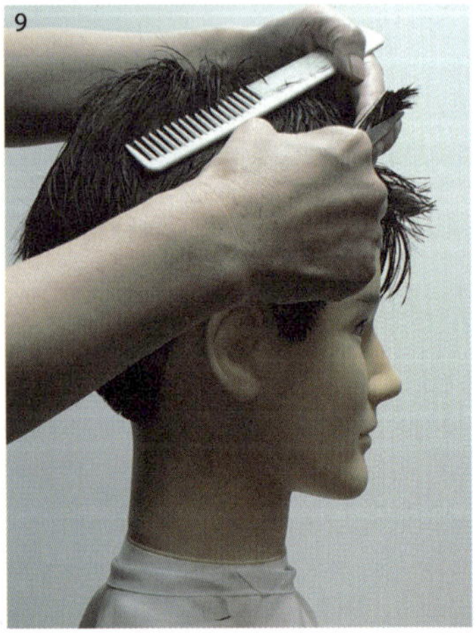

정중선의 가이드 설정 후 인테리어 부분은 가로 파팅 후
T.P를 기점으로 전두부 쪽으로 한 패널 OD하여 점차 짧아지게 커트한다.

10

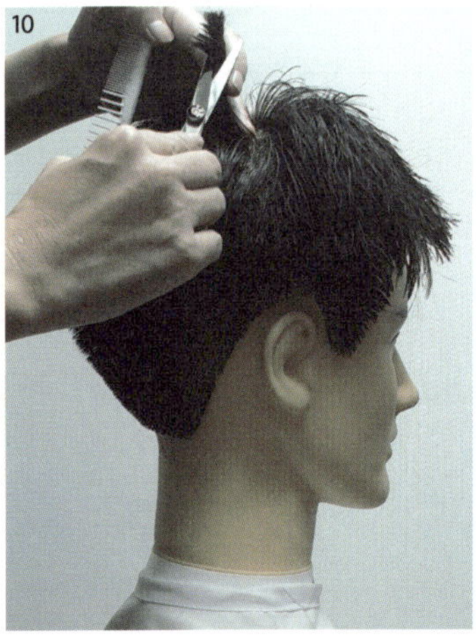

11

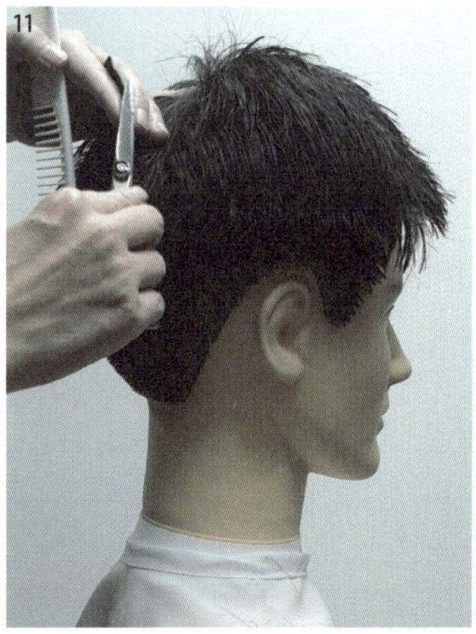

인테리어의 두정부 쪽은 T.P를 기점으로 피봇파팅 후
뒤쪽으로 OD하여 점차 짧아지게 커트한다.

12

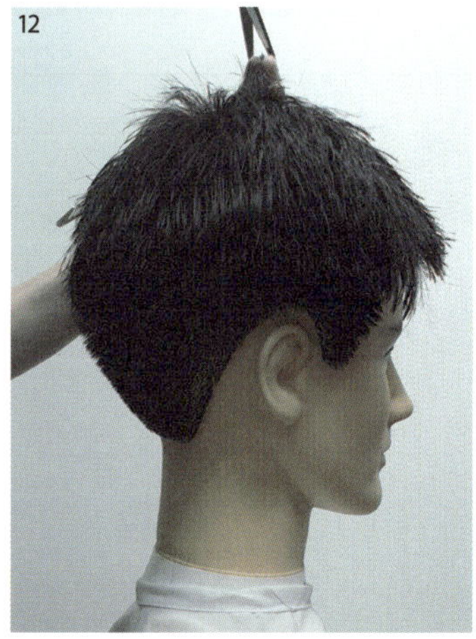

반대편도 동일하게
진행한다.

13

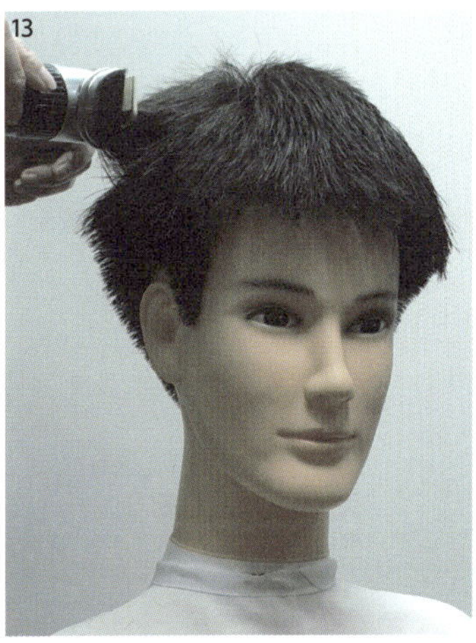

인테리어의 가이드 설정 후
엑스테리어 부분의 측두부 부터
90° 빗의 각도로 측중선까지
클리퍼 오버 콤으로 진행한다.

14

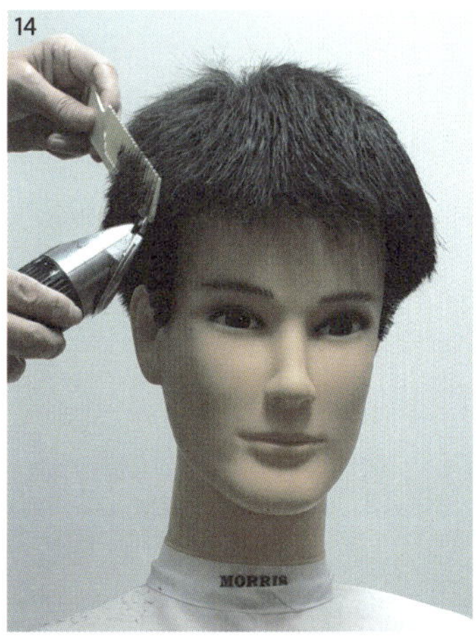


15

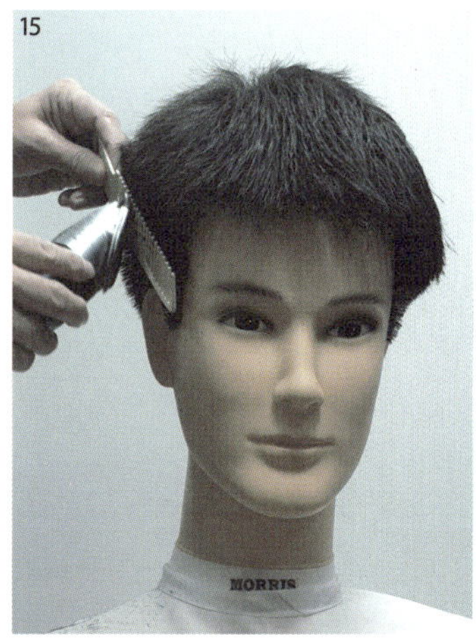


페이스 라인 쪽으로 빗을 기울이면서 점차 짧아지게
클리퍼 오버 콤으로 진행한다.

16

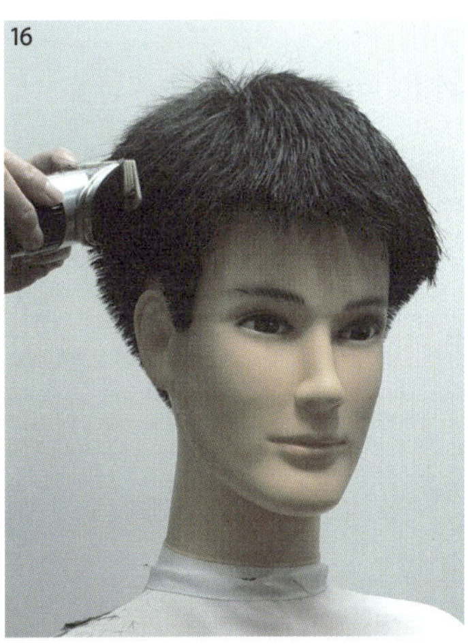

엑스테리어의 후상단부 쪽으로
빗의 각도를 90°로 하여
연결 커트한다.

17

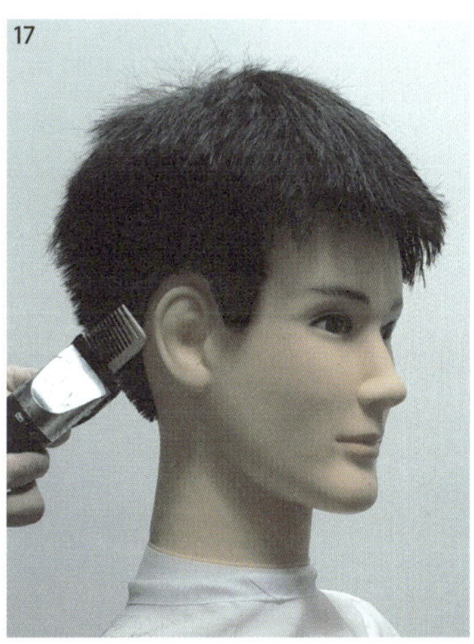

계속하여 후두하부까지
진행한다.

18

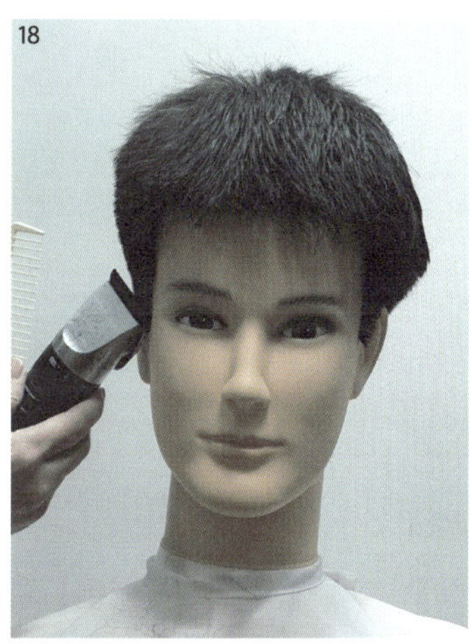

햄라인과 페이스 라인을
클리퍼 프리핸드 기법으로
요철 부분을 정리한다.

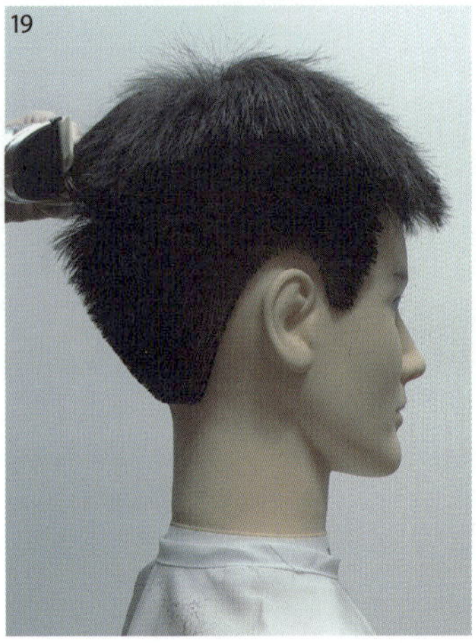


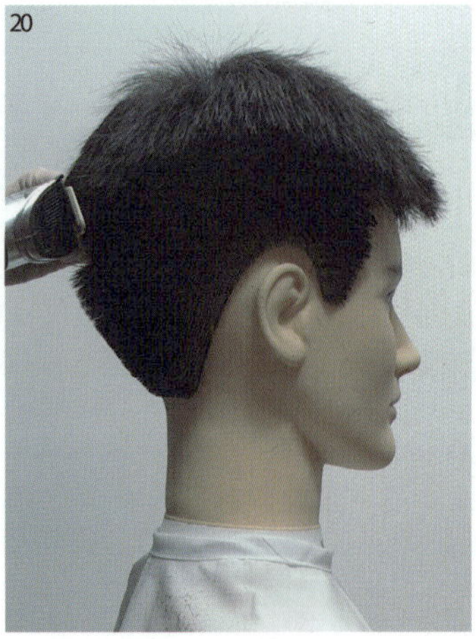


엑스테리어의 후두부 상단부 쪽에서 중단부로 연결하여
하이 그라데이션으로 클리퍼 오버 콤으로 진행한다.

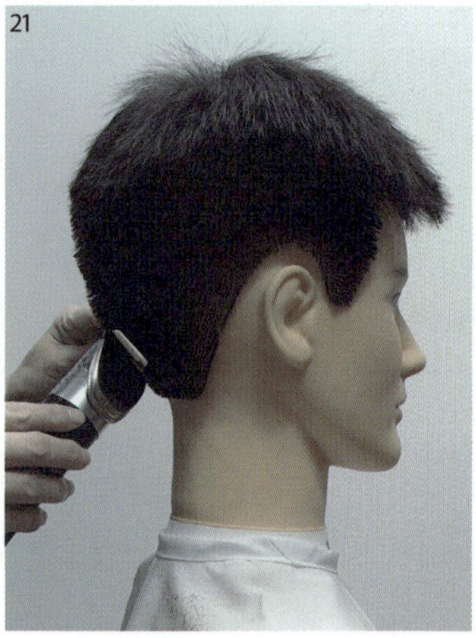


계속하여 후두하부까지
연결하여 진행한다.

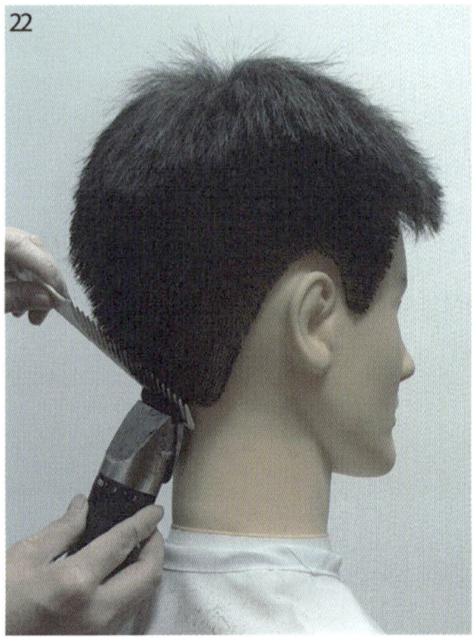


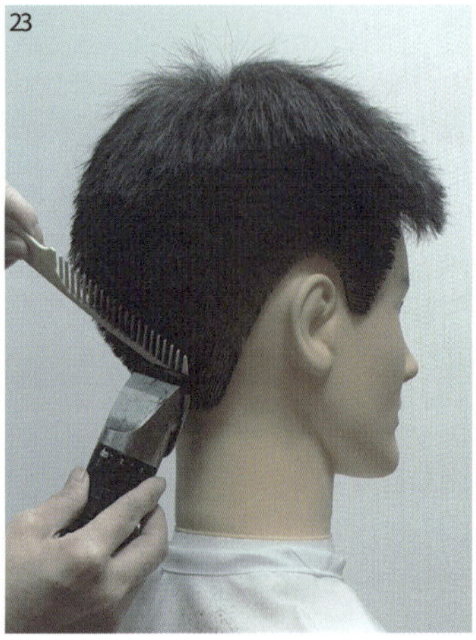


엑스테리어의 전체 커트 후 하단부를 빗을
전대각하여 삼각형 형태로 커트한다.

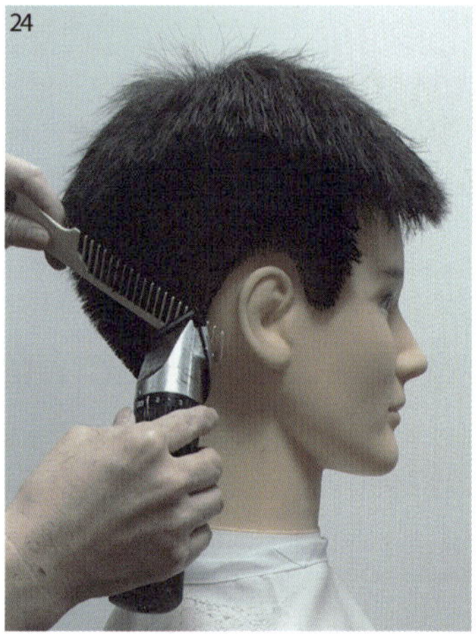


네이프와 네이프 사이드 라인을
연결하여 커트한다.

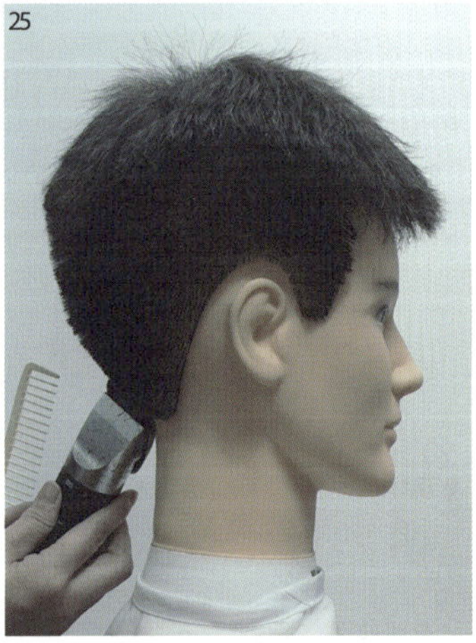


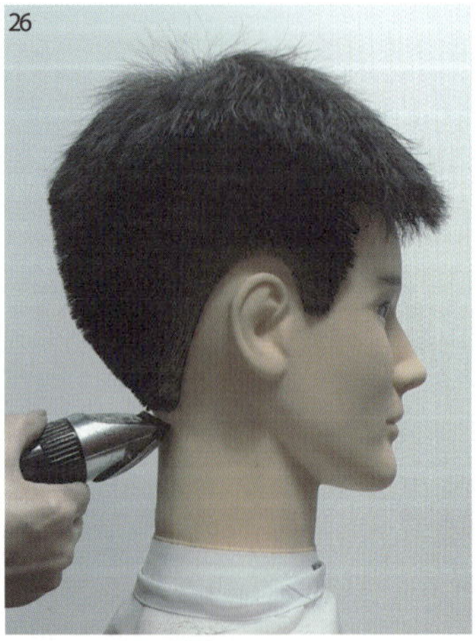


클리퍼 프리핸드 기법으로 네이프 백라인과 네이프 사이드 라인을
자연스럽게 그라데이션 시킨다.

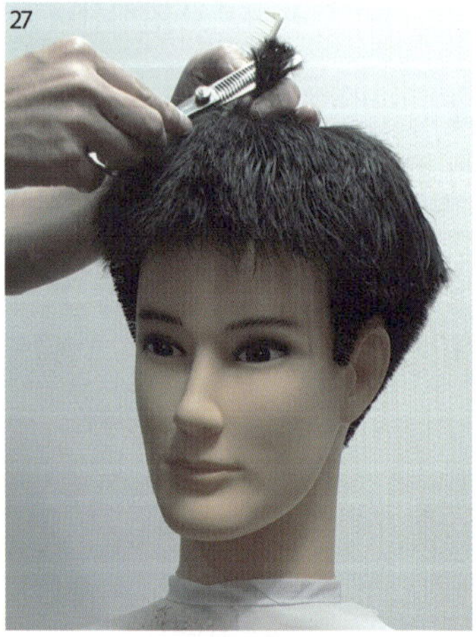


전체 세임 틴닝으로
양감 및 질감 처리한다.

28

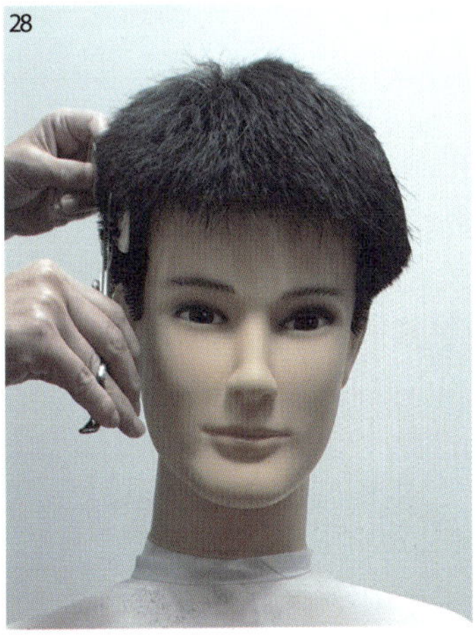

싱글링 기법으로 요철 부분을
매끈하게 수정 커트한다.

29

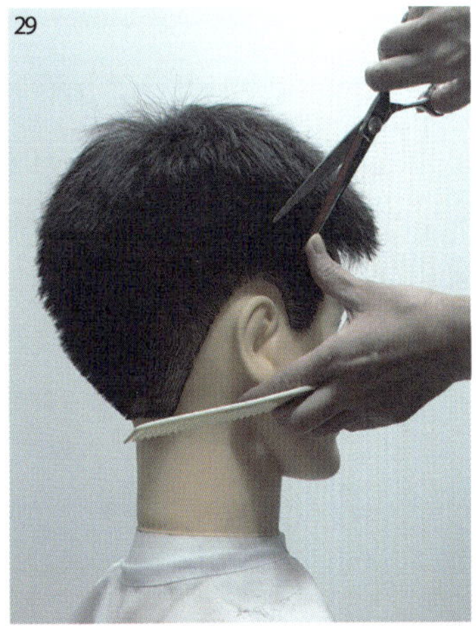

끌어 깎기, 밀어 깎기로 요철 부분을
매끈하게 수정 커트한다.

30

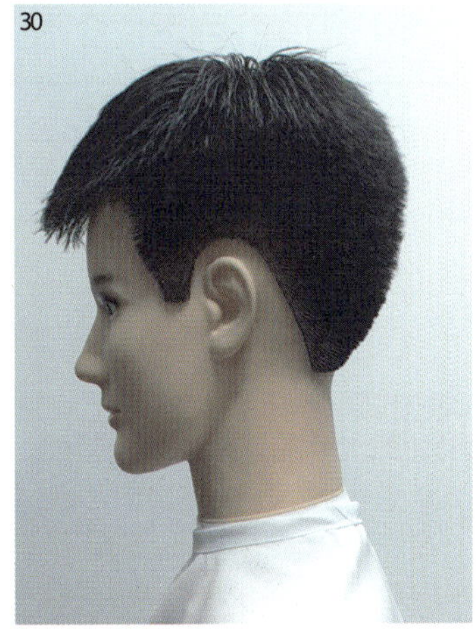

31

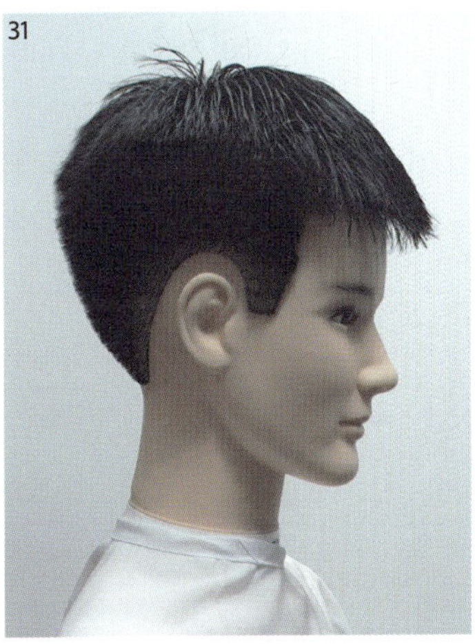

32

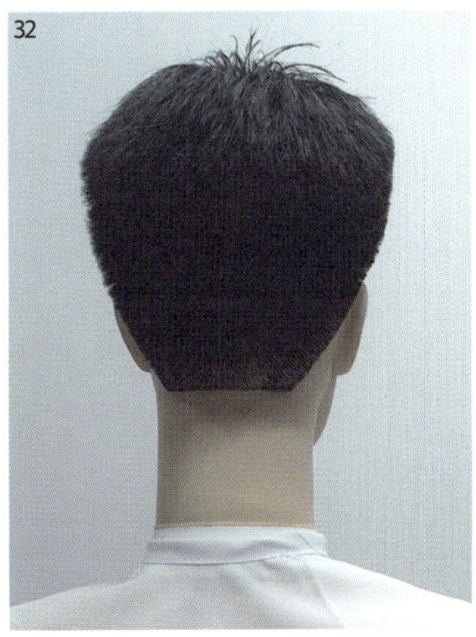

33

34

35

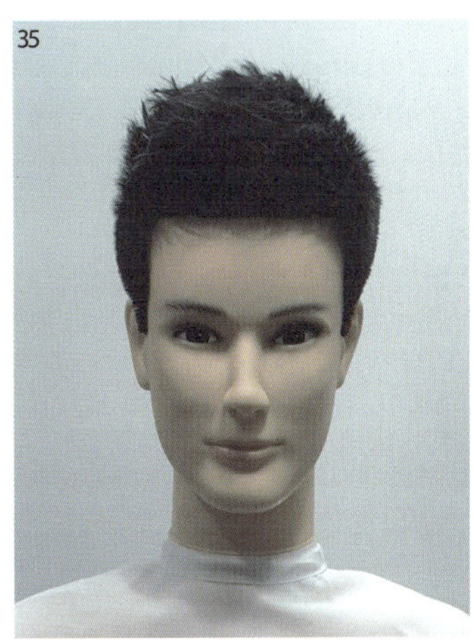

## [Style number 8] 숏 모히칸

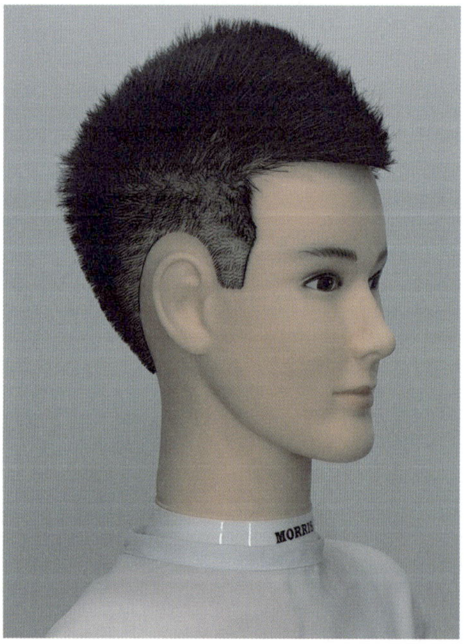

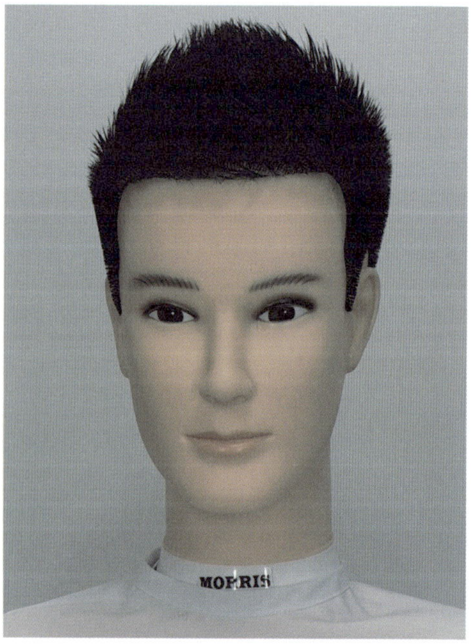

## 유사 스타일 찾아보기

| | |
|---|---|
| | |
| | |

## 1. 숏 모히칸의 특징

숏 모히칸은 소프트 모히칸의 응용으로 인테리어 영역의 T.P 길이를 둥근 스포츠 길이로 짧게 커트하고, 앞, 뒤, 좌, 우로 점차 짧아지게 하여 삼각형 모양을 유지한다. 엑스테리어 부분은 둥근 스포츠 형태로 커트하는 소프트 모히칸과 둥근 스포츠의 응용 스타일이다.

## 2. 도해도

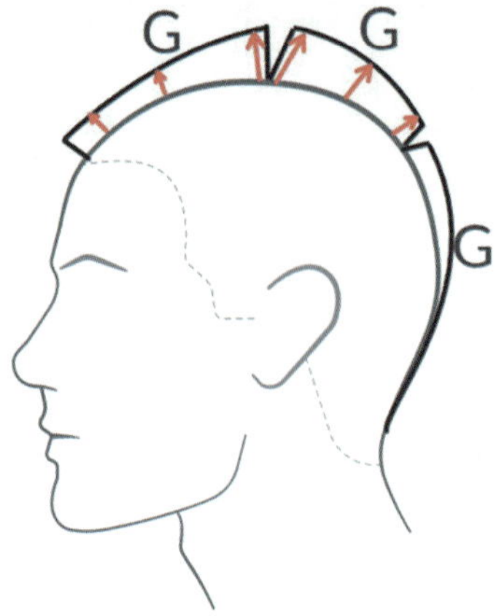


그림 2-2

## 3. 커트 진행 방법 및 절차

인테리어 영역의 T.P 3~4cm을 기점으로 앞, 뒤, 좌, 우로 점차 짧아지게 하고, 엑스테리어 영역은 하이 그라데이션(75°)으로 삼각형 모양의 스타일로 진행한다.

표 2-2

| 섹션 / 구분 | 인테리어 | 엑스테리어 |
|---|---|---|
| | 천정부 | 측두부, 후두부 |
| **파팅** | 가로, 세로 | 세로, 가로 |
| **베이스** | On Base | On Base |
| **각도** | 90° | 70 ~ 80° |
| **형태** | G | G |

1

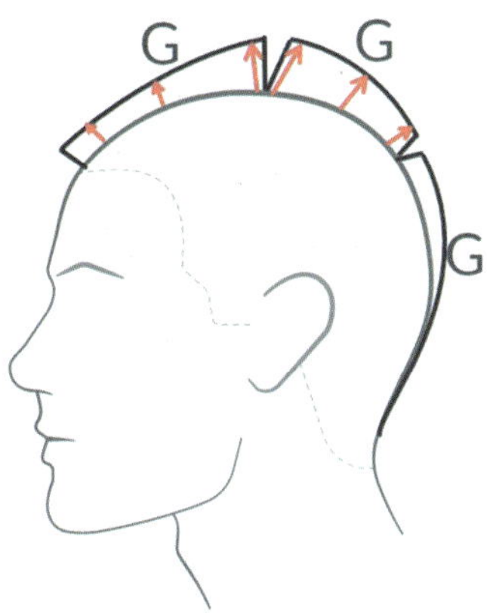


도해도

2

인테리어의 T.P를 기점으로 3~4cm로 클리퍼 오버 콤으로 가이드 설정한다.

3

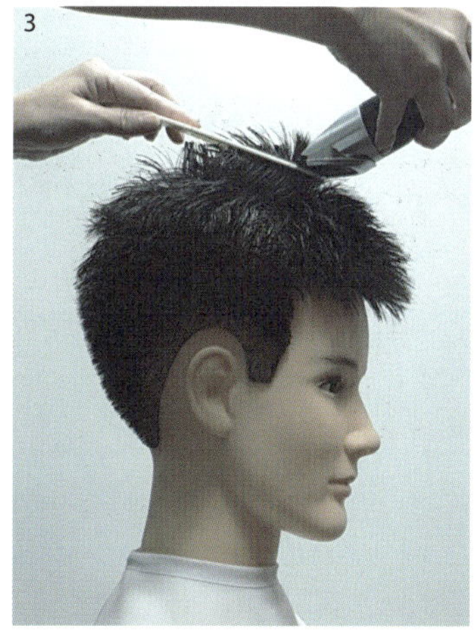

정중선을 따라 T.P~C.T.M.P까지 점차 짧아지게 클리퍼 오버 콤으로 연결 커트한다.

4

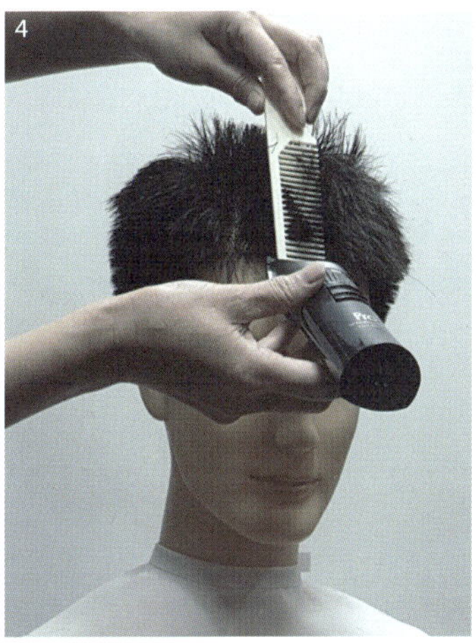

C.T.M.P~C.P까지 점차 짧아지게 연결 커트한다.

5

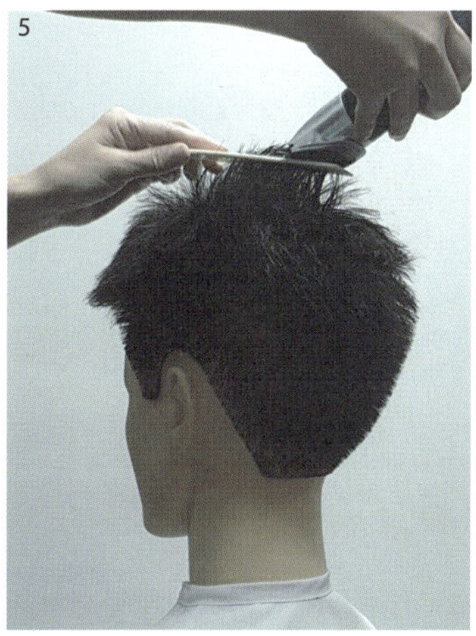

전두부의 커트 완성 후 두정부 쪽으로 T.P~T.G.M.P까지 같은 길이로 연결 커트한다.

6

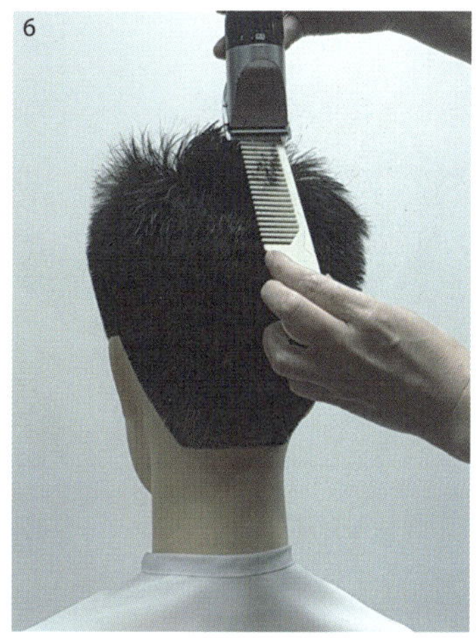

T.G.M.P~G.P까지 짧아지게 연결 커트한다.

7

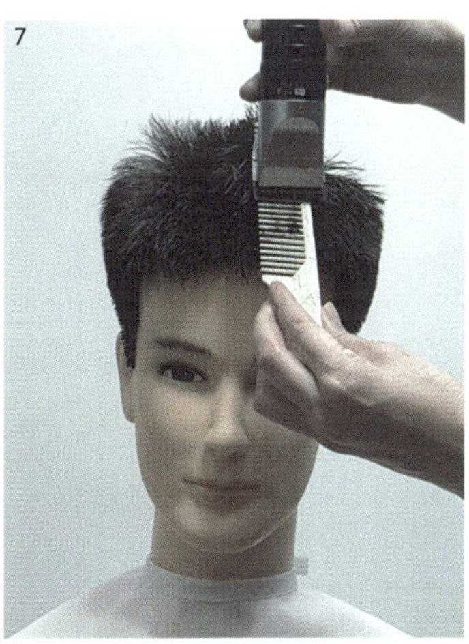

정중선 가이드 설정 후 인테리어 전체를 동일한 방법으로 진행한다.

8

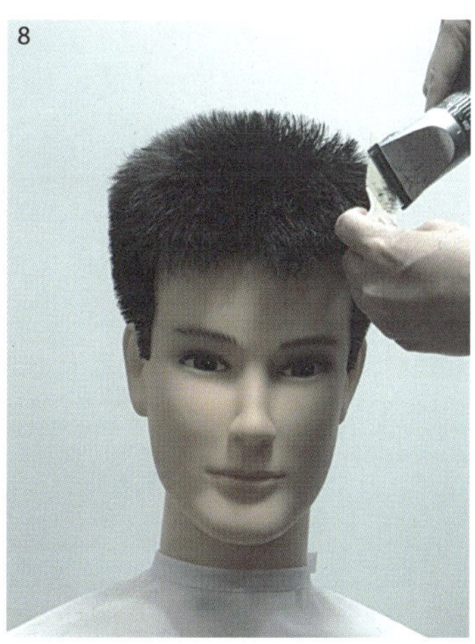

9

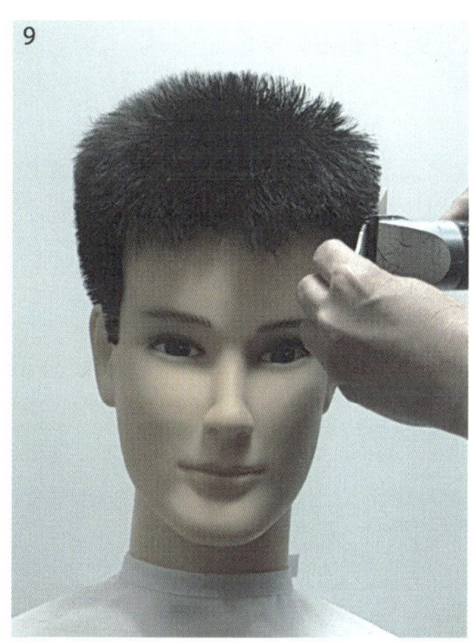

인테리어 설정 후 측두부를 빗의 각도 90°로 측중선에서 페이스 라인 쪽으로 점차 짧아지게 클리퍼 오버 콤으로 커트한다.

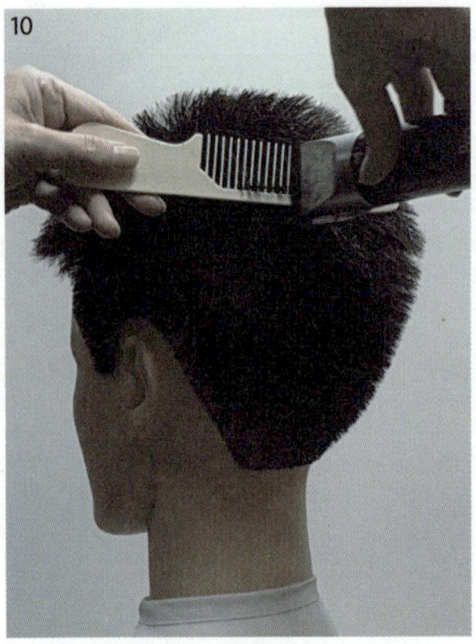


측중선을 가이드로 상단부
정중선 쪽으로 점차 짧아지게
클리퍼 오버 콤으로 진행한다.

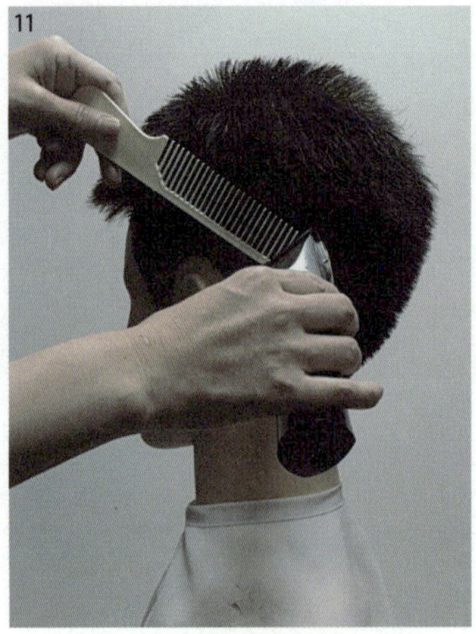


계속하여 측중선을 가이드로
중단부 쪽으로 빗의 방향 각도를
후대각으로 주어 진행한다.

동일하게 후두하부까지
진행한다.

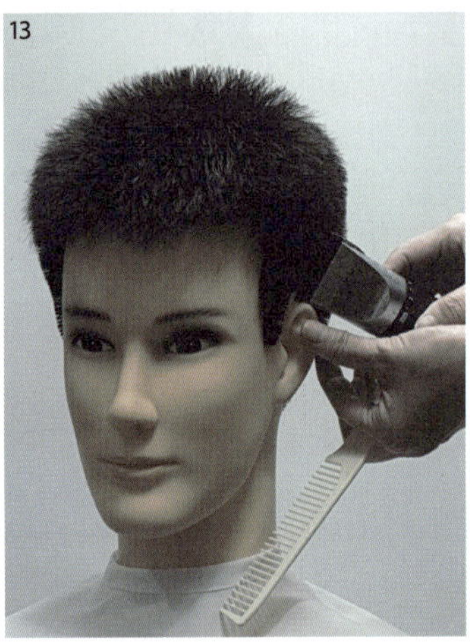


햄라인은 클리퍼 프리핸드
기법으로 요철 부분을 정리한다.

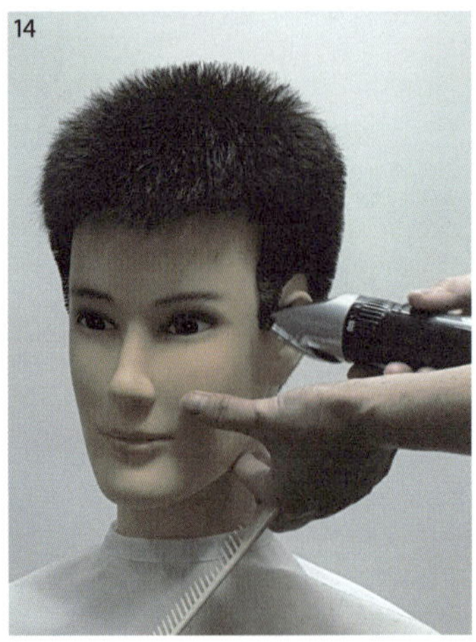


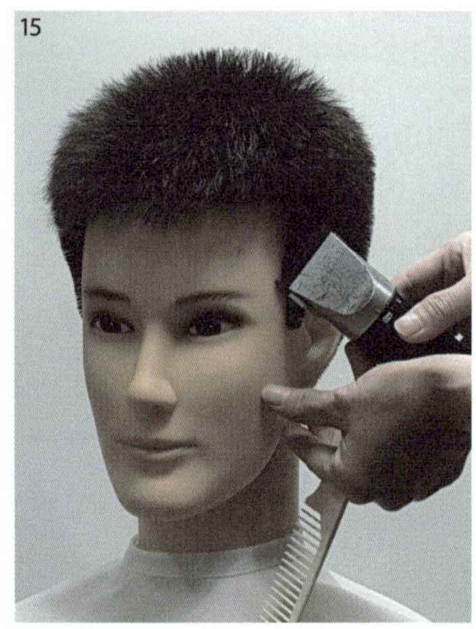


페이스 라인 쪽도 클리퍼 프리핸드 기법으로 정리한다.

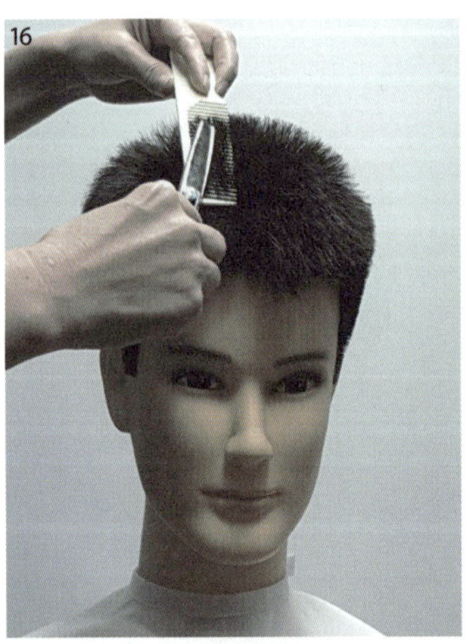


전체 세임 틴닝으로 질감 처리하여
삼각 모양이 돋보이게 한다.

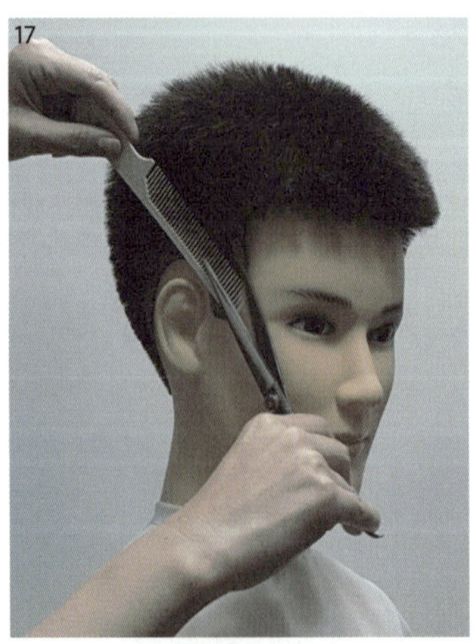


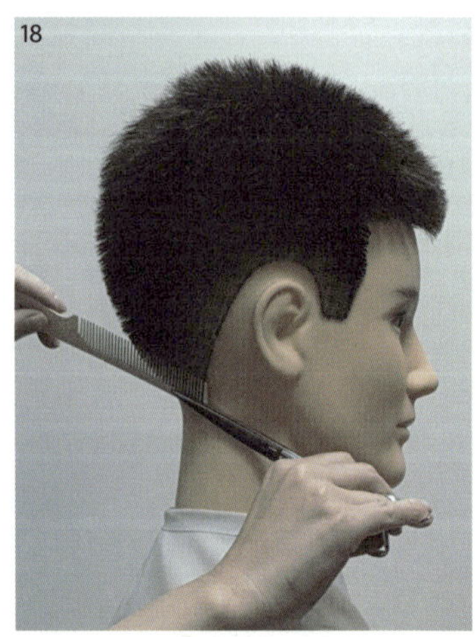


싱글링 및 밀어 깎기, 끌어 깎기로 요철 부분을 매끈하게
수정 커트한다.

19

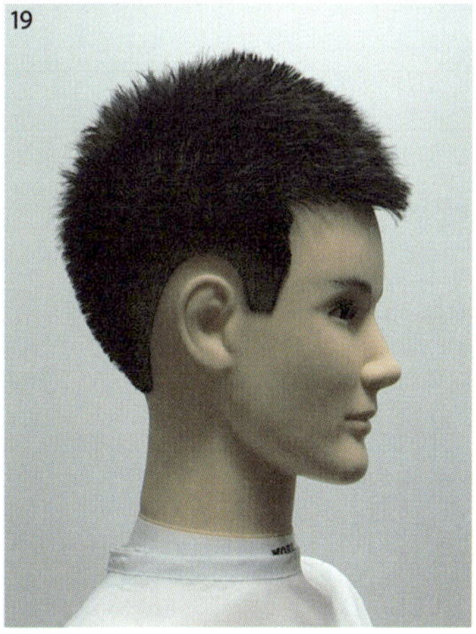

20

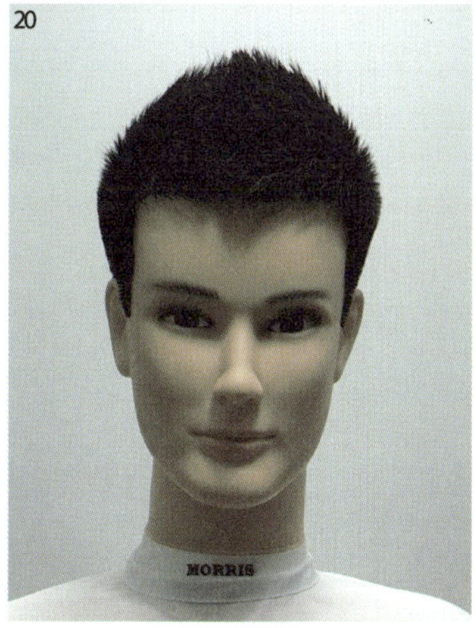


21

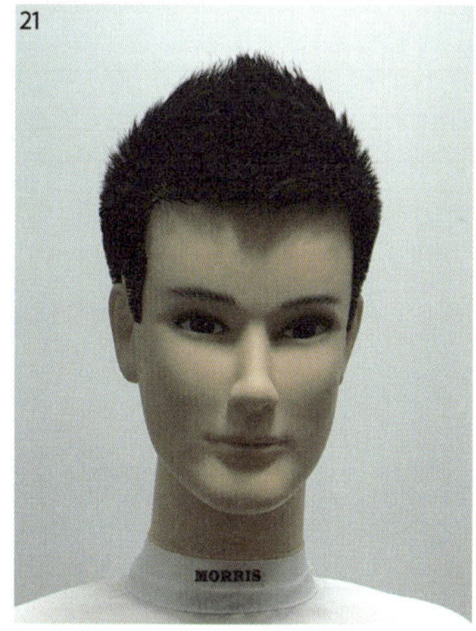

## [Style number 9] 투 블럭 상고 1(하상고 응용)

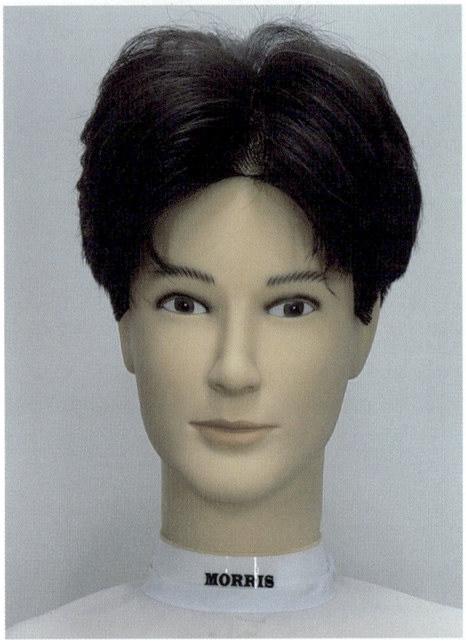


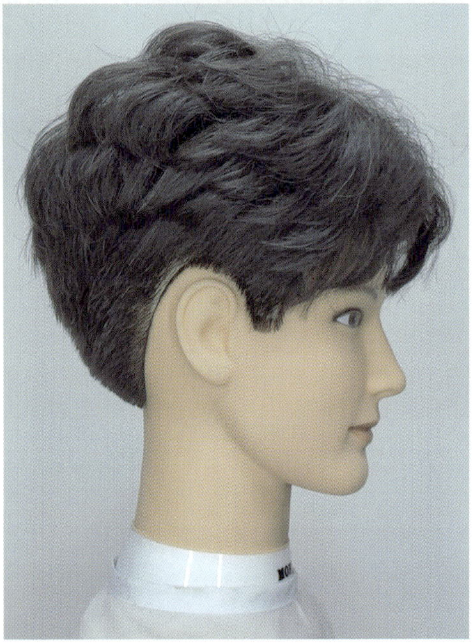

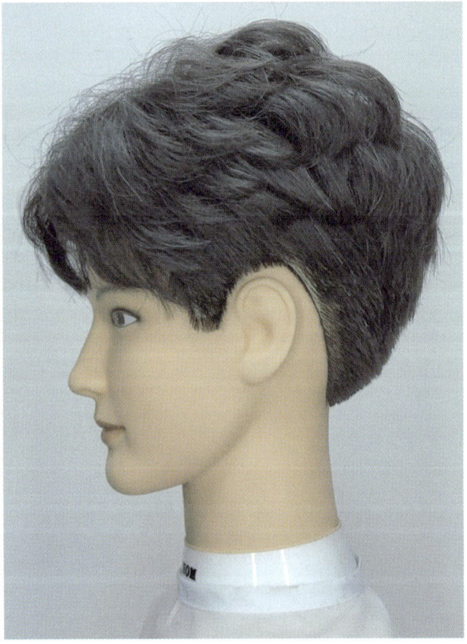

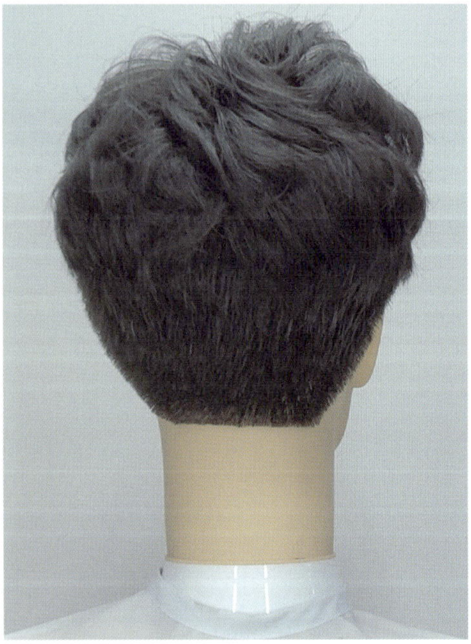

## 유사 스타일 찾아보기

| | |
|---|---|
| | |
| | |

## 1. 투 블럭 상고 1(하상고 응용)의 특징

인테리어와 엑스테리어로 나누어 엑스테리어는 상상고 스타일로 짧게 커트하고, 인테리어 부분은 하상고 특징을 살리면서 디스커넥션으로 진행하는 하상고 응용 커트이다.

## 2. 도해도

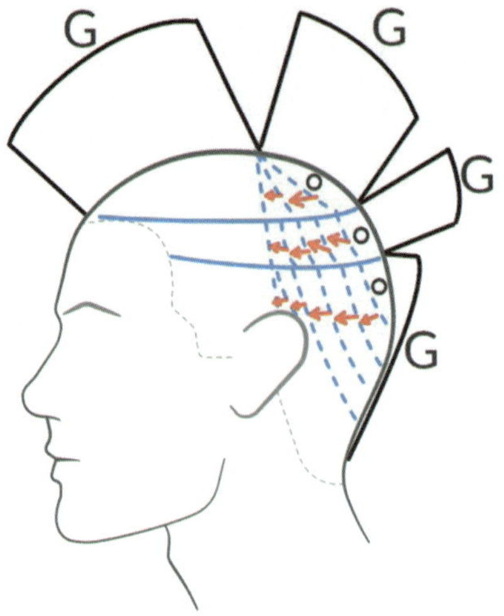


그림 2-3

## 3. 커트 진행 방법 및 절차

크레스트를 중심으로 인테리어와 엑스테리어로 나누어 엑스테리어는 측두부 약 3~4cm로 상고로 짧게 커트하고, 인테리어 부분은 디스커넥션으로 햄라인까지 가이드 설정으로 진행한다.

표 2-3

| 구분 \ 섹션 | 엑스테리어 | | 인테리어 | |
|---|---|---|---|---|
| | 측두부 | 후두부 | 전두부 | 두정부 |
| **파팅** | 가로 | 후대각 | 가로 | 후대각 |
| **베이스** | On Base | OD<br>On Base | On Base | OD<br>On Base |
| **각도** | 70 ~ 80° | 70 ~ 80° | 45°<br>90° | 파팅과 평행 |
| **형태** | G | G | G | G |

1

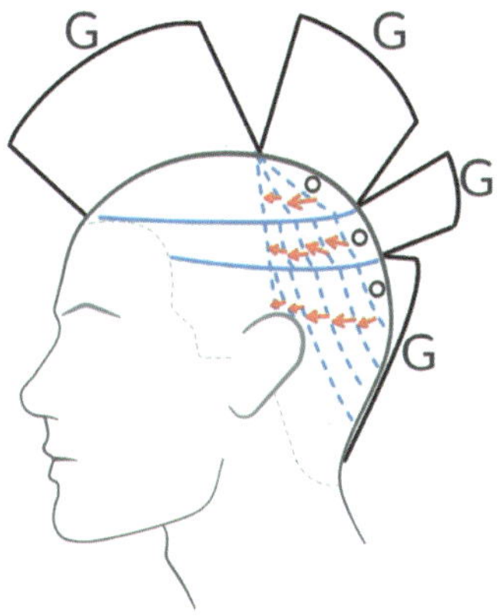


도해도

2

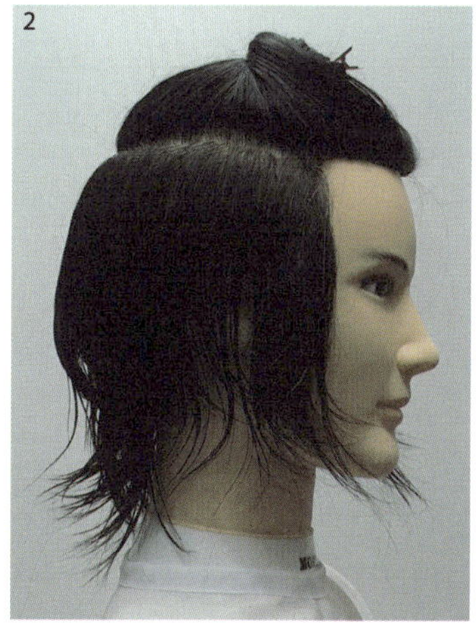

크레스트를 중심으로
인테리어와 엑스테리어로
투 섹션으로 블로킹한다.

3

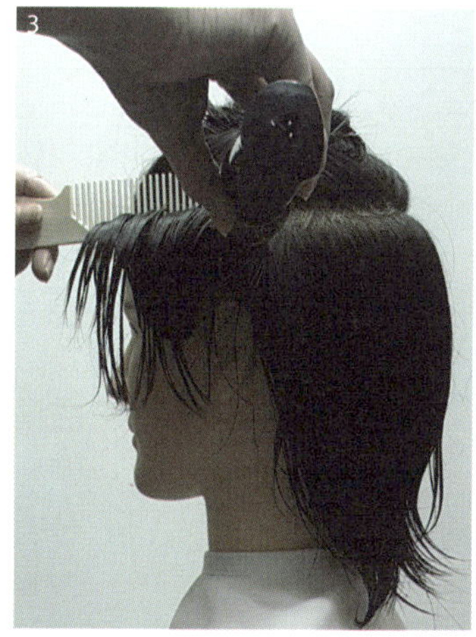

엑스테리어의 측두부 부터
약 3~4cm로 측중선까지
클리퍼 오버 콤으로
가이드 설정 커트한다.

4

계속하여 빗의 기울기를
70~80°로 하여
측중선까지 진행한다.

5

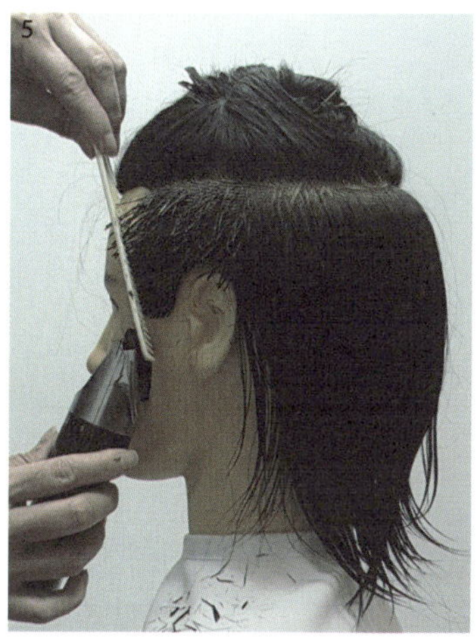

측두부 형태선 완성 후
페이스 라인 쪽으로 빗을 사선으로
하여 구레나룻 형태선을
클리퍼 오버 콤으로 커트한다.

6

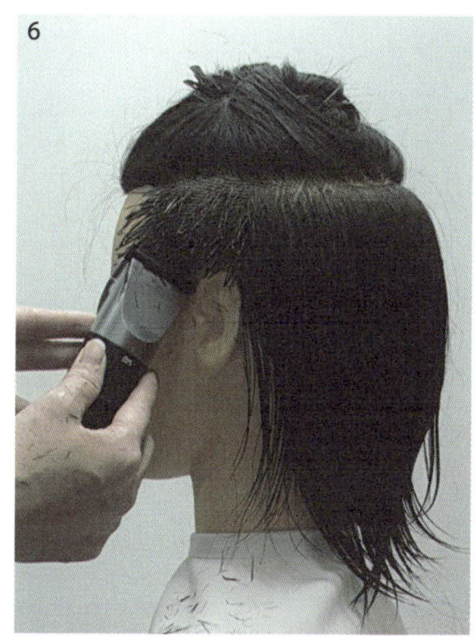

헴라인을 클리퍼 프리핸드
기법으로 마무리한다.

7

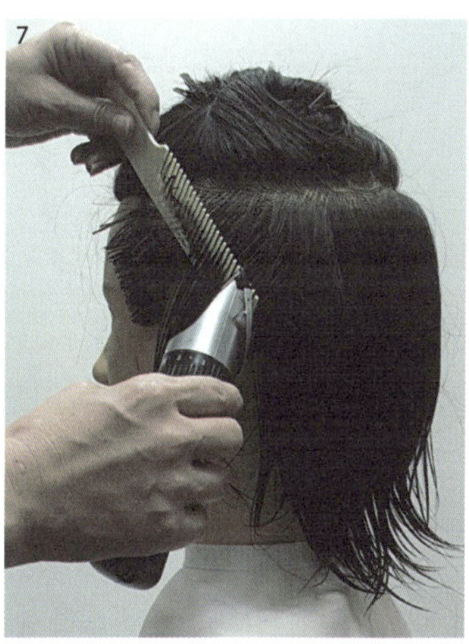

측중선을 가이드로 E.B.P 쪽으로
빗의 방향을 주어
후대각으로 진행한다.

8

계속하여 N.S.P 쪽으로 연결하되
빗의 방향과 각도에 주의하여
하단부를 진행한다.

9

빗의 방향은 N.P 쪽으로 후대각
하여 클리퍼 오버 콤으로
후두하부를 진행한다.

B.P와 G.B.M.P에서 상단부에 무게선이 이루어지도록 스퀘어로 중단부를 진행한다.

계속하여 하단부로 빗의 각도를 70~80°로 하여 진행한다.

후두하부도 동일하게 진행한다.

엑스테리어 부분을 후대각 파팅 후 체크 커트한다.

계속하여 후대각 파팅 후 전 패널로 OD하여 체크 커트한다.

N.S.P의 1/3 지점을 지난 크라운 부분은 On Base로 체크 커트한다.

나머지도 정중선 쪽은 On Base로 체크 커트한다.

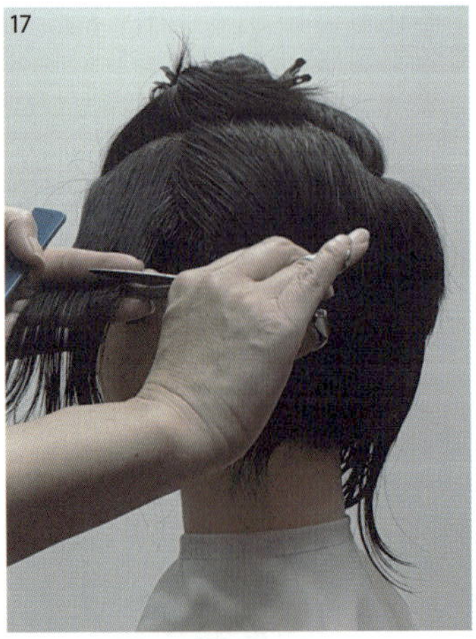


인테리어를 2등분 후 측두부 햄라인까지 형성되는 길이로 측중선까지 45° 이하로 스퀘어로 디스커넥션 커트한다.

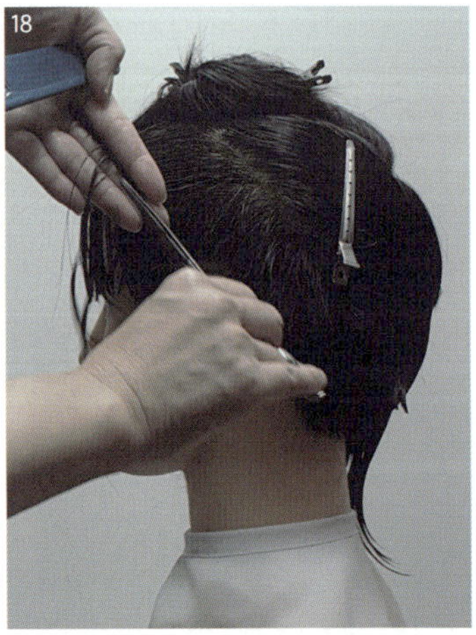


측중선을 가이드로 상단부를 후대각 파팅 후 파팅과 평행하게 빗질하고, 측중선 쪽으로 OD하여 하이 그라데이션으로 디스커넥션한다.

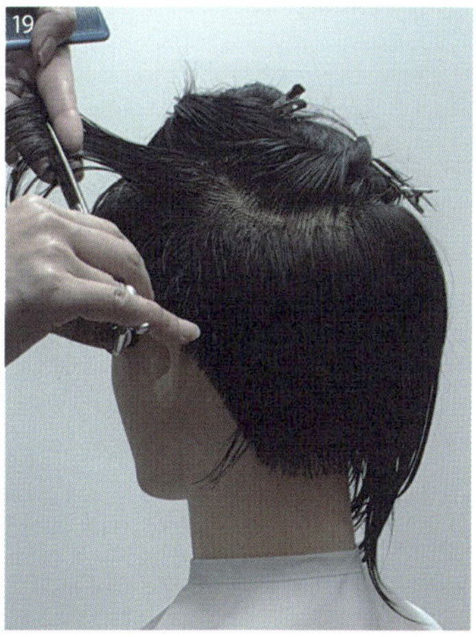


나머지도 동일하게 후대각 파팅 후 전 패널로 OD하여 진행한다.

계속하여 동일하게 진행한다.

정중선 쪽은 On Base로 진행한다.

인테리어의 나머지 전두부는 측중선까지 90°로 스퀘어 커트한다.

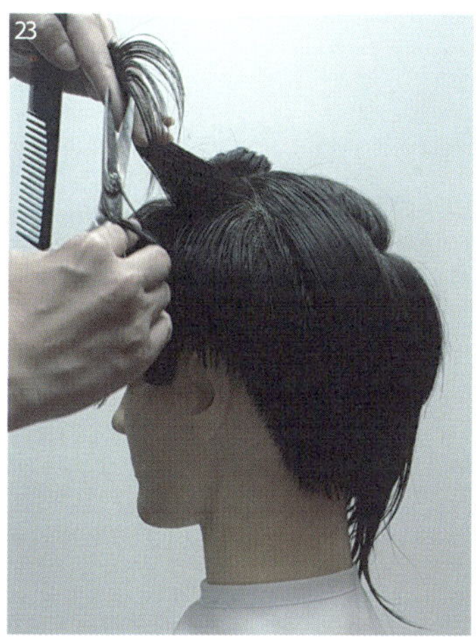


나머지 두정부는 T.P를 기점으로 피봇파팅 후 파팅과 평행하게 빗질하고, 측중선으로 OD하여 하이 그라데이션으로 커트한다.

계속하여 피봇파팅 후 전 패널로 OD하여 진행한다.

정중선 쪽은 On Base로 진행한다.

완성 후 천정부를 90° 위쪽 평면으로 빗질하여 체크 커트한다.

C.T.M.P까지 90° 빗질하여 동일하게 체크 커트한다.

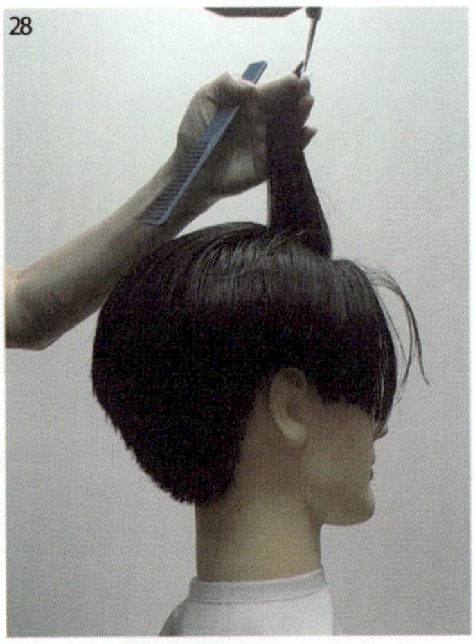


C.T.M.P~C.P까지는 C.T.M.P 쪽으로 OD하여 체크 커트한다.

페이스 라인은 앞으로 다운하여 좌, 우 F.S.P와 연결하여 커트한다.

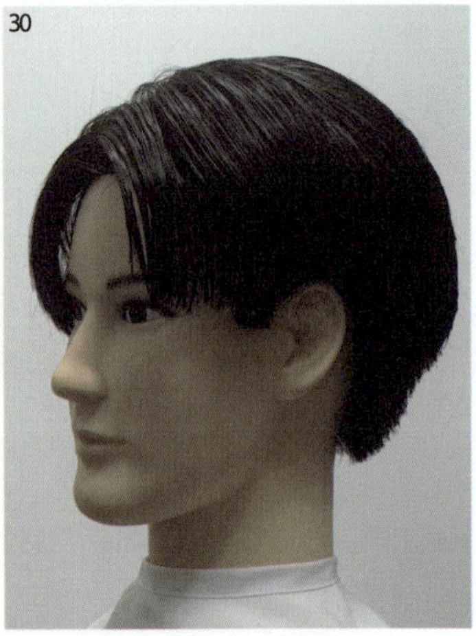


전체 질감 처리 후 마무리한다.

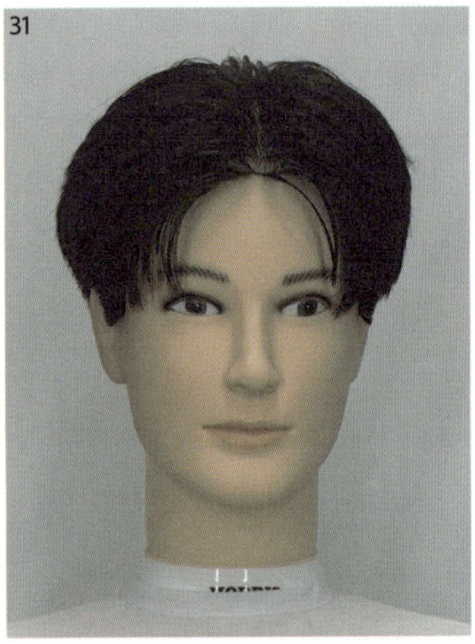


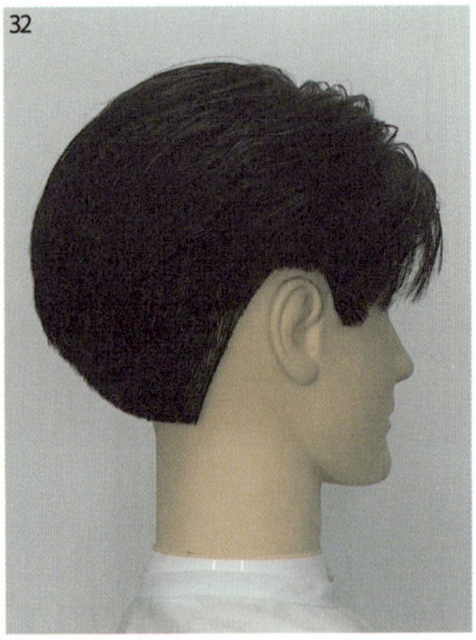


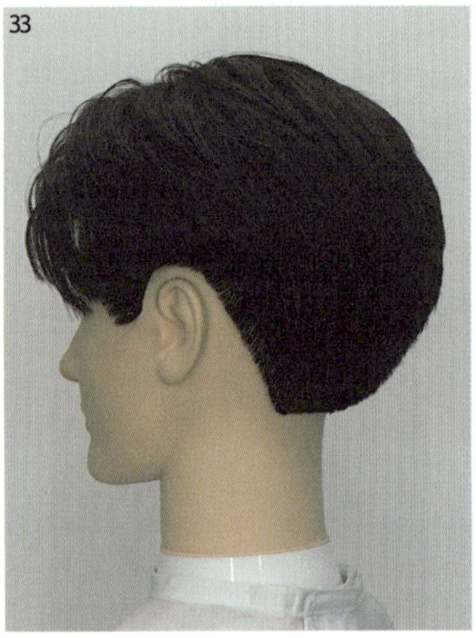

# [Style number 10] 투 블럭 상고 2(중상고 응용)

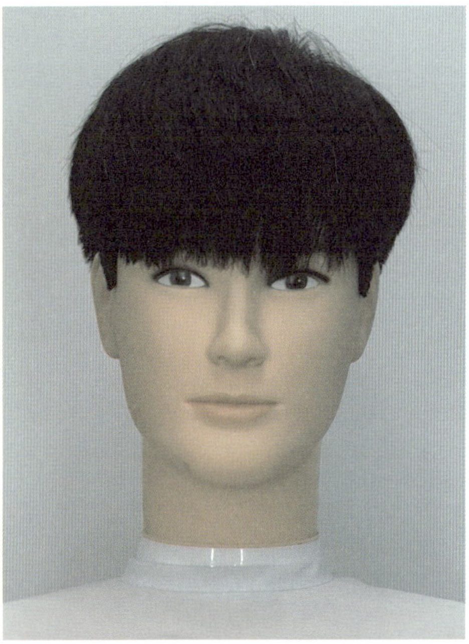

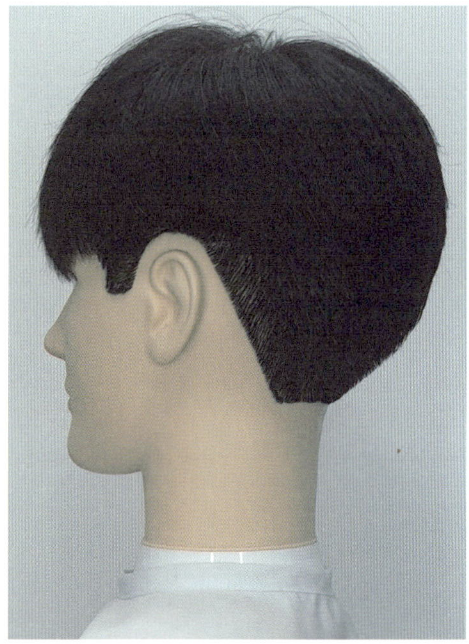

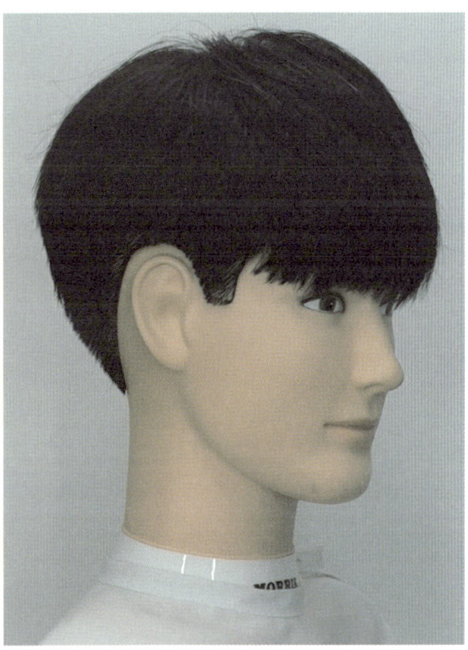

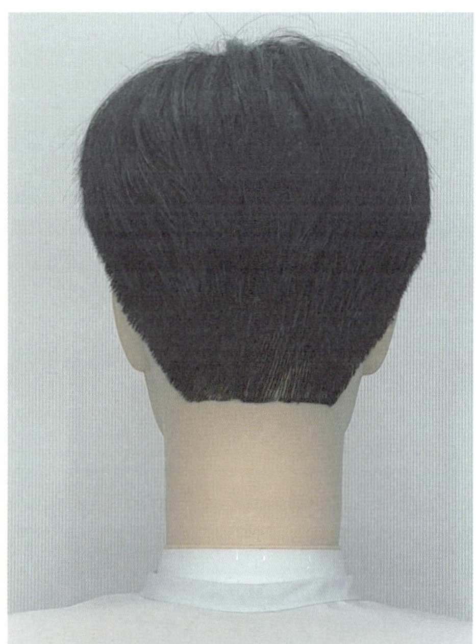

## 유사 스타일 찾아보기

| | |
|---|---|
| | |
| | |

## 1. 투 블럭 상고 2(중상고 응용)의 특징

인테리어와 엑스테리어로 나누어 엑스테리어는 상상고 스타일로 짧게 커트하고, 인테리어 부분은 중상고 특징을 살리면서 디스커넥션으로 진행하는 중상고 응용 커트이다.

## 2. 도해도

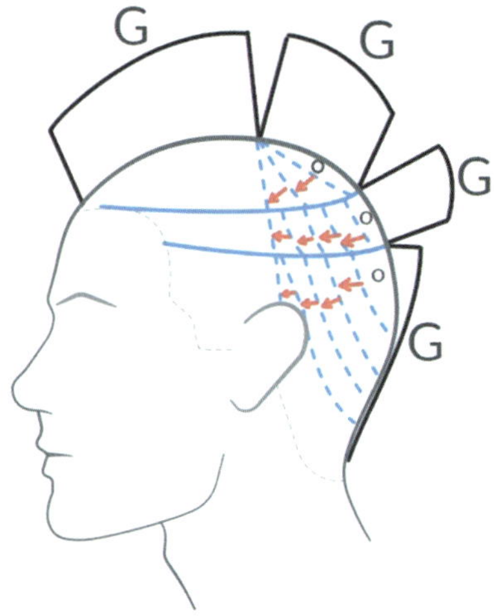


그림 2-4

## 3. 커트 진행 방법 및 절차

인테리어와 엑스테리어로 나누어 엑스테리어는 측두부 약 2~3cm로 상상고로 짧게 커트하고, 인테리어는 엑스테리어의 머리 길이를 덮는 두 개의 블럭으로 나누어 진행한다.

표 2-4

| 구분 \ 섹션 | 엑스테리어 | | 인테리어 | |
|---|---|---|---|---|
| | 측두부 | 후두부 | 전두부 | 두정부 |
| 파팅 | 가로 | 후대각 | 가로 | 후대각 |
| 베이스 | On Base | OD<br>On Base | On Base | OD<br>On Base |
| 각도 | 90° | 파팅과 평행 | 80°, 90° | 파팅과 평행 |
| 형태 | G | G | G | G |

1

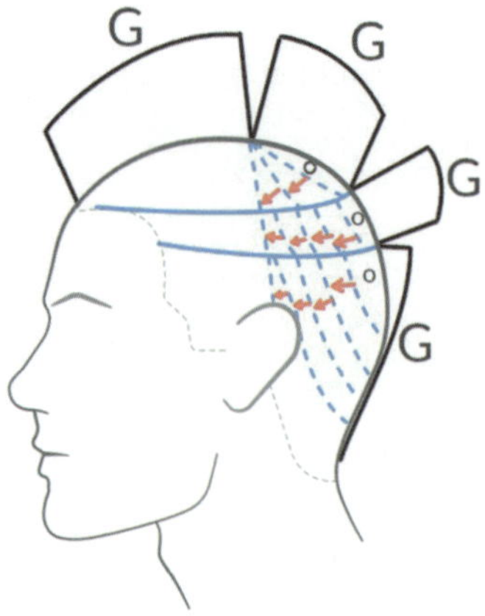


도해도

2

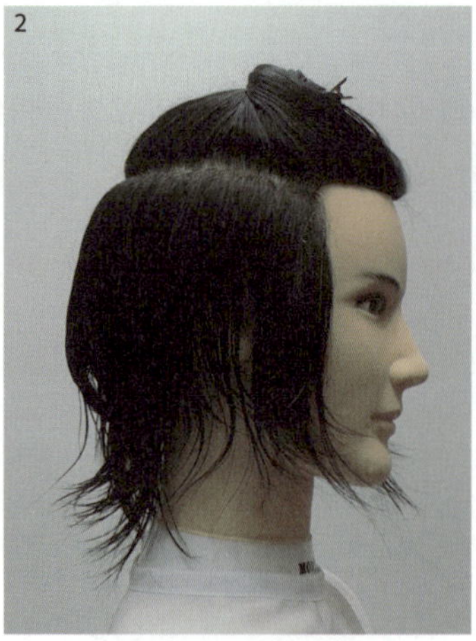

크레스트를 중심으로
인테리어와 엑스테리어로
블로킹한다.

3

엑스테리어의 측두부 부터
약 2~3cm로 측중선까지
스퀘어로 클리퍼 오버 콤으로
가이드 설정 커트한다.

4

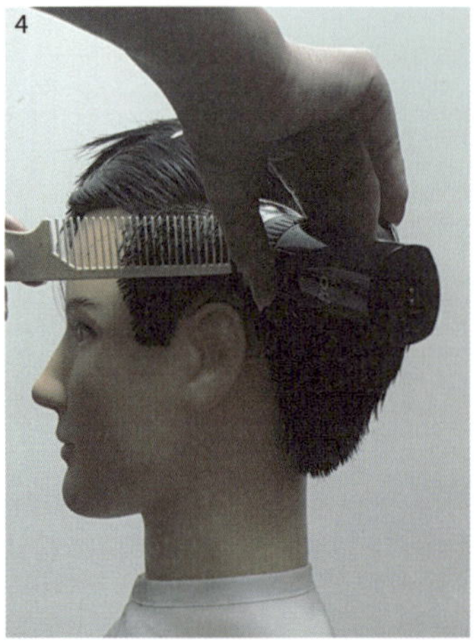

계속하여 빗의 기울기를
70~80˚로 하여
측중선까지 진행한다.

5

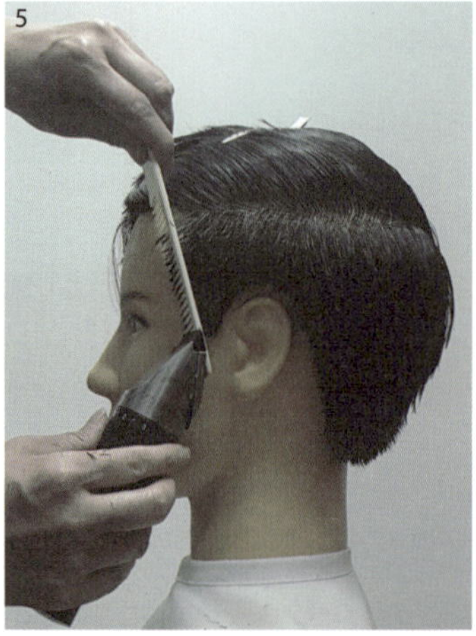

엑스테리어의 측두부 형태선
완성 후 페이스 라인 쪽으로
빗을 사선으로 하여 정리한다.

6

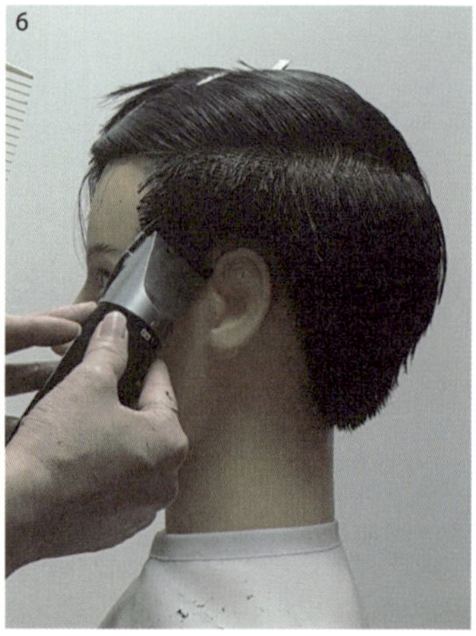

햄라인을 클리퍼 프리핸드
기법으로 마무리한다.

7

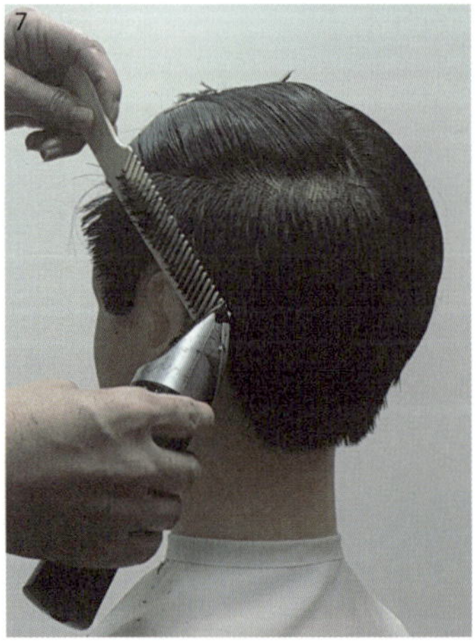

측중선을 가이드로 E.B.P 쪽으로
빗의 방향을 후대각으로
진행한다.

8

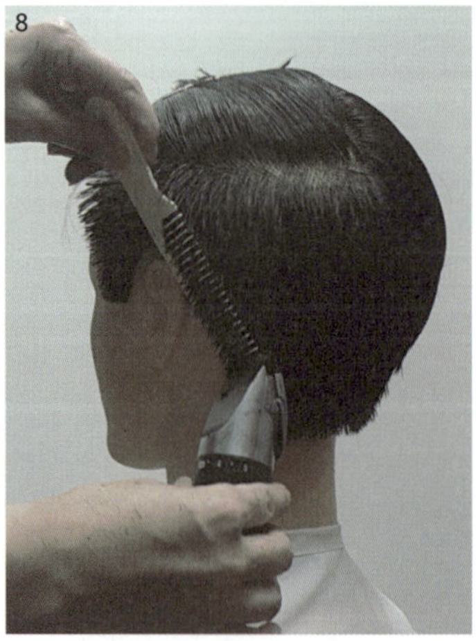

계속하여 N.S.P 쪽으로 연결하되
빗의 방향과 각도에 주의하여
하단부를 진행한다.

9

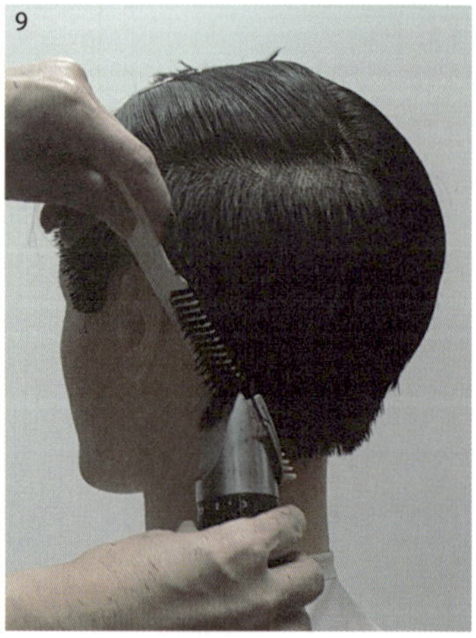

빗의 방향을 N.P 쪽으로
후대각하여 클리퍼 오버 콤으로
후두하부를 진행한다.

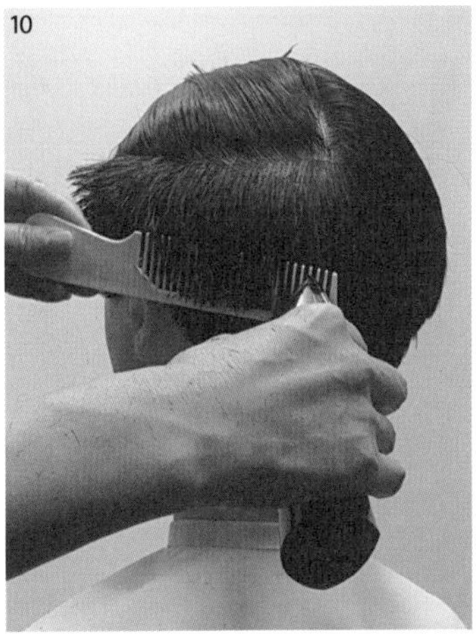

10

E.B.P에서 B.P 쪽으로 빗의 방향을 주어 클리퍼 오버 콤으로 중단부에서 하단부로 진행한다.

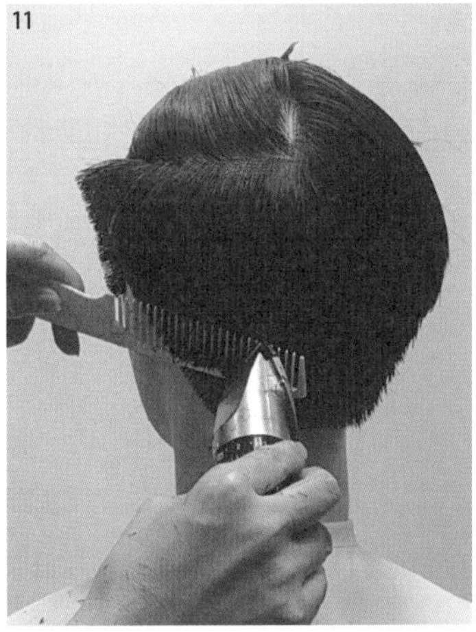

11

계속하여 하단부에서 후두하부로 진행한다.

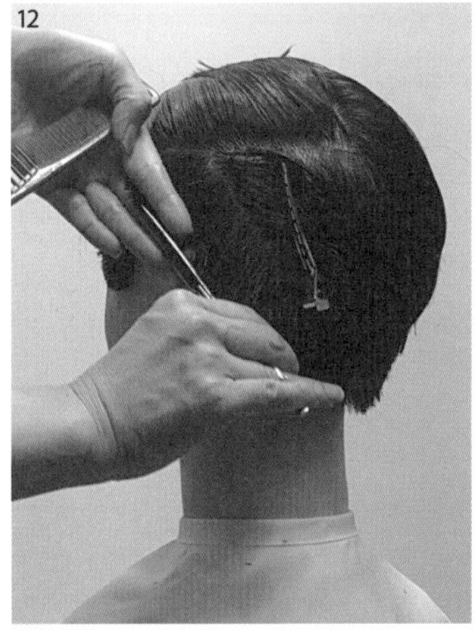

12

엑스테리어 부분을 후대각 파팅 후 체크 커트한다.

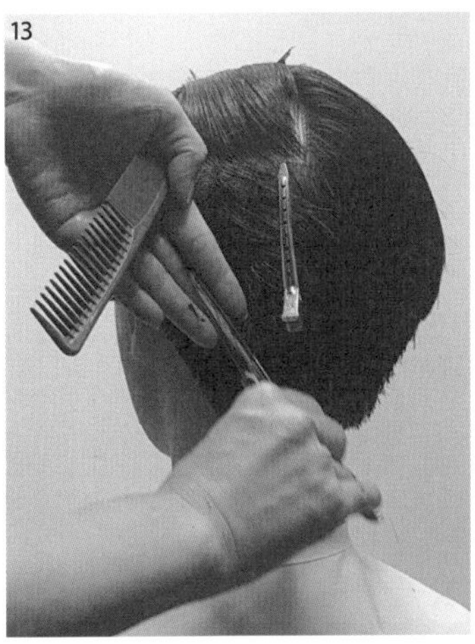

13

계속하여 후대각 후 전 패널로 OD하여 체크 커트한다.

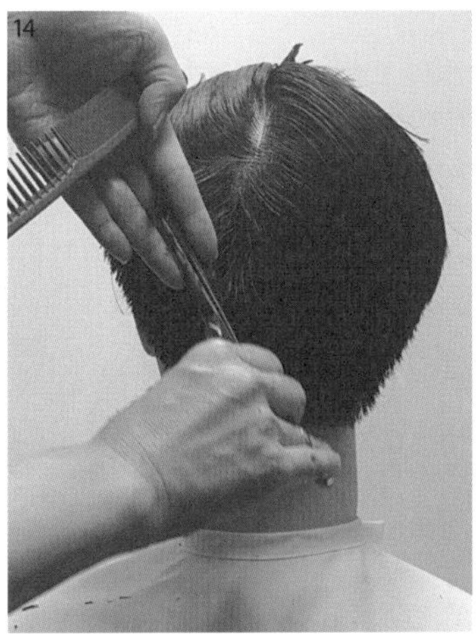

14

N.S.P의 1/3 지점을 지난 크라운 부분은 On Base로 체크 커트한다.

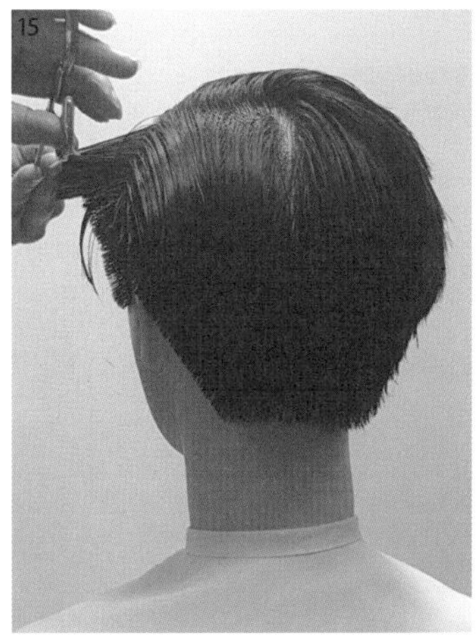

15

인테리어를 2등분 후 80°로 측중선까지 눈썹꼬리에 형성되는 길이로 디스커넥션 커트한다.

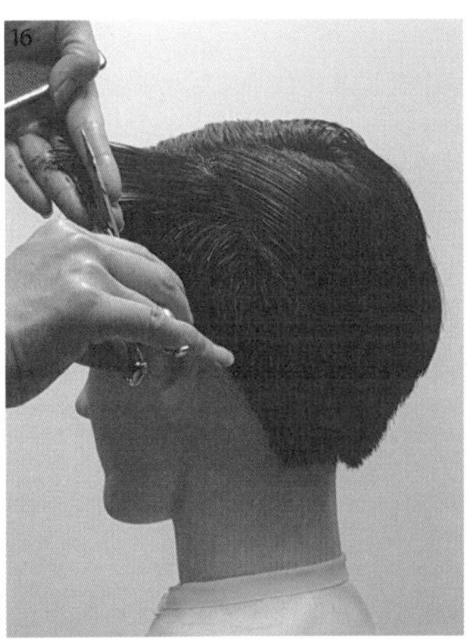

16

측중선을 가이드로 상단부를 후대각 파팅 후 파팅과 평행하게 빗질하고, 측중선 쪽으로 OD하여 HG로 디스커넥션한다.

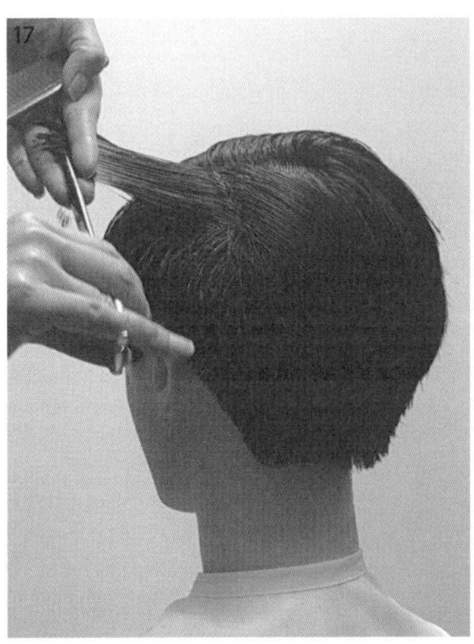

17

나머지도 동일하게 후대각 파팅 후 전 패널로 OD하여 진행한다.

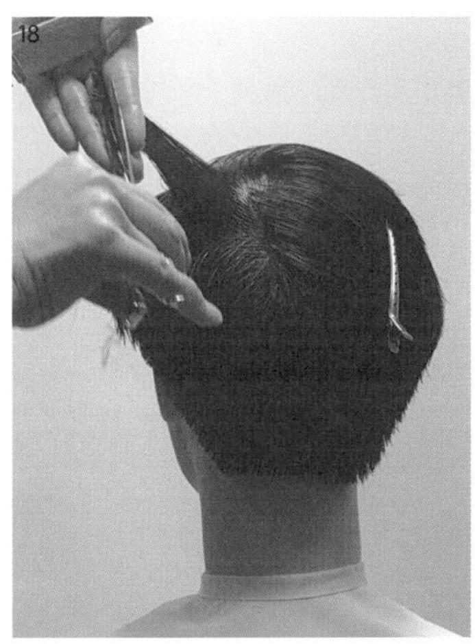

18

계속하여 동일하게 진행한다.

19

정중선 쪽은 On Base로
진행한다.

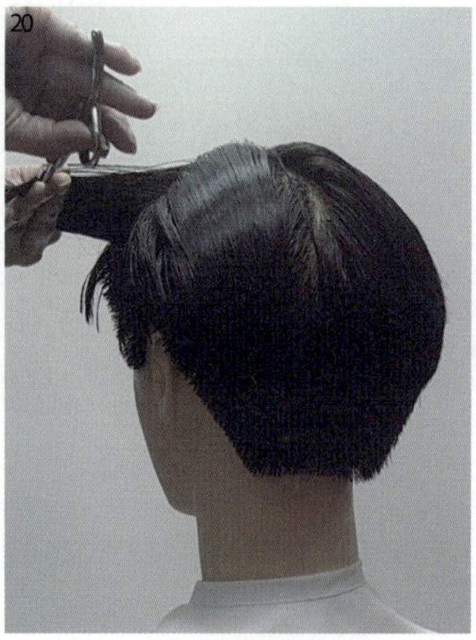

20

인테리어 나머지 두정부를
측중선까지 90˚로
스퀘어 커트한다.

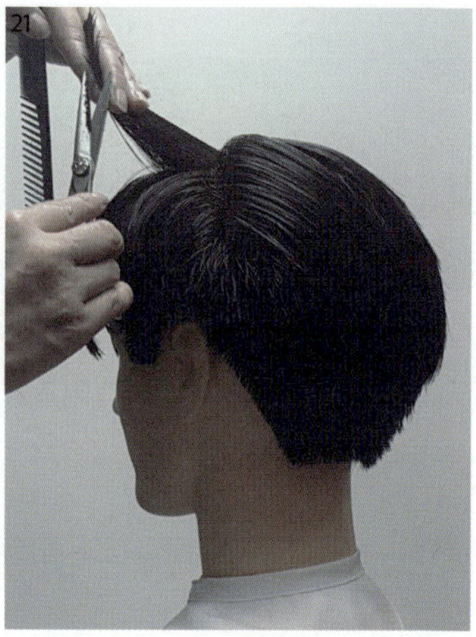

21

나머지 두정부는 T.P를 기점으로
피봇파팅 후 파팅과 평행하게
빗질하고, 측중선으로 OD하여
하이 그라데이션으로 커트한다.

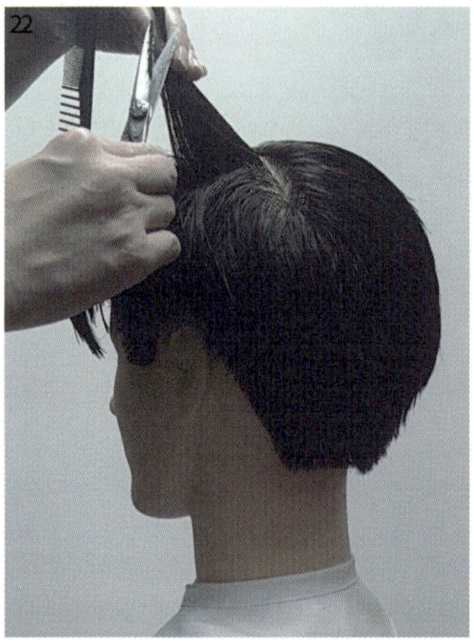

22

계속하여 피봇파팅 후 전 패널로
OD하여 진행하고, 정중선 쪽은
On Base로 진행한다.

23

완성 후 천정부를 90˚ 위쪽 평면
빗질하여 체크
커트한다.

24

C.T.M.P까지 90˚
빗질하여 동일하게
진행한다.

25

페이스 라인은 앞으로 다운하여
좌, 우 F.S.P와 연결하여 커트한다.

26

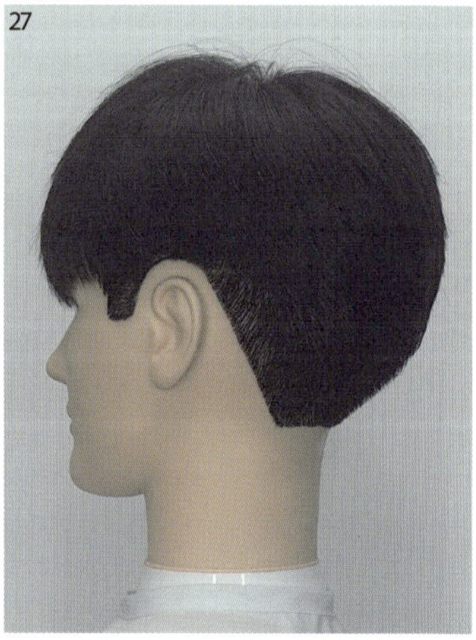

27

## [Style number 11] 투 블럭 상고 3(상상고 응용)

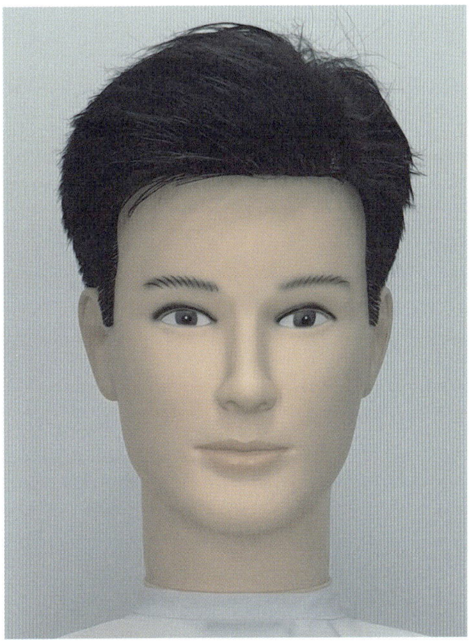

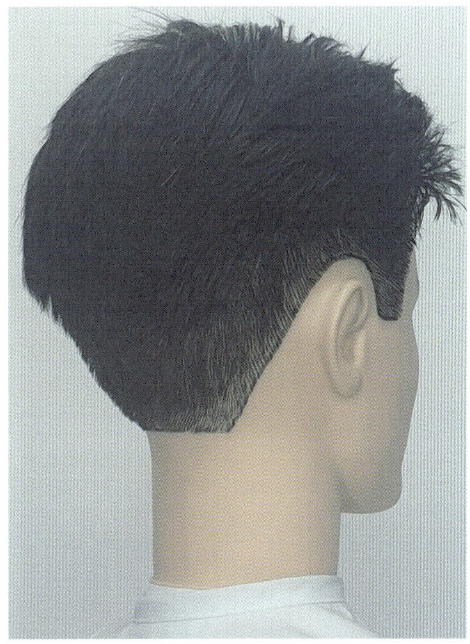

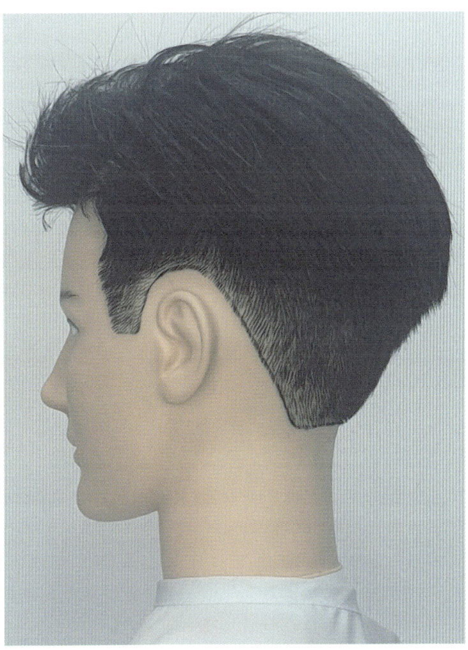

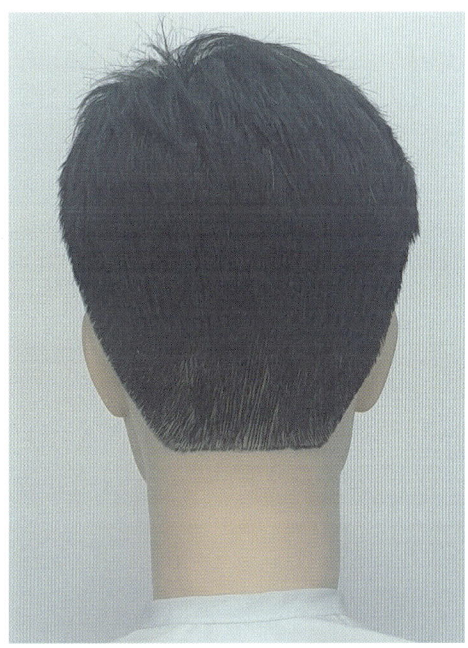

## 유사 스타일 찾아보기

| | |
|---|---|
| | |
| | |

## 1. 투 블럭 상고 3(상상고 응용)의 특징

인테리어와 엑스테리어로 나누어 엑스테리어는 12mm 덧날을 사용하여 짧게 커트하고, 인테리어 부분은 상상고 특징을 살리면서 디스커넥션으로 진행하는 상상고 응용 커트이다.

## 2. 도해도

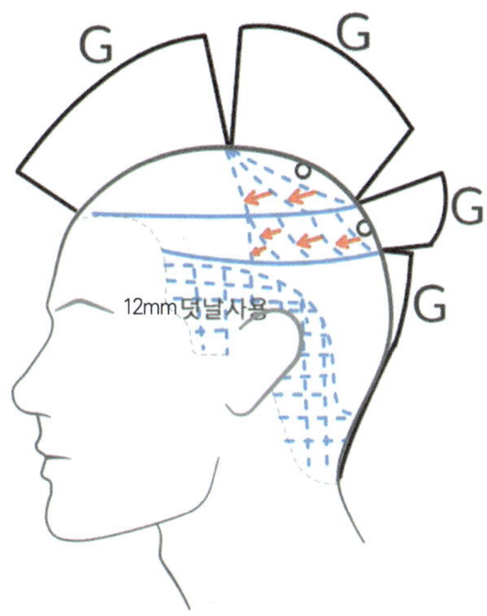


그림 2-5

## 3. 커트 진행 방법 및 절차

인테리어와 엑스테리어로 나누어 엑스테리어는 12mm 덧날을 사용하여 짧게 커트하고, 인테리어는 엑스테리어의 머리 길이를 덮는 눈썹꼬리까지 디스커넥션하여 두 개의 블럭으로 진행한다.

표 2-5

| 구분 \ 섹션 | 엑스테리어 | | 인테리어 | |
|---|---|---|---|---|
| | 측두부 | 후두부 | 전두부 | 두정부 |
| **파팅** | 12mm 덧날 사용 | 12mm 덧날 사용 | 가로 | 후대각, 피봇파팅 |
| **베이스** | On Base | On Base | On Base | OD<br>On Base |
| **각도** | 0° | 70 ~ 80° | 80° | 파팅과 평행 |
| **형태** | G | G | G | G |

1

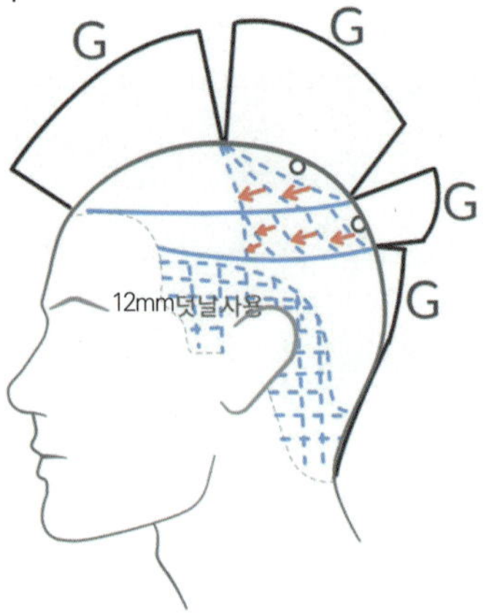


도해도

2

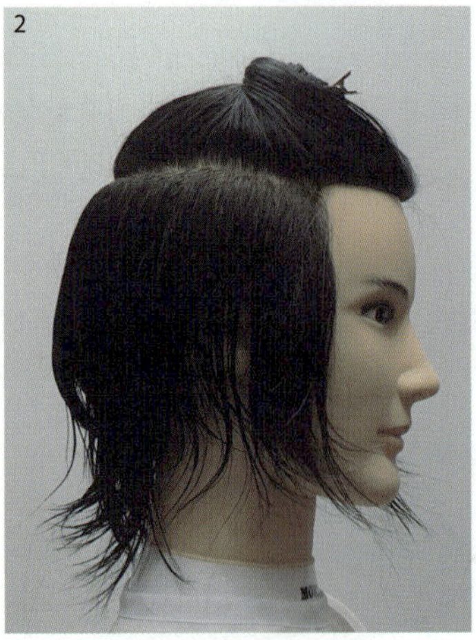

크레스트를 중심으로
인테리어와 엑스테리어로
투 섹션 블로킹한다.

3

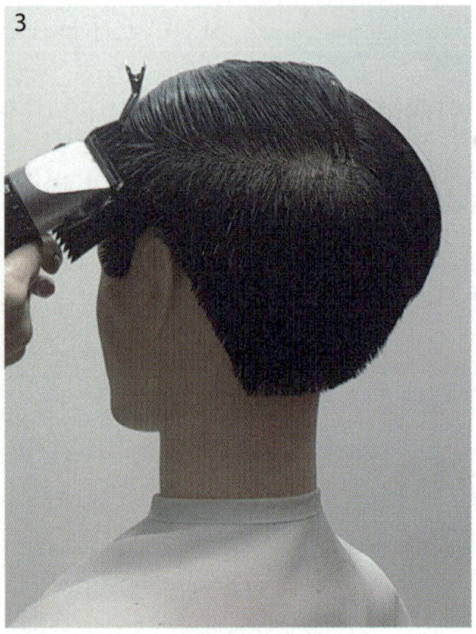

엑스테리어의 측두부 부터 12mm
덧날을 사용하여 측중선까지
클리퍼 프리핸드 기법으로
커트한다.

4

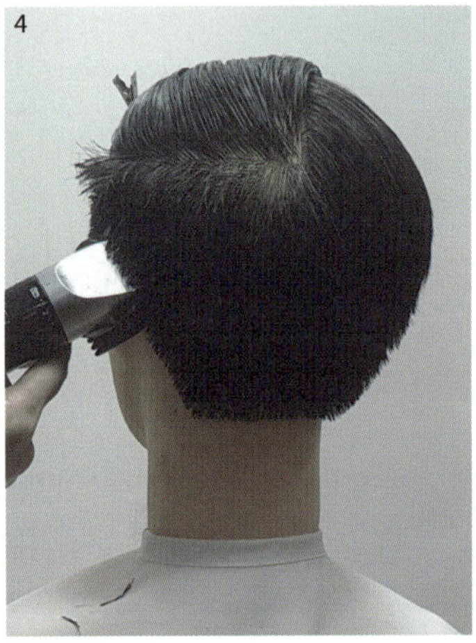

계속하여 측중선을 가이드로
E.B.P 쪽으로 방향을 돌려주면서
커트한다.

5

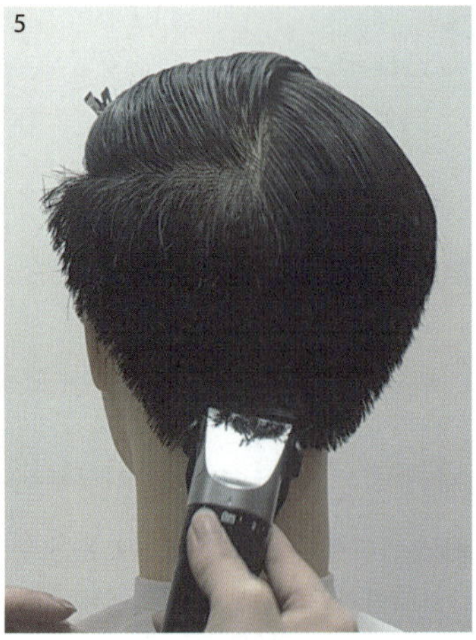

계속하여 후두하부 쪽을
12mm 덧날을 사용하여
클리퍼 프리핸드로 커트한다.

6

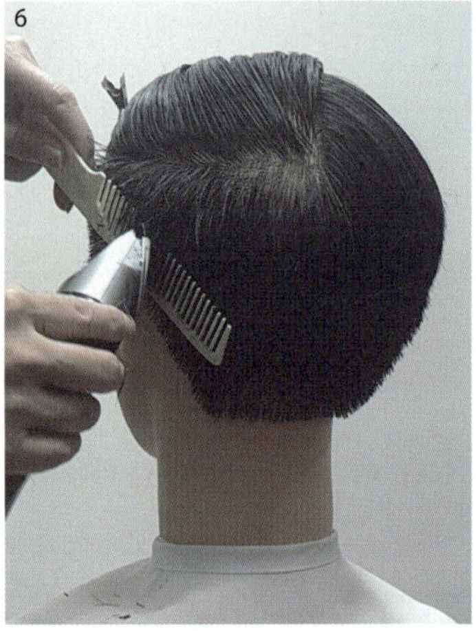

12mm 클리퍼 작업 후
클리퍼 오버 콤으로 측중선에서
하단부 쪽으로 커트한다.

7

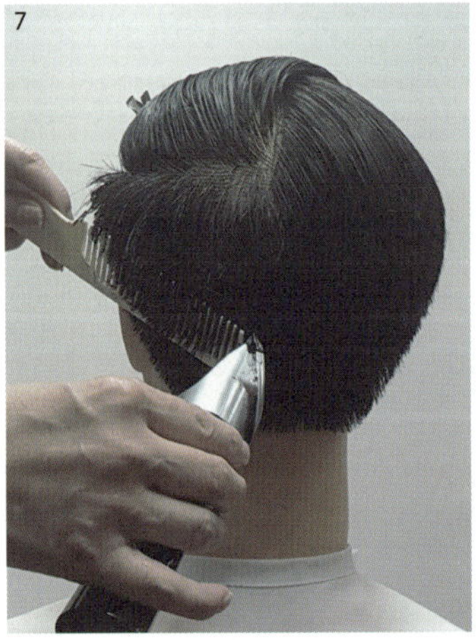

계속하여 중단부와 하단부를
연결하여 커트한다.

8

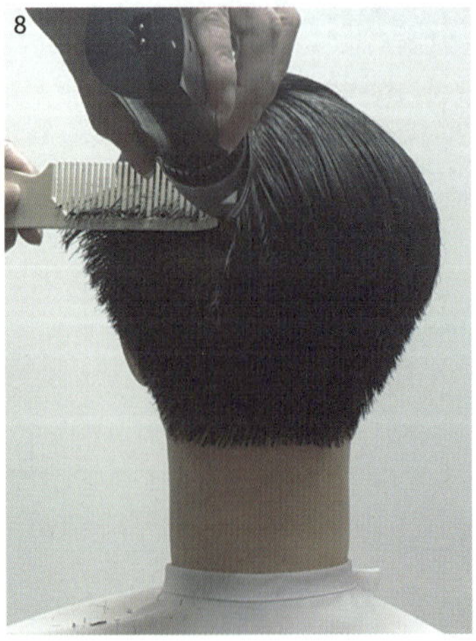

엑스테리어 G.B.M.P에서
90° 가이드 설정한다.

9

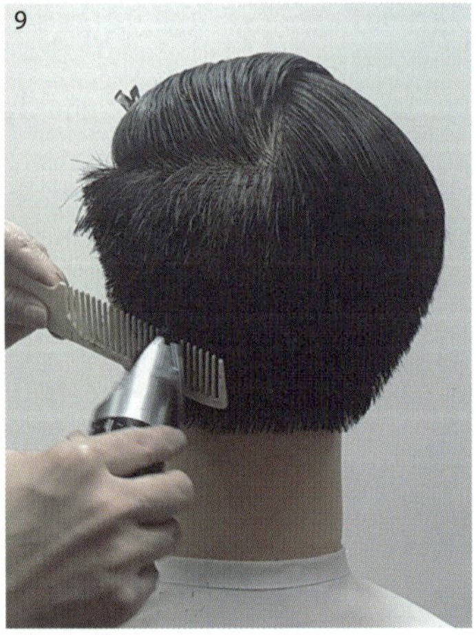

계속하여 후두하부 쪽으로
그라데이션 시키면서 연결한다.

10

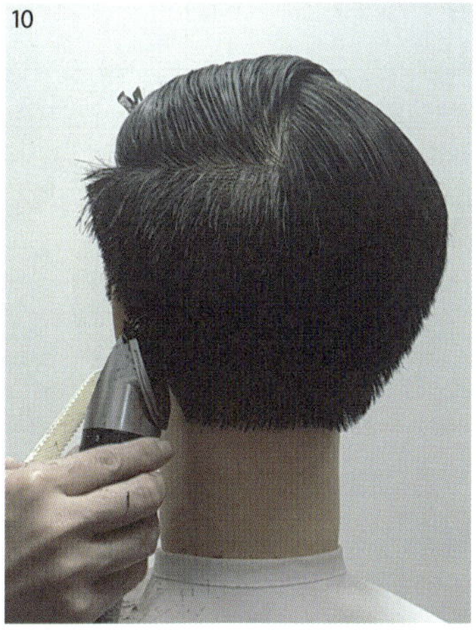

네이프 사이드 라인을
클리퍼 프리핸드 기법으로
요철 부분을 정리한다.

11

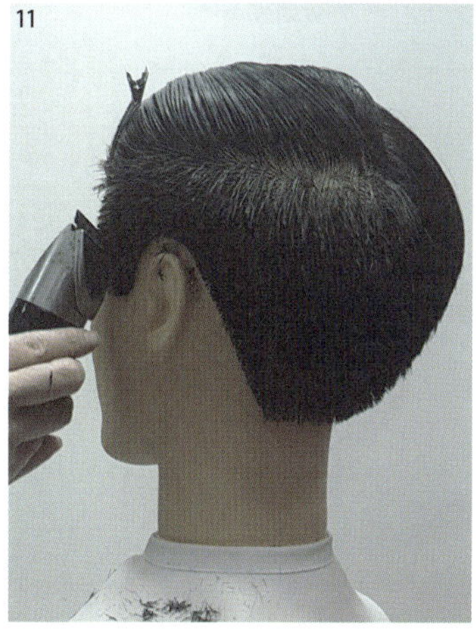

페이스 라인 쪽도
클리퍼 프리핸드 기법으로
요철 부분을 정리한다.

12

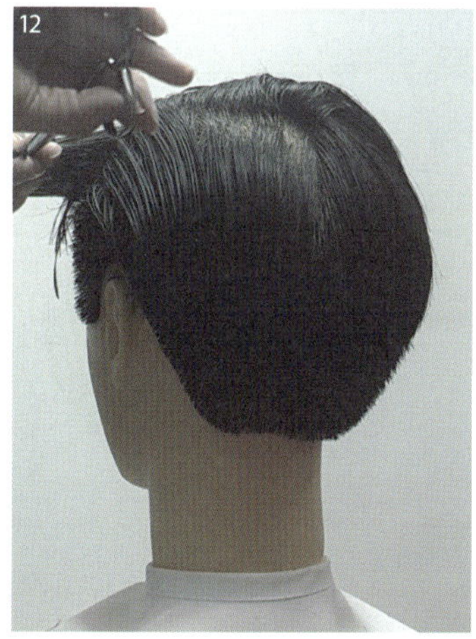

인테리어를 2등분 후 측두부를
80˚로 측중선까지 눈썹꼬리에
형성되는 길이로
디스커넥션 커트한다.

13

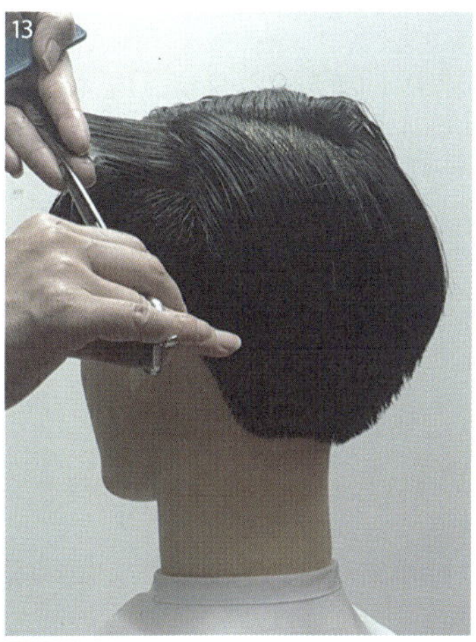

측중선을 가이드로 후대각 파팅 후
파팅과 평행하게 빗질하고,
측중선 쪽으로 OD하여
HG로 디스커넥션한다.

14

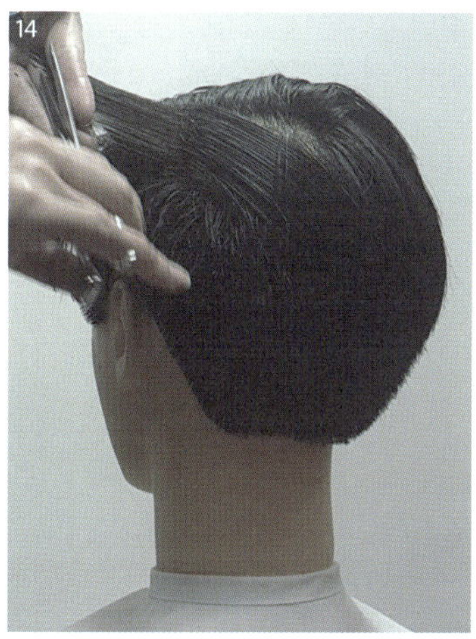

나머지 동일하게 후대각 파팅 후
전 패널로 OD하여
진행한다.

15

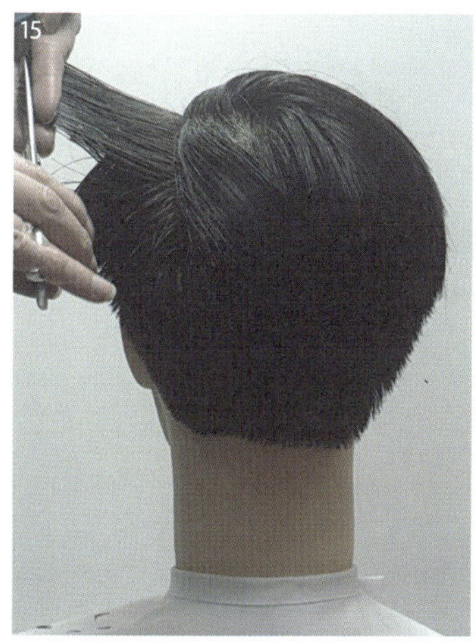

계속하여 동일하게
진행한다.

16

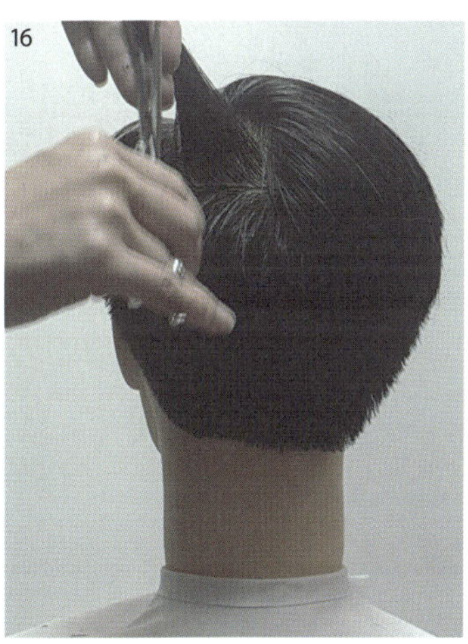

정중선 쪽은 On Base로
진행한다.

17

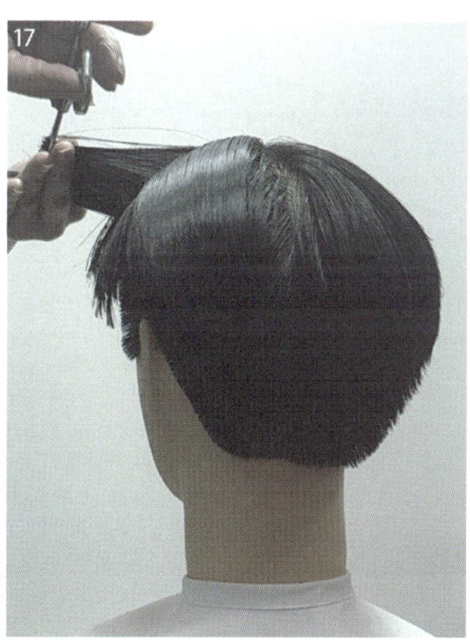

인테리어 나머지 전두부는
측중선까지 90˚
스퀘어 커트한다.

18

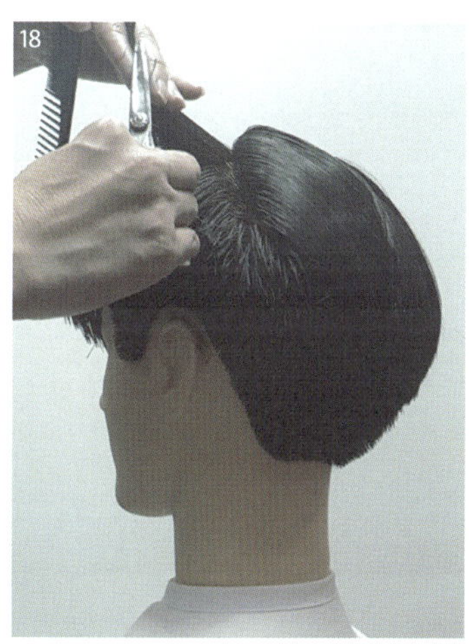

나머지 두정부는 T.P를 기점으로
피봇파팅 후 파팅과 평행하게
빗질하여 측중선으로 OD하여
HG로 커트한다.

19

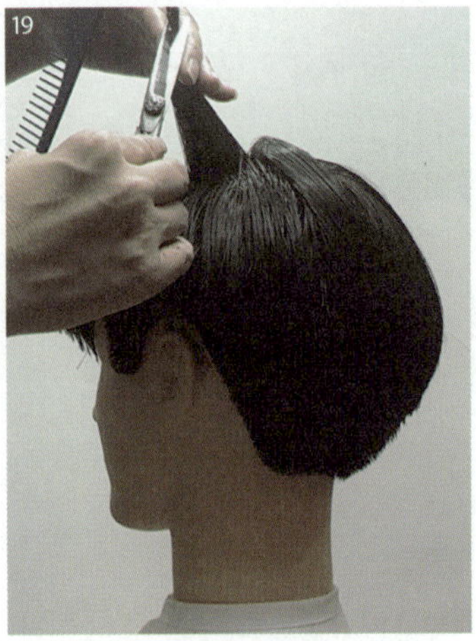

계속하여 피봇파팅 후 전 패널로 OD하여 진행하고, 정중선 쪽은 On Base로 진행한다.

20

완성 후 천정부를 90° 위쪽 평면 빗질하여 체크 커트한다.

21

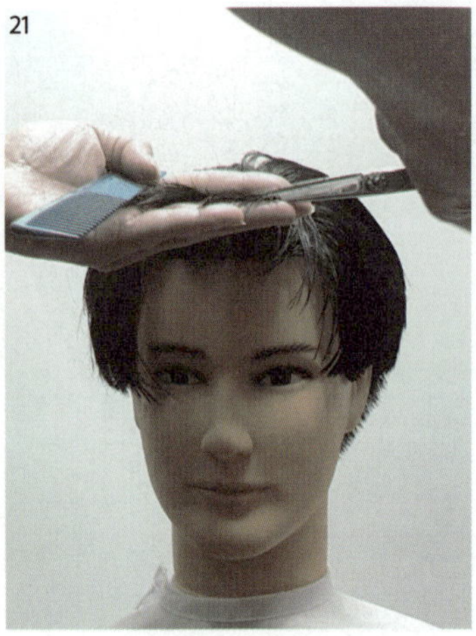

페이스 라인은 좌, 우 F.S.P와 연결하여 리프트 업 하여 커트한다.

22

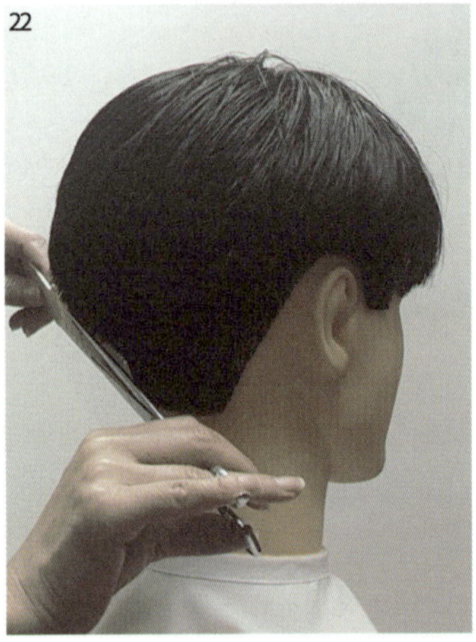

싱글링 기법으로 요철 없이 매끈하게 정리한다.

23

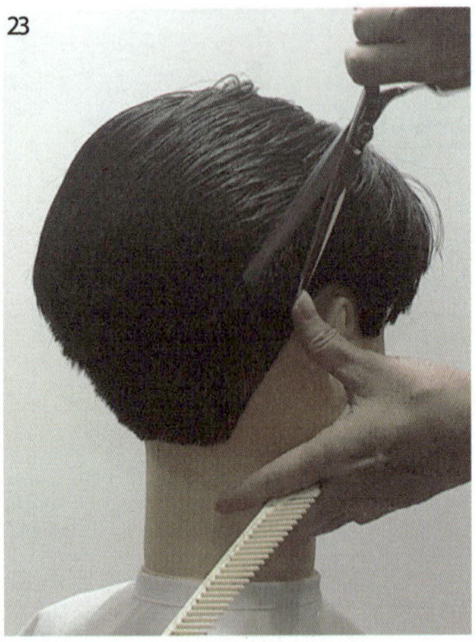

밀어 깎기, 끌어 깎기로 수정 커트 후 마무리한다.

24

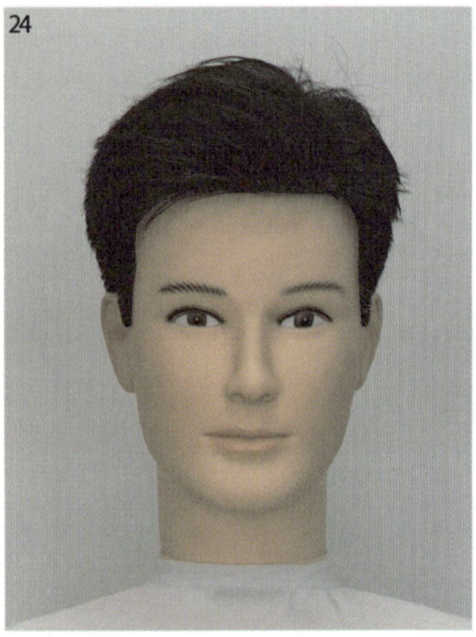

25

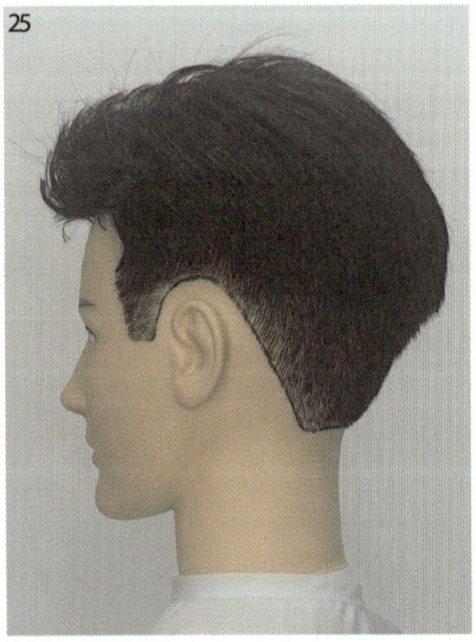

26

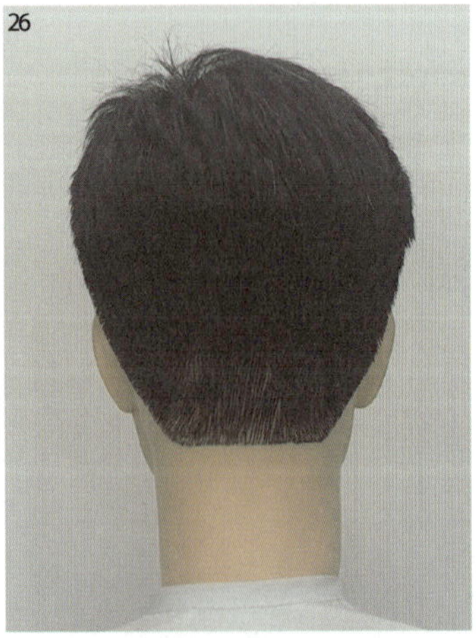

27

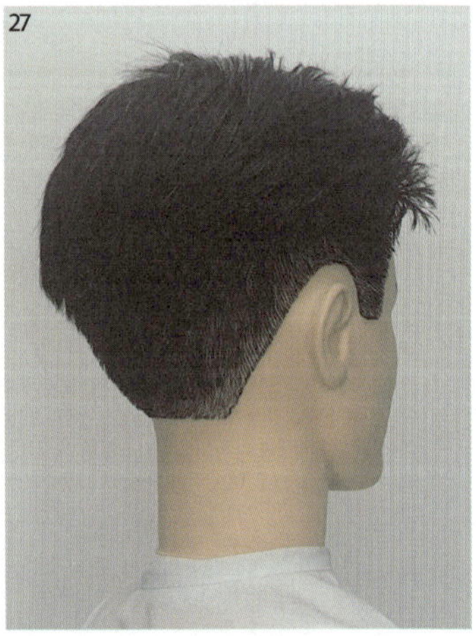

제2부 남성 베이직 살롱 디자인 커트 실기

# Chapter 3

## 살롱 디자인

1. Style number 12 댄디 컷
2. Style number 13 댄디 투 블럭 컷
3. Style number 14 울프 컷
4. Style number 15 울프 투 블럭 컷
5. Style number 16 리프 컷
6. Style number 17 리젠트 컷
7. Style number 18 가일 컷
8. Style number 19 아이비리그 컷
9. Style number 20 크롭 컷

# 살롱 디자인

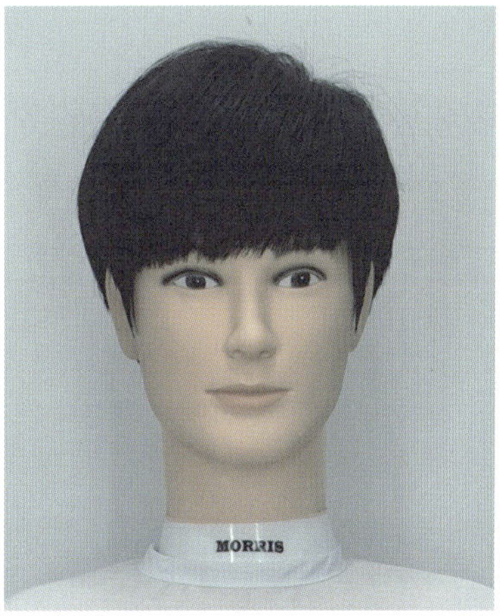


댄디 컷 130p

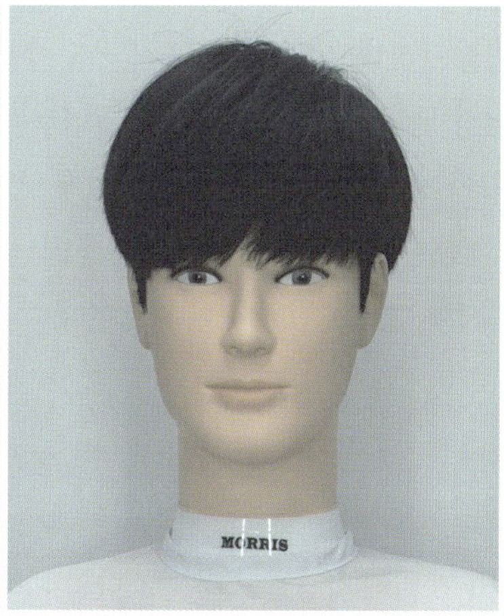

댄디 투 블럭 컷 137p

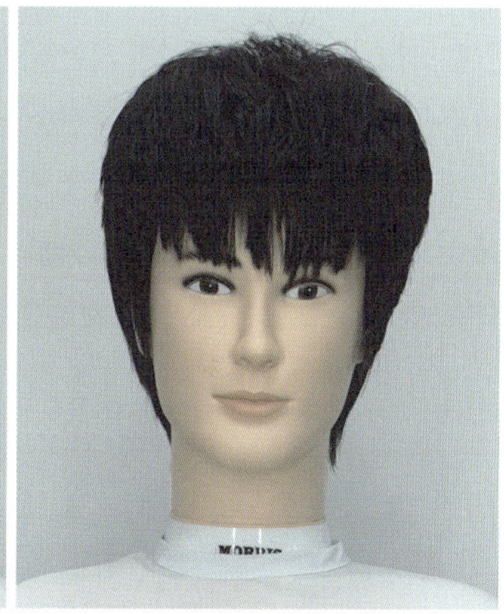

울프 컷 143p

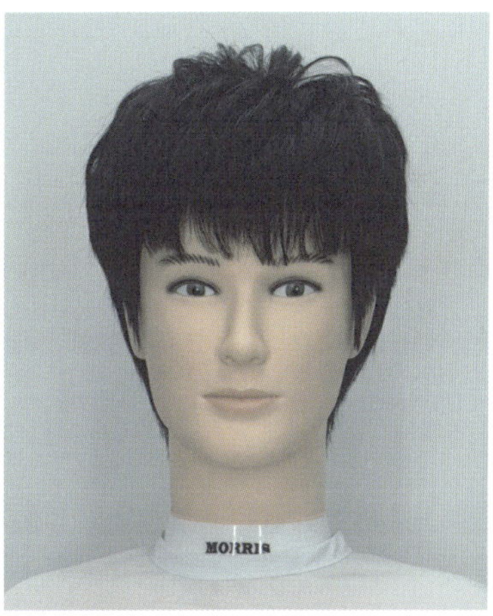

울프 투 블럭 컷 149p

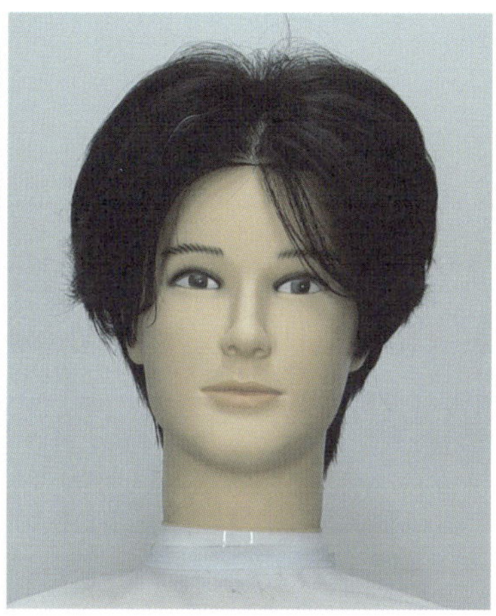

리프 컷 155p

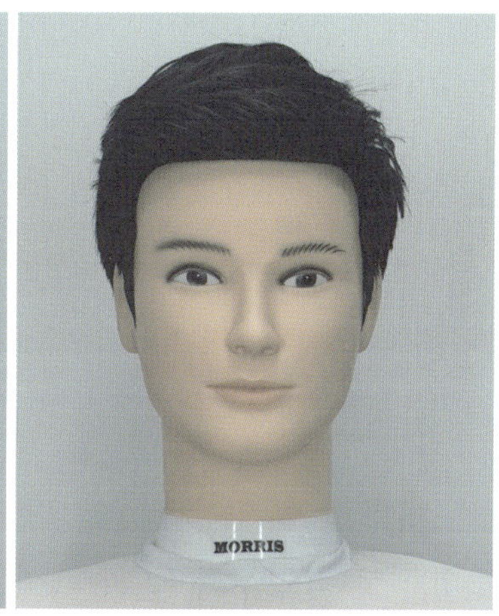


리젠트 컷 162p

가일 컷 168p

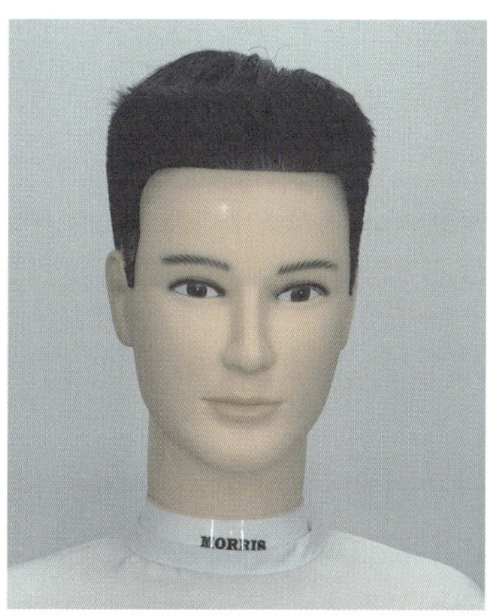

아이비리그 컷 175p

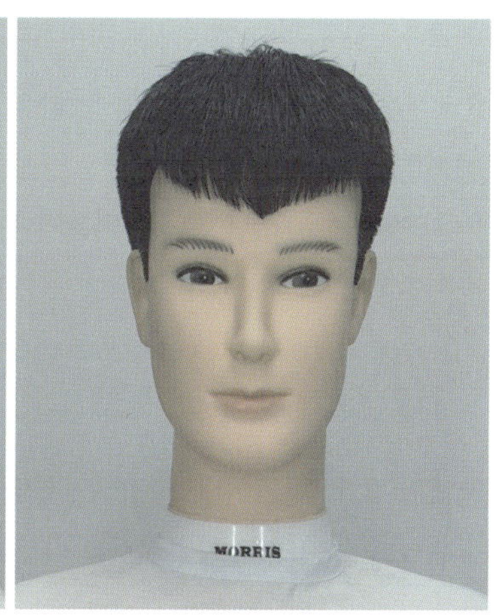

크롭 컷 181p

Chapter 3

# 살롱 디자인

## 1. 댄디 컷의 유래 및 특징

댄디의 의미는 '멋쟁이 남자'라는 의미를 나타내고 있다.

18세기 말에서 19세기 영국 중산층 남성 부류에서 유래되었으며 앞머리는 보통 앞으로 내려 직선적이고 부드러우며 클래식한 느낌으로, 끝을 무겁게 하여 머리의 위쪽은 볼륨을 강하게 넣어 깔끔하면서도 모던한 스타일을 만들어 옆 라인을 펴준다. 강한 남성적 매력과 함께 부드럽고 세련된 매너를 지닌 남성 스타일로 대부분 정장, 캐주얼 등의 어떠한 패션 스타일도 잘 어울리고 단정하면서 세련된 헤어 커트이다.

## 2. 울프 컷의 유래 및 특징

2021년 뉴트로 열풍과 더불어 연예인들에 의해 각광받고 있는 스타일로 아래는 길고 위로는 짧게 커트하여 볼륨을 살려주는 스타일이다. 국내에서는 축구선수 김병지 선수가 했다고 하여 병지 컷이라고도 한다. 뉴트로 열풍에 맞추어 얼굴형에 맞게 트렌디하게 변형하여 야성적이고 터프한 스타일이다.

## 3. 리프 컷의 유래 및 특징

앞머리가 옆으로 넘어가면서 뒷머리 쪽으로의 흐름이 나무 잎사귀를 닮았다고 하여 붙여진 이름이다. 여자 머리 기준으로는 숏 컷, 남자 머리 기준으로는 장발에 속하는 중성적인 느낌을 주는 헤어스타일로 2020년 전후로 이동욱이나 박보검 등의 남자 연예인들에 의해 유행하게 되었다.

## 4. 리젠트 컷의 유래 및 특징

1930년대 영국 런던의 리젠트가라는 패션거리에서 청년들이 즐겨 하던 스타일로 앞가르마 또는 옆가르마를 타고 포마드를 발라 올백형으로 머리카락이 붙게 하는 스타일이다. 1950년대 엘비스 프레슬리 스타일로 유명하며 앞머리 부분을 위로 세우듯이 넘겨서 이마가 보이도록 드러내며 하드하고, 남성적인 느낌을 부드럽고 감성적이게 나타내는 것이 특징이다.

국내에서는 2010년 댄디와 더불어 유행했으며, 현시대에 맞게 다양한 형태로도 응용되고 있다.

## 5. 가일 컷의 유래 및 특징

게임 스트리트 파이터에 나오는 캐릭터 중 가일의 헤어와 비슷하다고 하여 명명된 스타일이다. 시대의 변화에 따라 변형돼 6:4 또는 7:3 가르마로 나누고, 3의 가르마 쪽은 옆으로 넘겨 차분하게 가라앉고 7은 날을 살려주어 볼륨감을 살짝 주는 것이 포인트이다. 가일 컷은 손흥민, 박서준 등으로 인해 유행된 스타일이다.

## 6. 아이비리그 컷의 유래 및 특징

1930년대 미국의 8대 사립대학이 연맹을 맺어 열린 스포츠리그를 아이비리그라 명명했으며, 아이비리그 선수들이 주로 한 헤어스타일을 아이비리그 컷이라 명명하였다. 국내에서는 2021년 유아인 등으로 인해 유행하게 되었다.

측면은 짧고 인테리어 부분은 길게 하여 손질하기에 간편한 스타일로, 서구인들의 입체적인 얼굴형에 잘 어울리며, 광대가 도드라지거나 강한 턱 라인을 가진 얼굴형에 잘 어울린다.

## 7. 크롭 컷의 유래 및 특징

Crop은 '불필요한 것을 자르다'라는 뜻으로 2020년 드라마 이태원 클래스의 남자 주인공 헤어스타일로 유행하였다. 발톱 같은 형태로 두상이 돋보이는 컷이 특징이며, 스왓 컷보다 긴 앞머리에 볼륨이 살짝 들어가는 스타일이다.

## [Style number 12] 댄디 컷

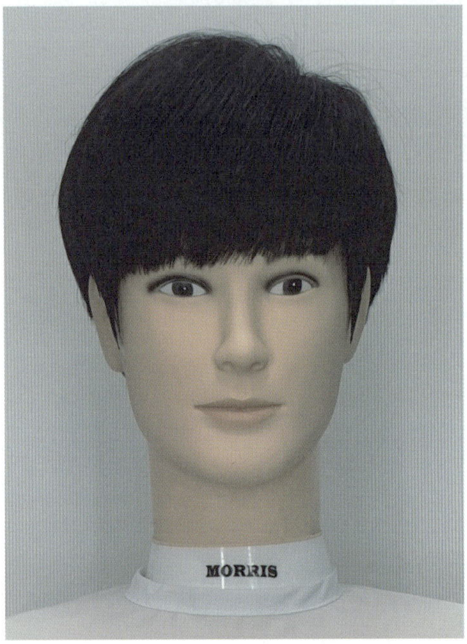


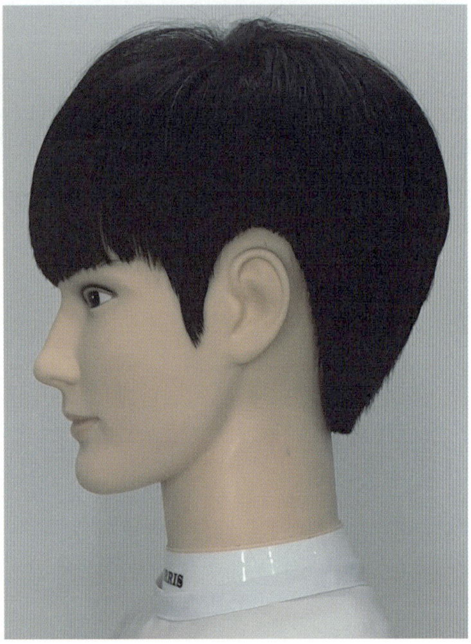

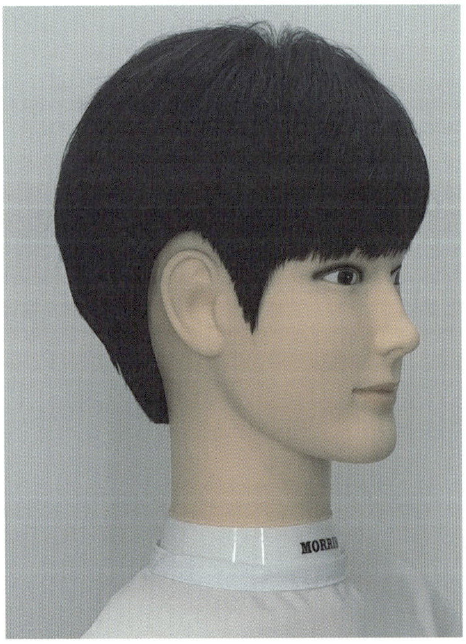


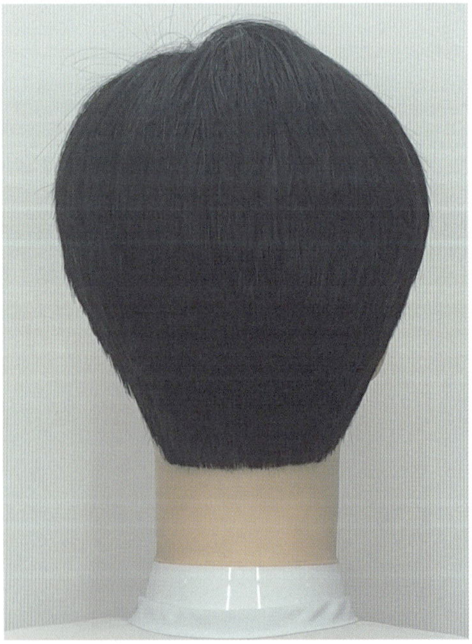

## 유사 스타일 찾아보기

| | |
|---|---|
| | |
| | |

## 1. 댄디 컷의 특징

앞머리는 앞으로 내려 직선적이고 부드러우며 클래식한 느낌으로 끝을 무겁게 하고, 머리의 위쪽은 볼륨을 형성하여 가르마선이 생기지 않게 앞쪽으로 내려준다. 옆 라인과 구레나룻은 펴주어 무겁게 하고 강한 남성적 매력과 함께 부드럽고 세련된 매너를 지닌 남성 스타일로, 정장, 캐주얼 등의 어떠한 패션 스타일도 잘 어울리고 단정하면서 세련된 헤어 커트 디자인이다.

## 2. 도해도

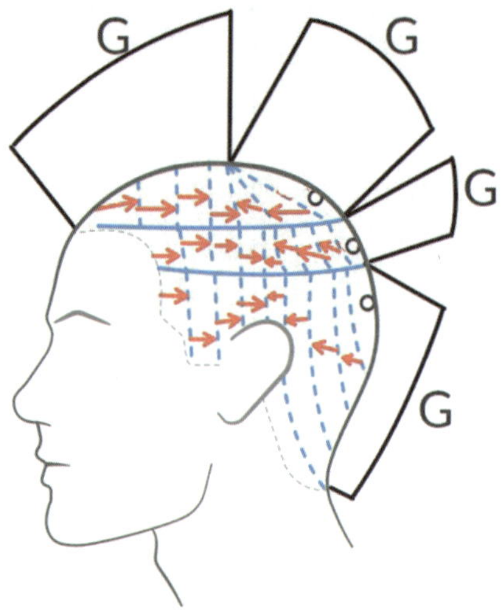


그림 3-1

## 3. 커트 진행 방법 및 절차

엑스테리어와 인테리어로 나누어 엑스테리어는 무거움을 위해 측두부 햄라인에 떨어지는 길이로 설정하여 중간 시술각으로 진행하고, 후두부는 후대각으로 후두부의 무거움을 살리면서 진행한다.

인테리어는 전체적인 무거움이 지나치지 않게 피봇파팅을 활용하고, 앞머리의 무거움을 주는 커트로 진행한다.

표 3-1

| 구분 \ 섹션 | 엑스테리어 | | 인테리어 | |
|---|---|---|---|---|
| | 측두부 | 후두부 | 전두부 | 두정부 |
| **파팅** | 세로 | 후대각 | 세로 | 후대각, 피봇파팅 |
| **베이스** | OD | OD | OD | OD |
| **각도** | 45 ~ 60° | 파팅과 평행하게 빗질 | 45 ~ 80° | 파팅과 평행하게 빗질 |
| **형태** | G | G | G | G |

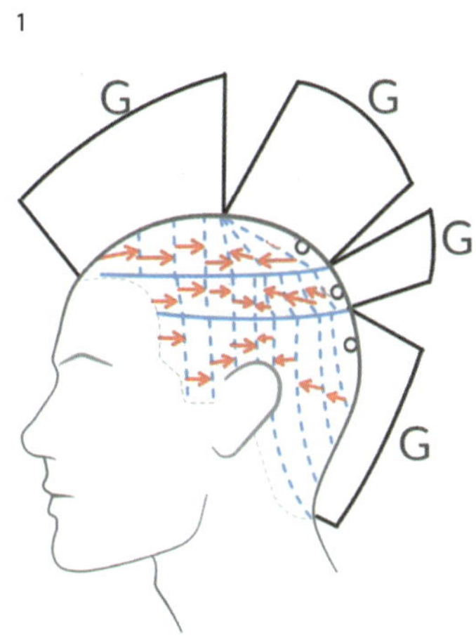


도해도

크레스트를 중심으로
인테리어와 엑스테리어로
투 섹션 블로킹한다.

측중선에서 세로파팅 후
햄라인에 떨어지는 길이로
45~60° 그라데이션으로 커트한다.

계속하여 페이스 라인 쪽으로
세로파팅 후 전 패널로
OD하여 그라데이션으로 커트한다.

계속하여 동일하게 파팅 후
전 패널로 OD하여
그라데이션으로 커트한다.

측두부 완성 후 측중선을 가이드로
엑스테리어 중단부 세로파팅 후
측중선으로 OD하여 파팅과
평행하게 빗질하고
그라데이션으로 커트한다.

⑥을 가이드로 하단부로 후대각
파팅 후 네이프 사이드 라인 쪽으로
OD하여 파팅과 평행하게 빗질하고
그라데이션으로 커트한다.

계속하여 후두하부 쪽으로
연결하여 그라데이션으로
커트한다.

⑥과 ⑦을 가이드로 후대각 파팅 후
전 패널로 OD하여 파팅과
평행하게 빗질하고
그라데이션으로 커트한다.

10

계속하여 하단부로 연결하여
그라데이션으로 커트한다.

11

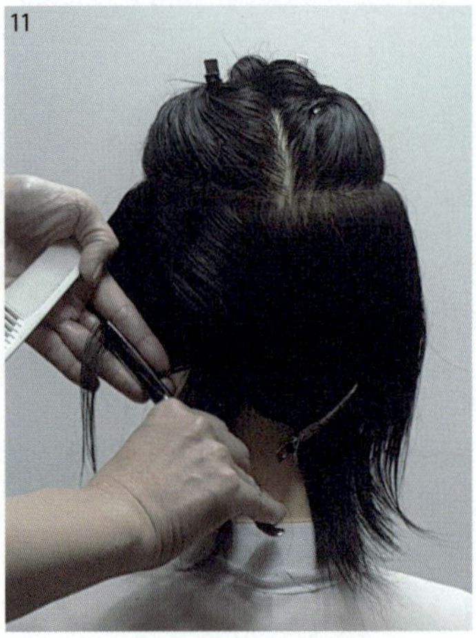

후두하부까지 연결하여
커트한다.

12

나머지도 동일하게 파팅 후
동일하게 커트한다.

13

후두하부까지 동일하게
진행한다.

14

정중선 쪽은 On Base로
진행한다.

15

후두하부까지 동일하게
On Base로 진행한다.

16

반대편도 동일하게
진행한다.

17

인테리어를 2등분으로 나누고
측중선에서 세로파팅 후 파팅과
평행하게 빗질하고, 45~60°
커트한다.

18

계속하여 페이스 라인 쪽으로
세로파팅 후 전 패널로 OD하여
동일하게 진행한다.

⑥을 가이드로 상단부를 후대각 파팅 후 파팅과 평행하게 측중선으로 OD하여 빗질하고 그라데이션으로 연결 커트한다.

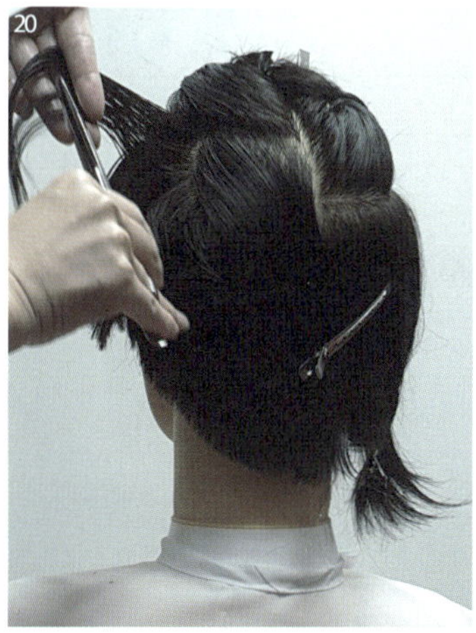

계속하여 후대각 파팅 후 전 패널로 OD하여 동일하게 진행한다.

동일하게 진행한다.

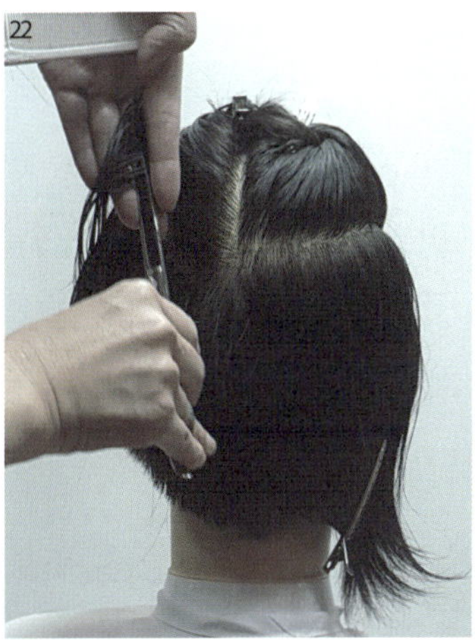

정중선 쪽은 On Base로 진행한다.

나머지 인테리어도 측중선에서 세로파팅 후 연결하여 하이 그라데이션으로 커트한다.

계속하여 페이스 라인 쪽으로 세로파팅 후 전 패널로 OD하여 하이 그라데이션으로 커트한다.

㉓을 가이드로 두정부는 후대각 파팅 후 측중선으로 OD하여 하이 그라데이션으로 커트한다.

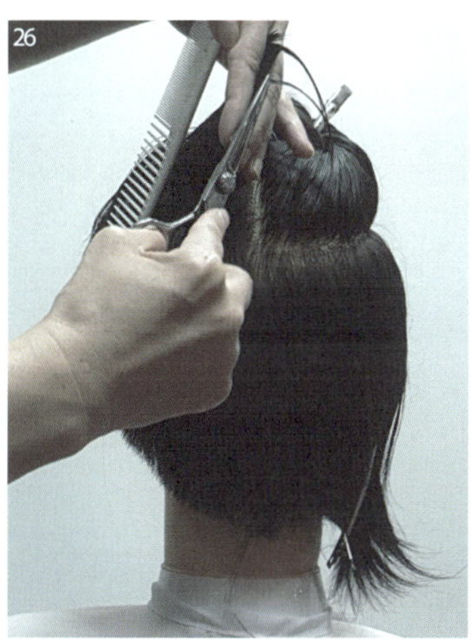

나머지 두정부는 피봇파팅 후 파팅과 평행하게 빗질하고, On Base하여 연결 커트한다.

완성 후 천정부를 90° 위쪽으로 평면 빗질하여 체크 커트한다.

28

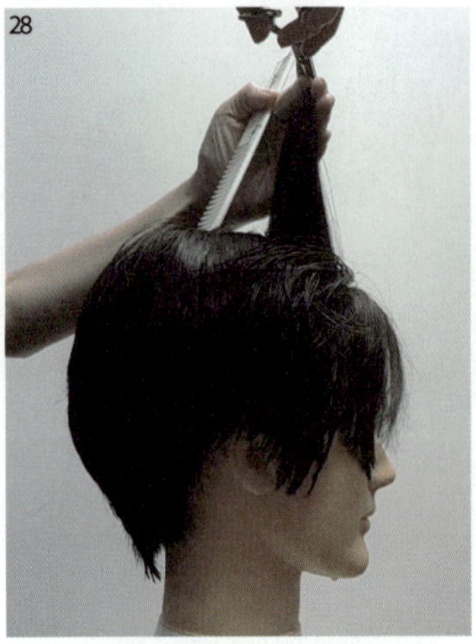

C.T.M.P까지 90° 빗질하여
동일하게 진행한다.

29

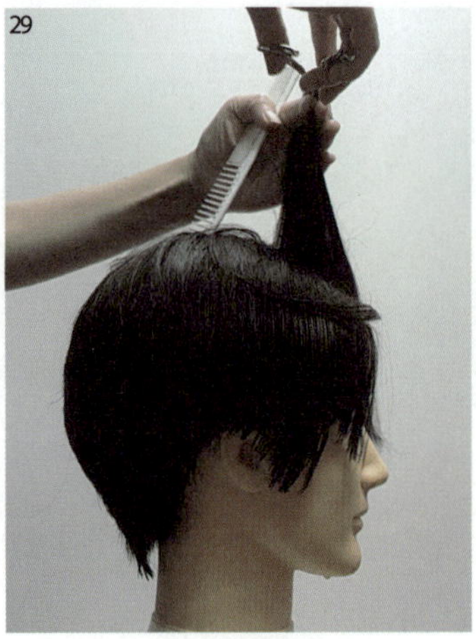

나머지 전두부를 C.T.M.P
쪽으로 OD하여
체크 커트한다.

30

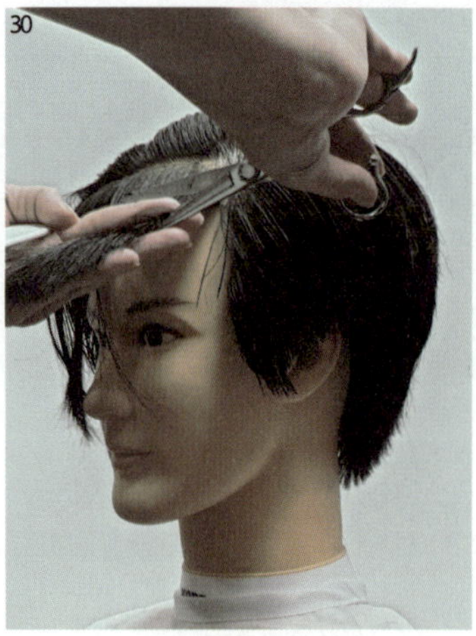

좌, 우 F.S.P~T.P까지 삼각 섹션하여
왼쪽 F.S.P에서 2cm 위와
오른쪽 F.S.P로 사선파팅 후 파팅과
평행하게 빗질하여 커트한다.

31

계속하여 사선파팅 후 조금씩
리프트 업 하여 동일하게
진행한다.

32

동일하게 진행한다.

33

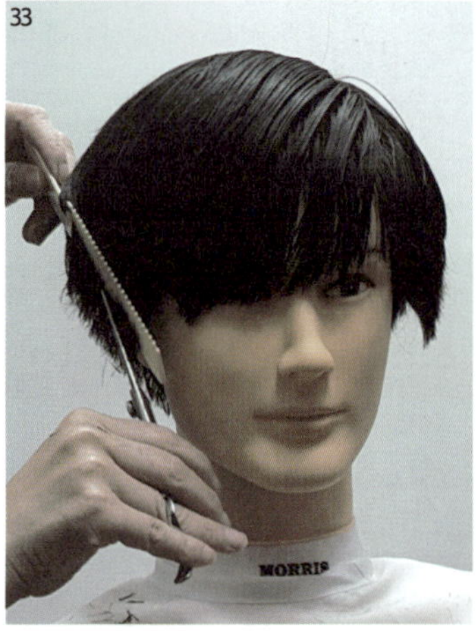

구레나룻 부분을 E.P~S.C.P 쪽으로
사선하여 틴닝 가위로 햄라인을
정리하고, E.P~E.B.P 쪽으로
사선하여 정리한다.

34

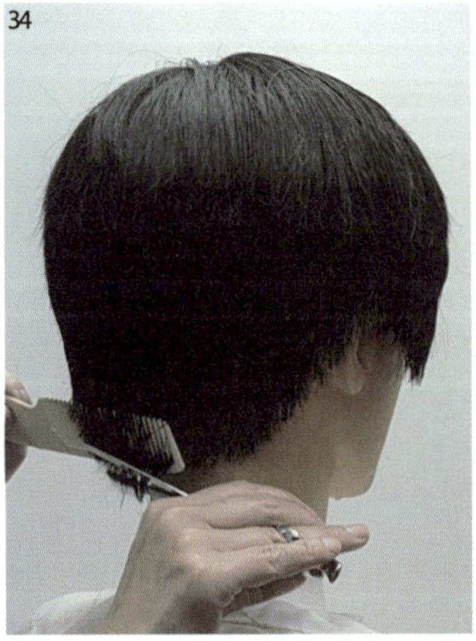

네이프 백라인도 틴닝으로
자연스러운 라인을 정리한다.

35

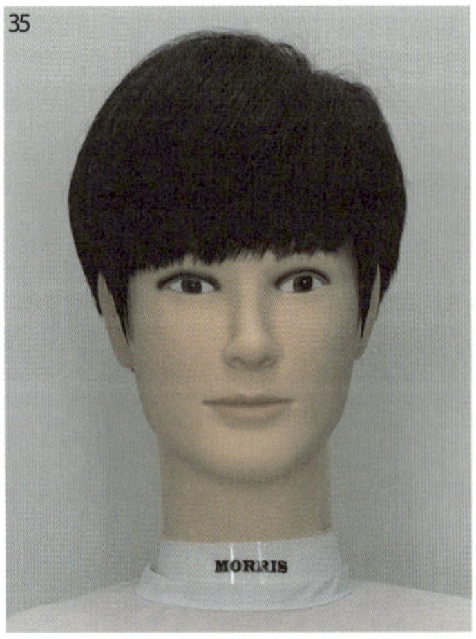


36

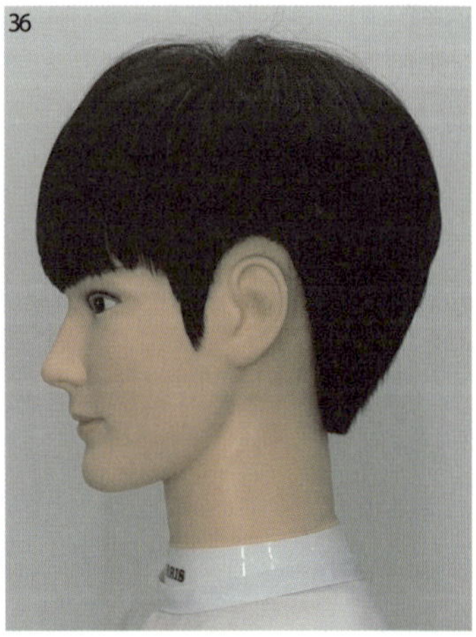

## [Style number 13] 댄디 투 블럭 컷

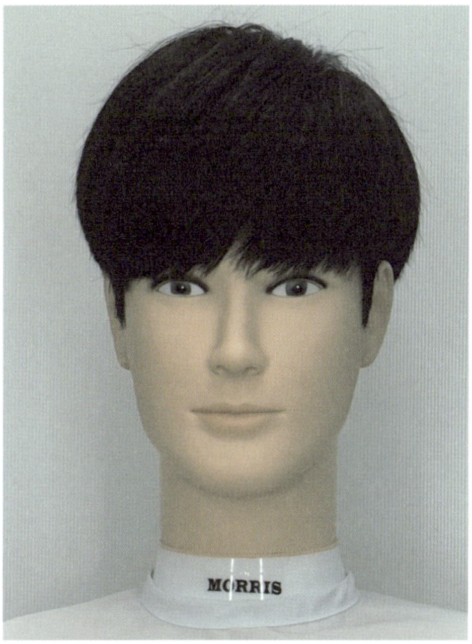


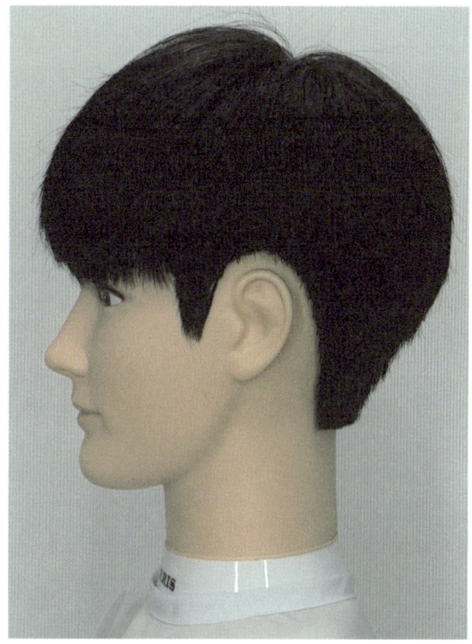

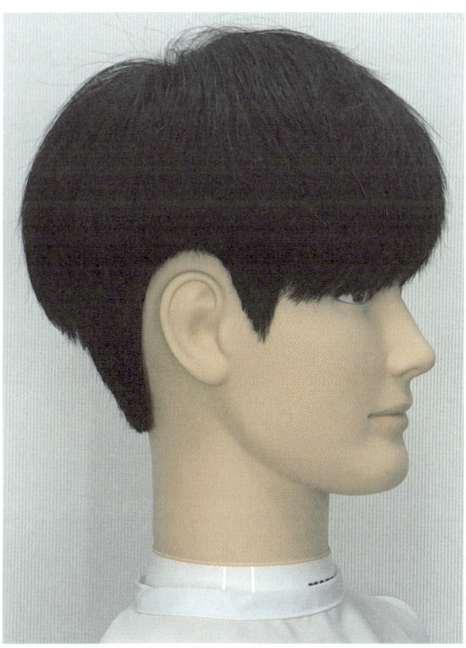

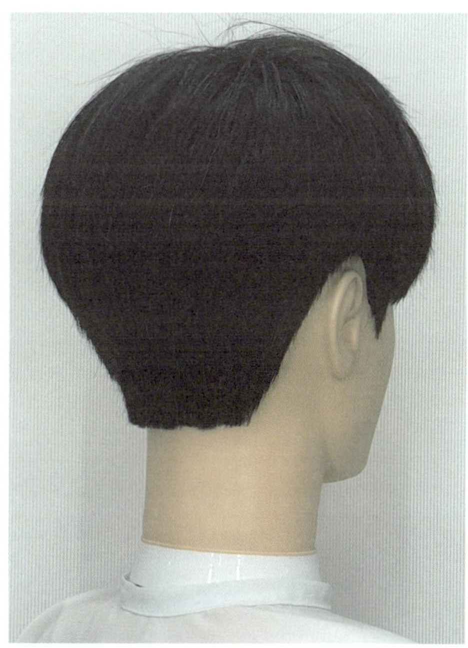

# 유사 스타일 찾아보기

| | |
|---|---|
| | |
| | |

## 1. 댄디 투 블록 컷의 특징

엑스테리어 부분은 레이어로 커트하고, 인테리어 부분은 댄디의 무거움과 직선적인 특징을 살리는 형태로 레이어와 그라데이션의 혼합형 디자인이다.

## 2. 도해도

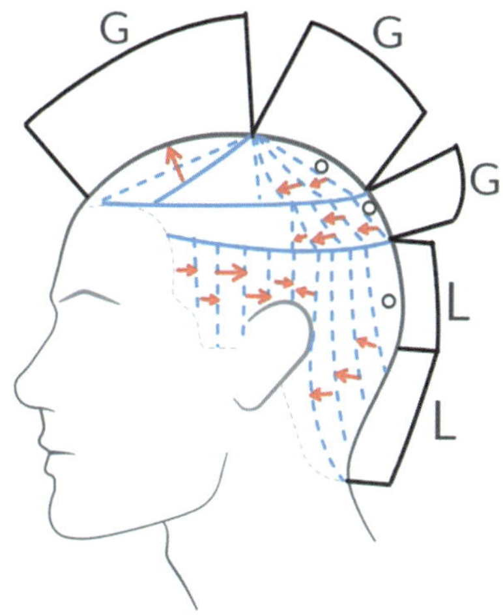


그림 3-2

## 3. 커트 진행 방법 및 절차

인테리어와 엑스테리어로 나누어 엑스테리어 측중선에서 3~4cm로 시작하여 상고형으로 커트하고, 인테리어 부분은 댄디 커트로 디자인하여 진행한다.

표 3-2

| 섹션 / 구분 | 엑스테리어 | | 인테리어 | |
|---|---|---|---|---|
| | 측두부 | 후두부 | 전두부 | 두정부 |
| 파팅 | 세로 | 후대각 | 가로 | 후대각, 피봇파팅 |
| 베이스 | OD | OD | On Base | OD |
| 각도 | 90° | 파팅과 평행 | 45°, 90° | 파팅과 평행 |
| 형태 | 레이어(L) | L | 그라데이션(G) | G |

1

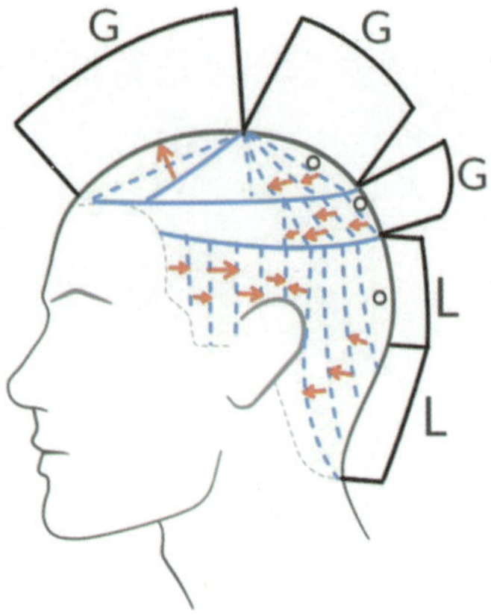


도해도

2

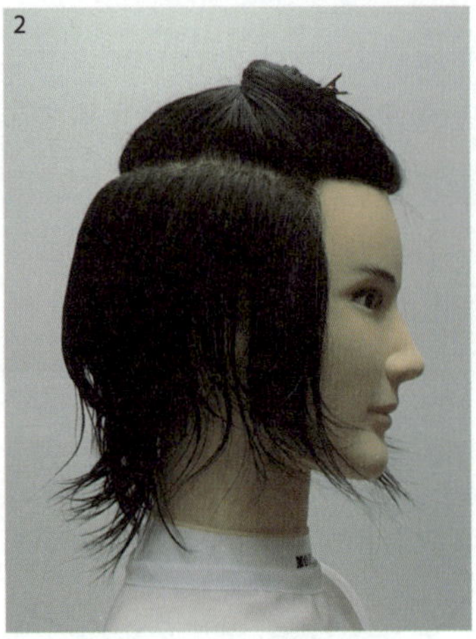

크레스트를 중심으로
인테리어와 엑스테리어로
투 섹션 블로킹한다.

3

측중선에서 세로파팅 후
3~4cm로 가이드 설정하고
레이어로 커트한다.

4

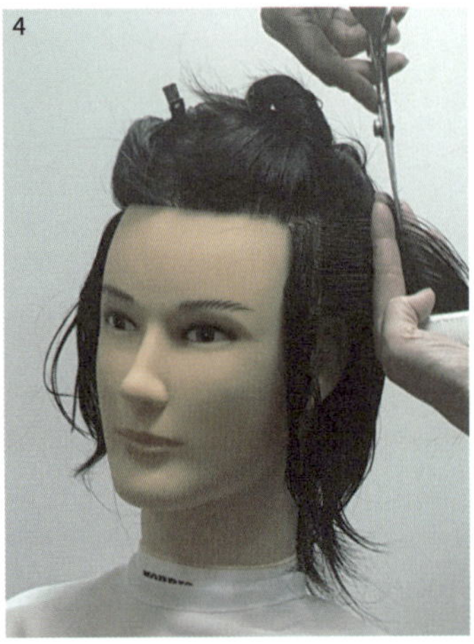

계속하여 페이스 라인 쪽으로
세로파팅 후 전 패널로
OD하여 레이어 커트한다.

5

계속하여 동일하게 파팅 후
전 패널로 OD하여
레이어 커트한다.

6

측두부 완성 후 측중선을 가이드로
엑스테리어 중단부 Back 쪽으로
세로파팅 후 측중선으로
OD하여 레이어 커트한다.

7

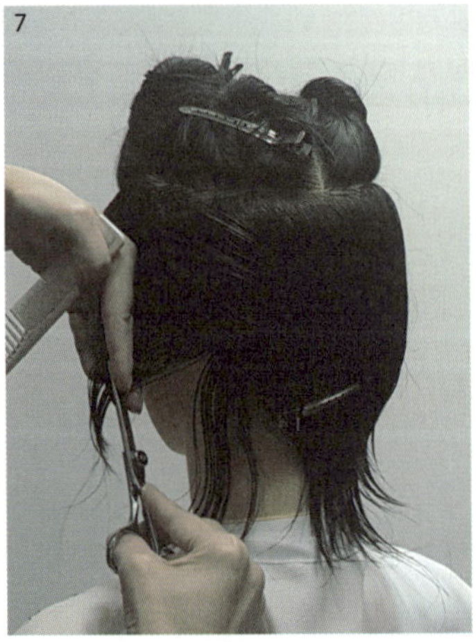

계속하여 ⑥을 가이드로 하단부
~후두하부까지 후대각 파팅 후
레이어로 연결 커트한다.

8

계속하여 후대각 파팅 후
중단부~후두하부까지
전 패널로 OD하여
레이어로 커트한다.

9

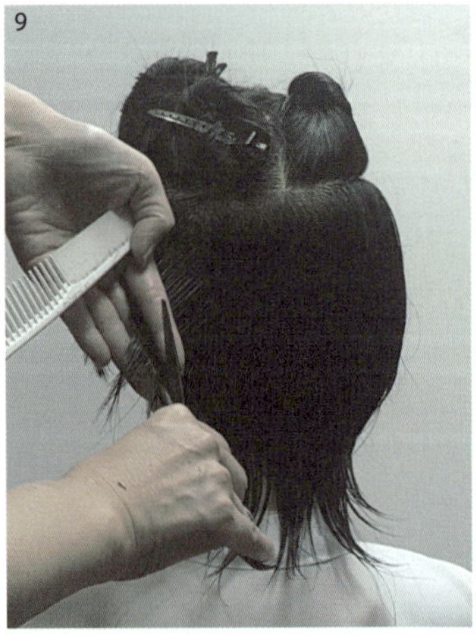

동일하게 진행한다.

정중선 쪽은 On Base하여
레이어로 커트한다.

인테리어 2등분으로 나누어
가로 45° 로 빗질하여 측중선까지
스퀘어(10~11cm)로 커트한다.

측중선을 가이드로 후대각 파팅 후
파팅과 평행하게 빗질하고
측중선으로 OD하여
엑스테리어와 디스커넥션하여
그라데이션 커트한다.

계속하여 후대각 파팅 후
전 패널로 OD하여
그라데이션 커트한다.

정중선 쪽은 On Base로
디스커넥션 커트한다.

나머지 인테리어는 수평 빗질하여
측중선까지 스퀘어로 커트한다.

나머지 두정부는 측중선을 가이드로
후대각 파팅 후 파팅과 평행하게
빗질하고, 측중선으로
OD하여 그라데이션 커트한다.

나머지는 피봇파팅하여
동일하게 진행한다.

프린지는 좌, 우 F.S.P~T.P까지
삼각 섹션하여 정중선으로 모아
그라데이션 커트한다.

19

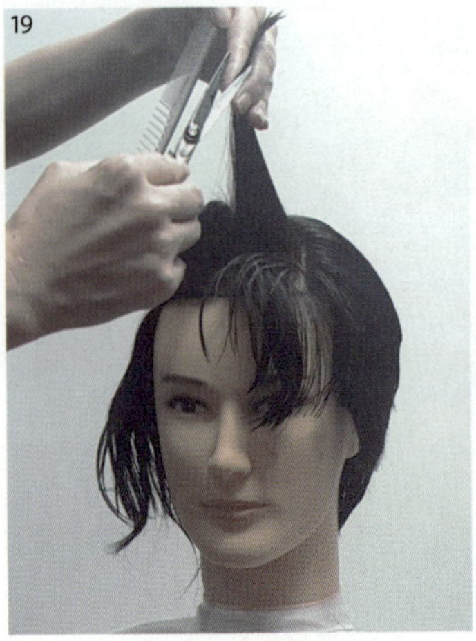

계속하여 T.P까지
연결하여 커트한다.

20

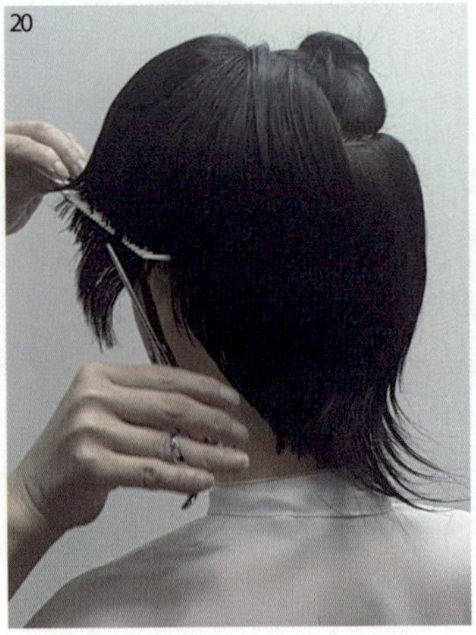

완성 후 햄라인은 귀를 덮지 않는
길이로 정리하고, 후두부 쪽
네이프 사이드 라인도 틴닝
가위로 정리한다.

21

반대쪽도 동일하게
진행한다.

22

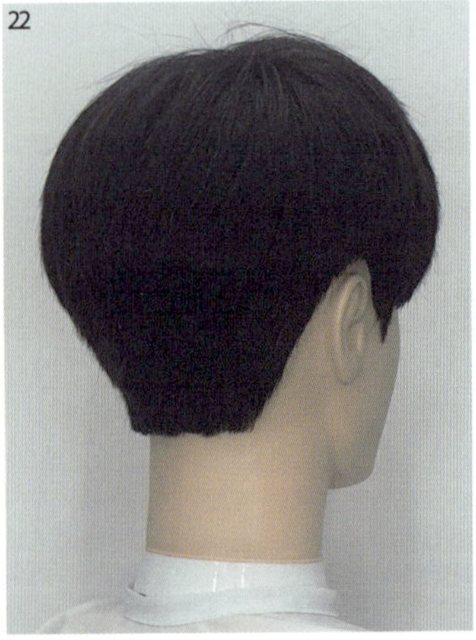

23

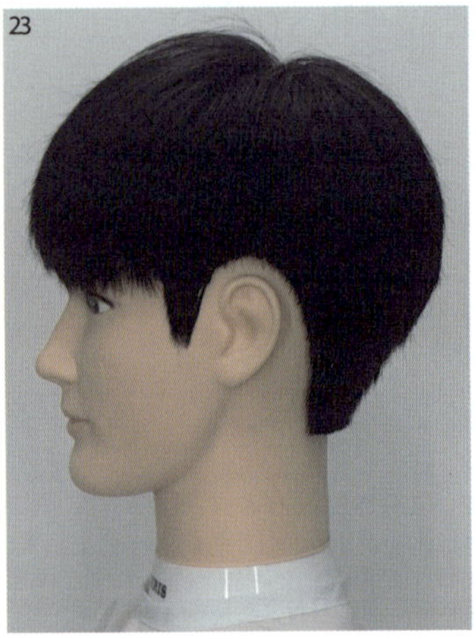

24

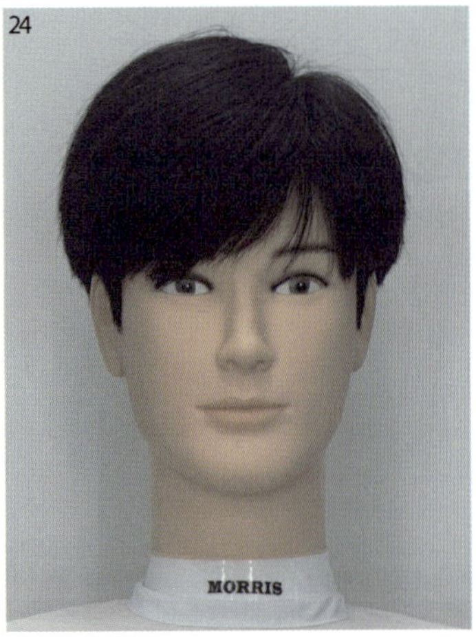

## [Style number 14] 울프 컷

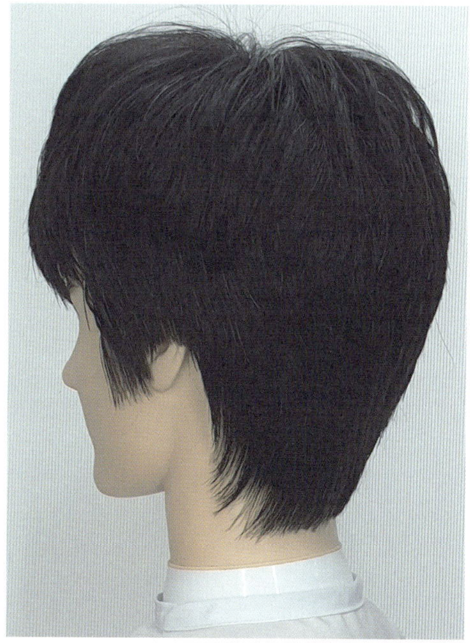

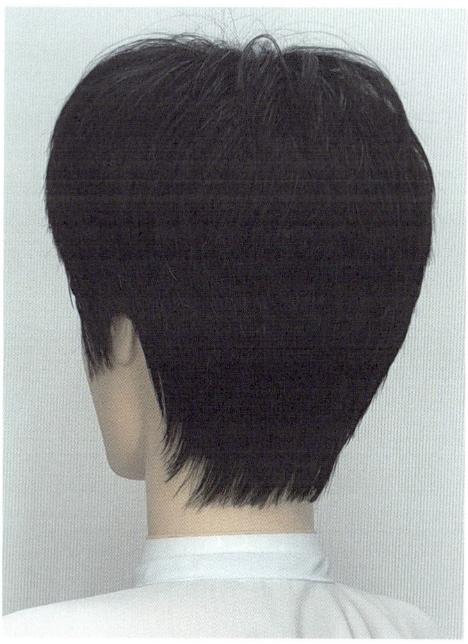

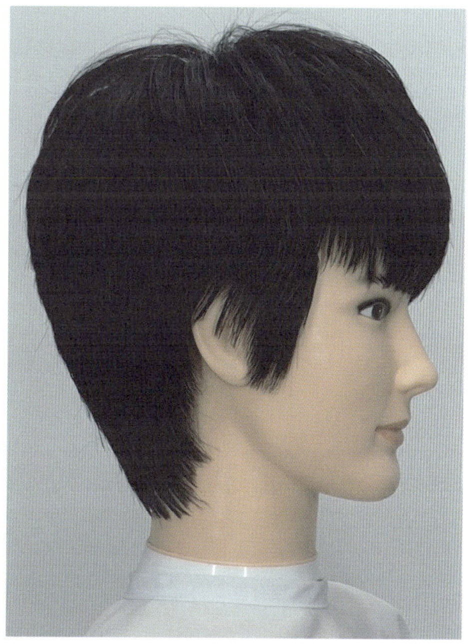

## 유사 스타일 찾아보기

| | |
|---|---|
| | |
| | |

## 1. 울프 컷의 특징

네이프 백라인 쪽은 길게 커트하여 하단부 무게감을 없게 하고, 중단부의 볼륨을 주면서 인테리어 부분은 짧게 커트하여 볼륨감을 극대화시켜 얼굴형이 길어 보이게 한다. 앞머리는 앞으로 내려 지나치게 길어 보이는 것을 보완하고, 구레나룻도 충분히 살려 주는 것이 특징이다.

## 2. 도해도

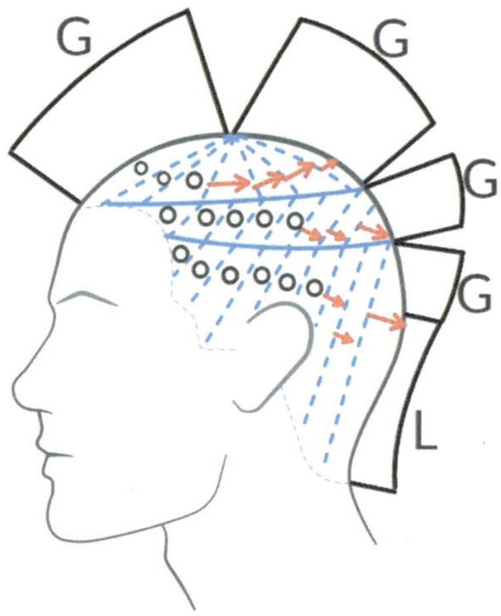


그림 3-3

## 3. 커트 진행 방법 및 절차

크레스트를 중심으로 투 섹션 후 엑스테리어의 후두부에서 전대각으로 시작하여 후두하부 쪽으로 갈수록 L로 진행하며, 인테리어도 전대각으로 하이 그라데이션으로 진행하여 네이프 백라인 쪽이 길고 천정부 쪽이 짧게 커트되는 스타일로 진행한다.

표 3-3

| 섹션 / 구분 | 엑스테리어 | | 인테리어 | |
|---|---|---|---|---|
| | 측두부 | 후두부 | 전두부 | 두정부 |
| **파팅** | 전대각 | 전대각 | 전대각 | 전대각, 피봇파팅 |
| **베이스** | On Base | OD(오버 다이렉션) | On Base | OD |
| **각도** | 파팅과 평행 | 파팅과 평행 | 파팅과 평행 | 파팅과 평행 |
| **형태** | 하이 그라데이션(HG) | 레이어(L) | HG | HG |

1

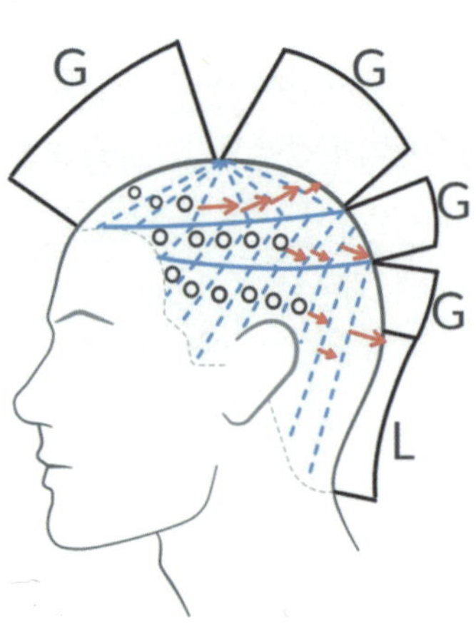


도해도

2

크레스트를 중심으로
인테리어와 엑스테리어로
투 섹션 블로킹한다.

3

엑스테리어의 정중선에서
7~8cm 가이드 설정 후
중단부까지 하이 그라데이션으로
커트한다.

4

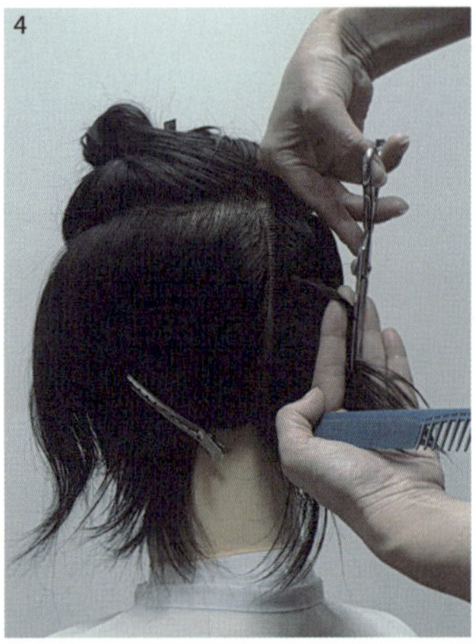

③을 가이드로 하단부는
레이어로 커트한다.

5

엑스테리어 정중선을 가이드로
전대각 파팅 후 정중선으로 OD하여
중단부를 그라데이션으로
커트한다.

6

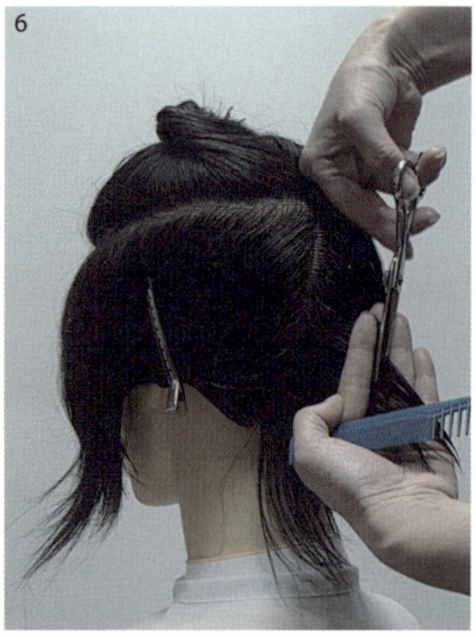

⑤를 가이드로 하단부는
레이어로 커트한다.

7

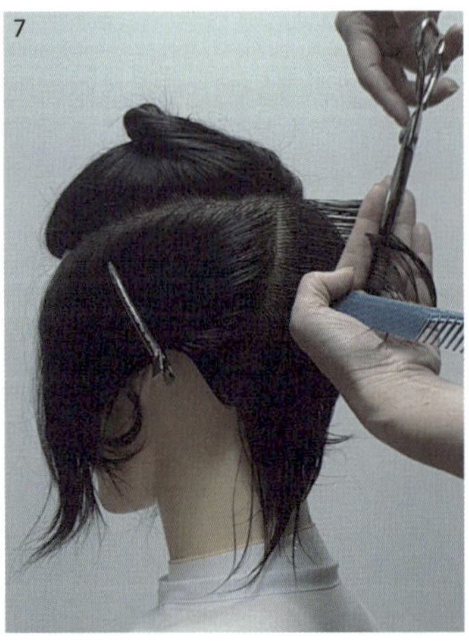

계속하여 측중선까지 전 패널로
OD하여 동일하게 진행한다.

8

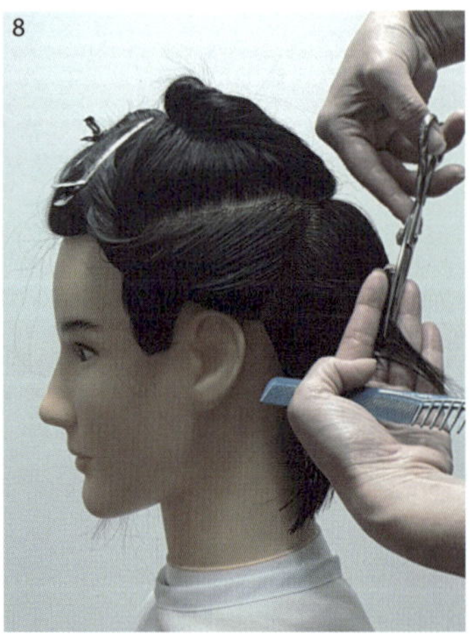

측중선의 E.B.P 지점에서
그라데이션에서 레이어로
전환하여 진행한다(9~10cm).

9

측두부 쪽은 전대각 파팅 후
On Base로 그라데이션으로
진행한다(7~8cm).

10

계속하여 동일하게
진행한다.

11

S.P 쪽의 구레나룻 길이 확보를
위해 그라데이션에서
레이어로 진행한다.

12

나머지 측두부는 On Base로
HG로 진행한다.

13

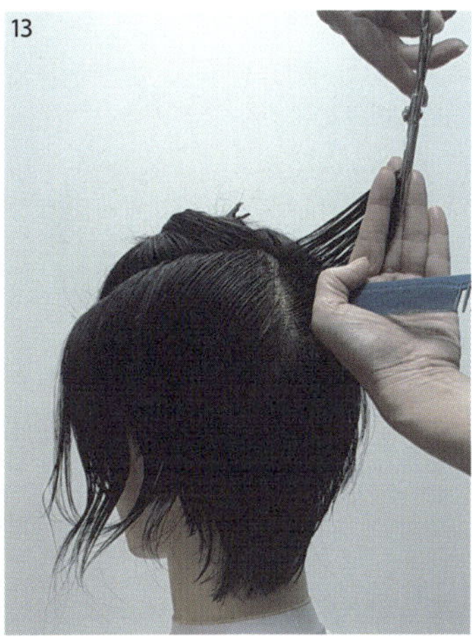

인테리어 2등분하고 정중선에서
전대각 파팅 후 정중선으로 OD
하여 HG 커트한다(11~12cm).

14

계속하여 전대각 파팅 후
전 패널로 OD하여
진행한다.

15

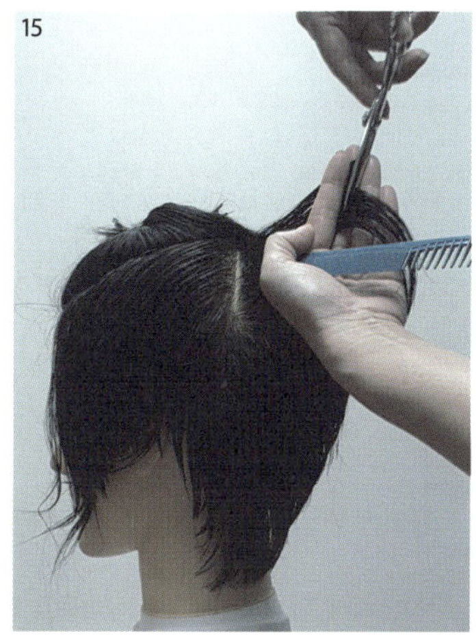

측중선까지 동일하게
진행한다.

16

측두부는 전대각 파팅 후
On Base로 HG 커트한다.

17

계속하여 동일하게
진행한다.

18

나머지 인테리어 부분은 T.P를
기점으로 피봇파팅 후 정중선으로
OD하여 90°로 커트한다(11~12cm).

19

계속하여 피봇파팅 후 전 패널로
OD하여 두정부를 진행한다.

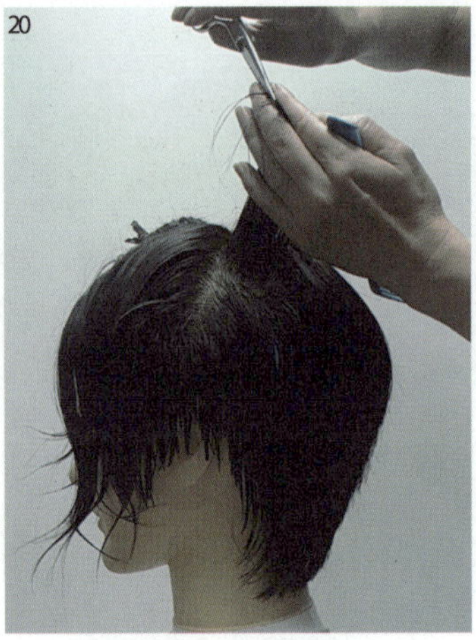

20

측중선을 지난 전두부는
피봇파팅 후 측중선으로
OD하여 HG로 커트한다.

21

나머지 전두부도 피봇파팅 후
On Base로 커트한다.

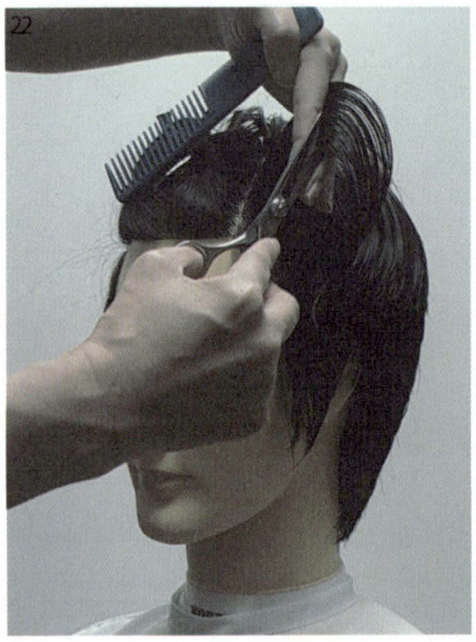

22

계속하여 피봇파팅 후
하이 그라데이션으로 커트한다.

23

C.P까지 하이 그라데이션으로
연결 커트한다.

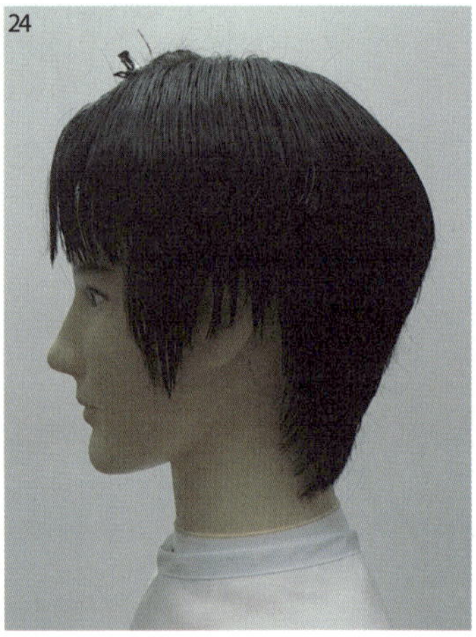

24

구레나룻 및 네이프 사이드 라인
형태선을 정리한다.

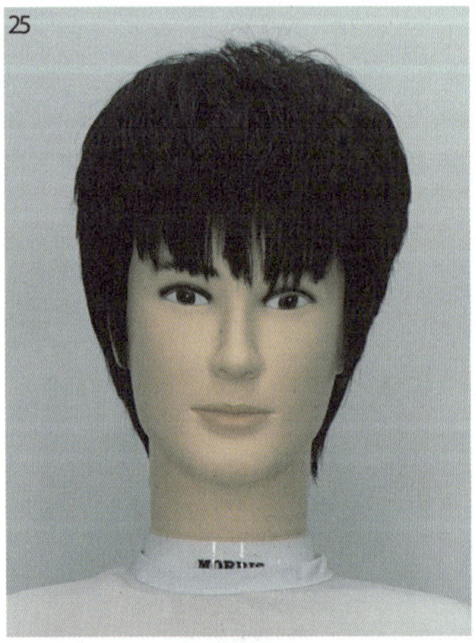

25

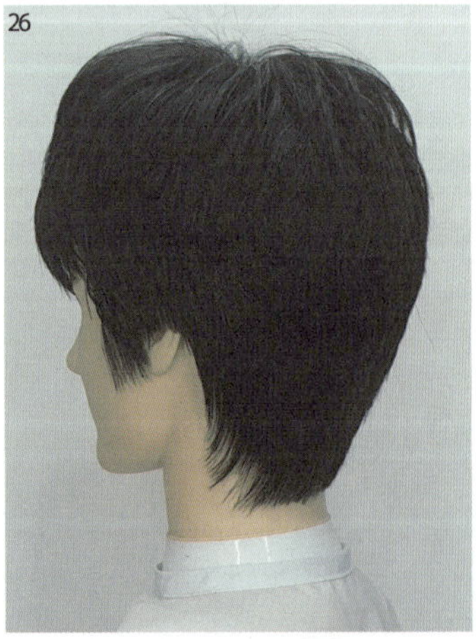

26

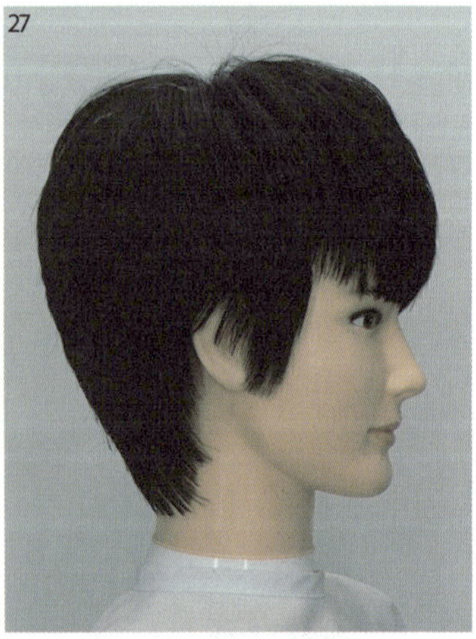

27

## [Style number 15] 울프 투 블럭 컷

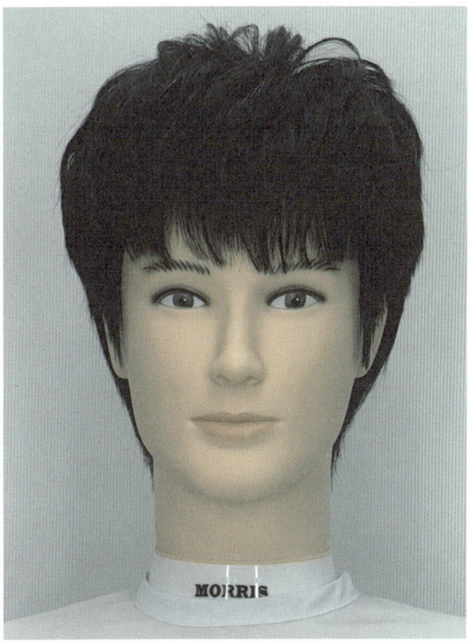


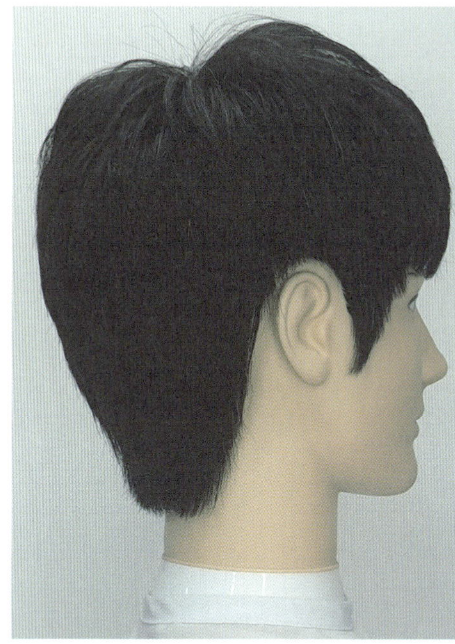

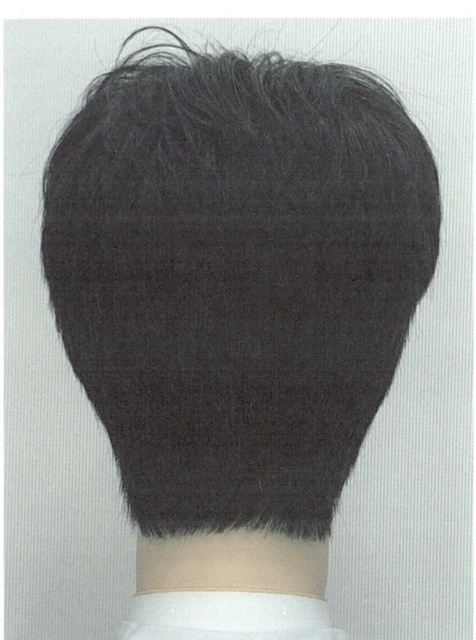

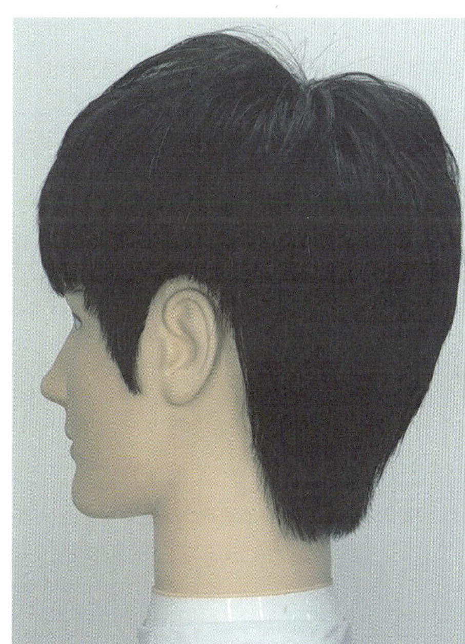

## 유사 스타일 찾아보기

| | |
|---|---|
| | |
| | |

## 1. 울프 투 블럭 컷의 특징

울프 컷은 엑스테리어 부분의 길이를 짧게 진행하여 네이프 길이가 긴 전형적인 울프의 변형으로 진행하고 인테리어 부분의 볼륨감과 앞머리와 구레나룻 부분의 라인은 울프의 특징을 살리는 울프 컷의 응용 디자인 커트이다.

## 2. 도해도

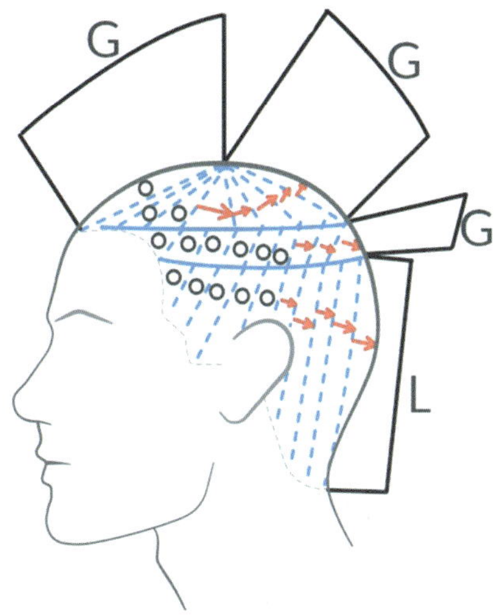


그림 3-4

## 3. 커트 진행 방법 및 절차

크레스트를 중심으로 투 섹션 후 엑스테리어의 후두부에서 전대각으로 시작하여 후두하부 쪽으로 갈수록 L로 진행한다. 인테리어도 전대각으로 하이 그라데이션으로 엑스테리어와 디스커넥션하여 네이프 백라인 쪽이 길고 천정부 쪽이 짧게 커트되는 스타일로 진행한다.

표 3-4

| 구분 \ 섹션 | 엑스테리어 | | 인테리어 | |
|---|---|---|---|---|
| | 측두부 | 후두부 | 전두부 | 두정부 |
| 파팅 | 전대각 | 전대각 | 전대각 | 전대각, 피봇파팅 |
| 베이스 | On Base | OD | On Base | OD |
| 각도 | 파팅과 평행 | 파팅과 평행 | 파팅과 평행 | 파팅과 평행 |
| 형태 | 하이 그라데이션(HG) | 레이어(L) | HG | HG |

1

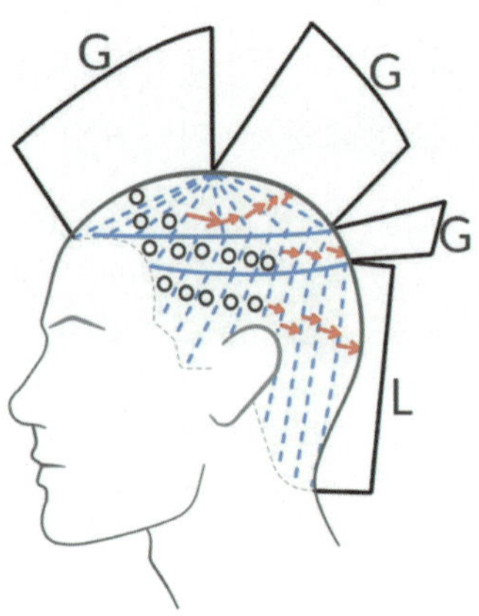


도해도

2

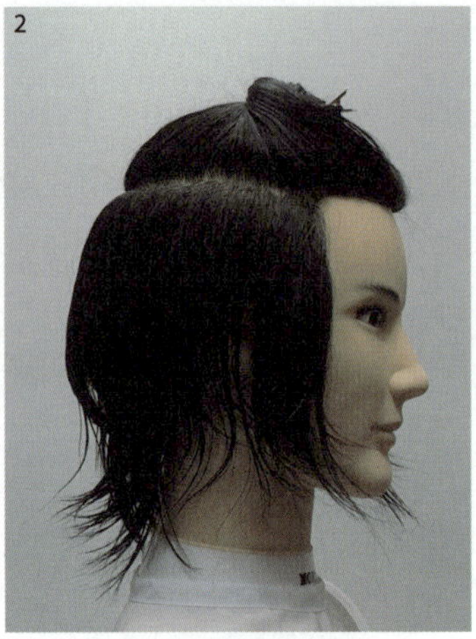

크레스트를 중심으로
인테리어와 엑스테리어로
투 섹션 블로킹한다.

3

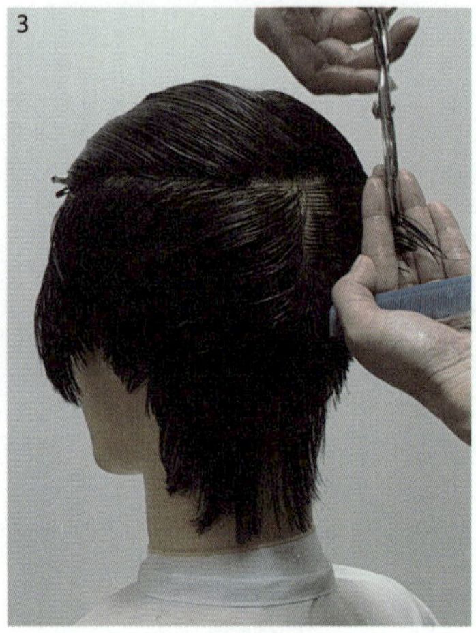

엑스테리어 정중선에서 4~5cm
가이드 설정 후 레이어로
커트한다.

4

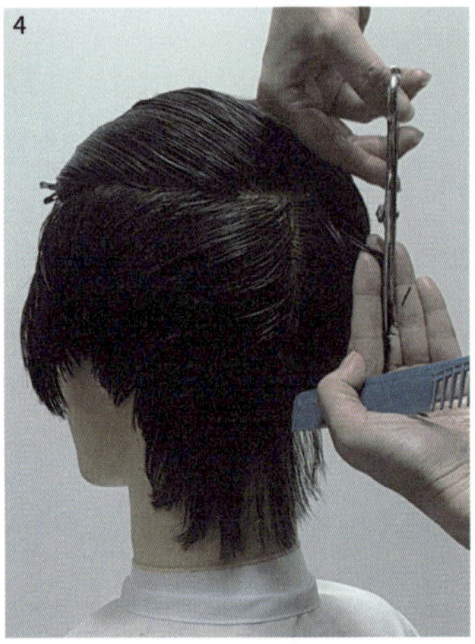

계속하여 후두하부까지
동일하게 진행한다.

5

계속하여 전대각 파팅 후
전 패널로 OD하여
레이어로 커트한다.

6

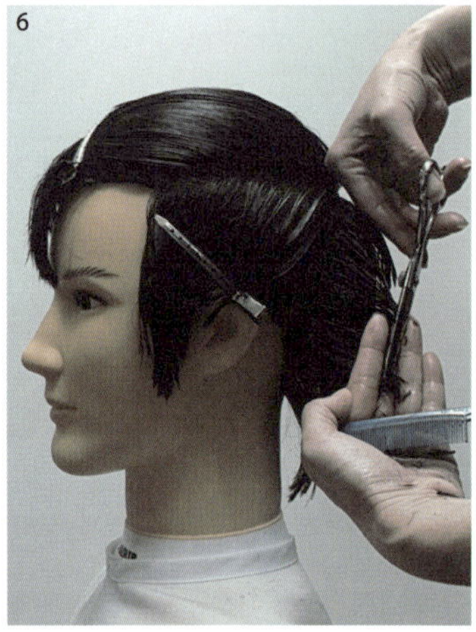

N.S.P까지 전대각 파팅 후 전
패널로 OD하여
레이어로 커트한다.

7

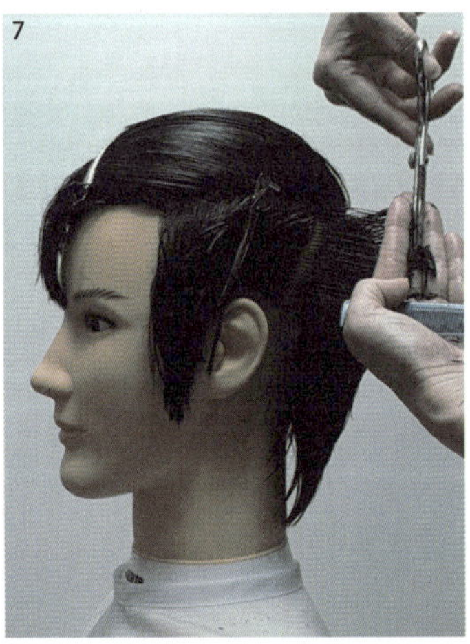

측중선까지 동일하게 진행한다.

8

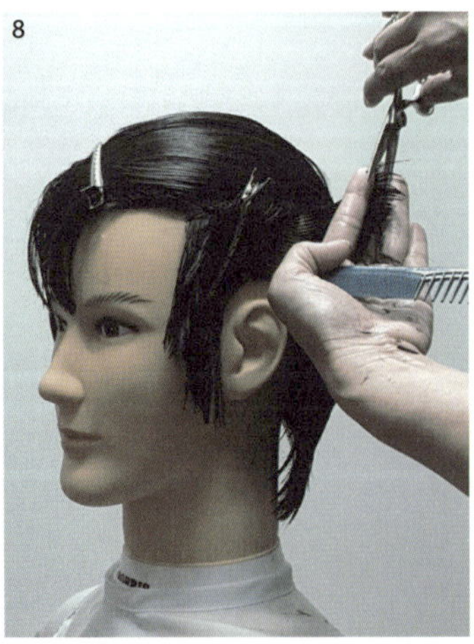

측두부는 전대각 파팅 후
On Base로 G 커트하여
측두부 가이드 설정한다.

9

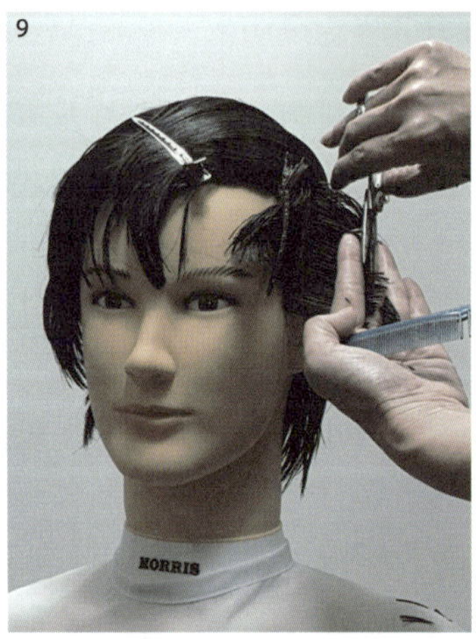

계속하여 전대각 파팅 후
HG로 진행하고, S.C.P 쪽은
레이어로 커트한다.

10

나머지 페이스 라인까지
On Base로 HG 커트한다.

11

인테리어 2등분하여 정중선에서
전대각 파팅 후 정중선으로
OD하여 HG 커트로 디스커넥션한다.

12

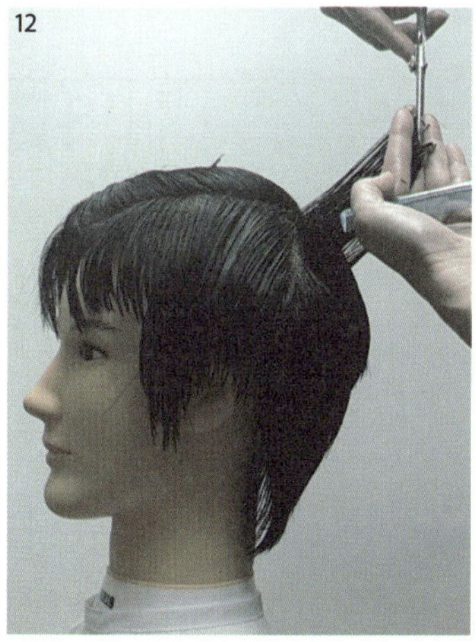

계속하여 전대각 파팅 후
전 패널로 OD하여
HG 커트한다.

13

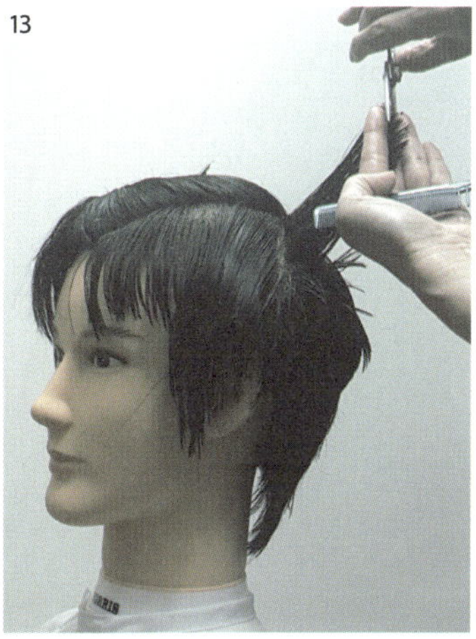

E.P까지 전대각 파팅 후
On Base로 HG 커트한다.

14

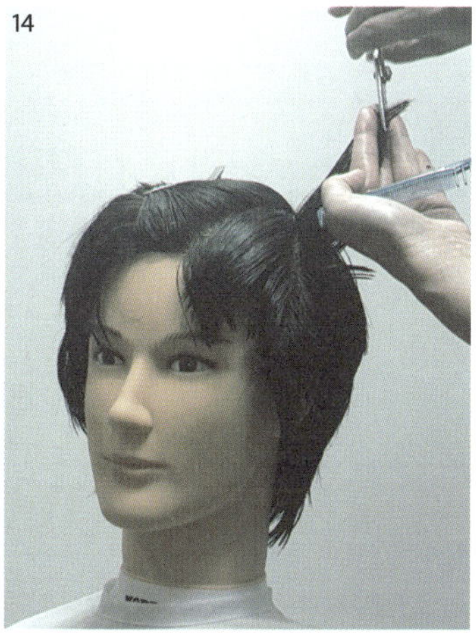

나머지도 전대각 파팅하여
On Base로 HG 커트한다.

15

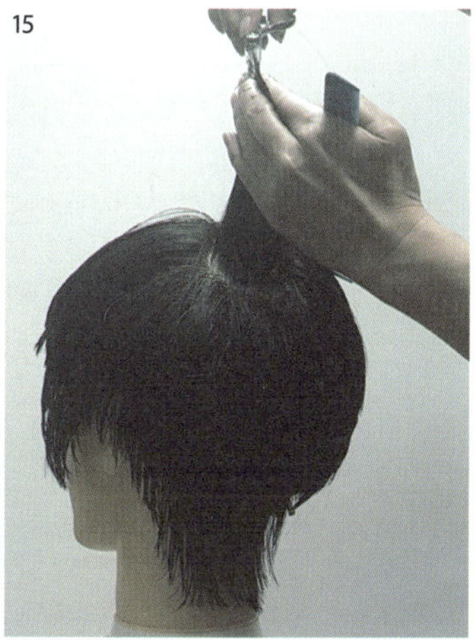

나머지 인테리어는 두정부
T.P를 기점으로 피봇파팅 후
정중선으로 OD하여 90°
HG로 연결 커트한다.

16

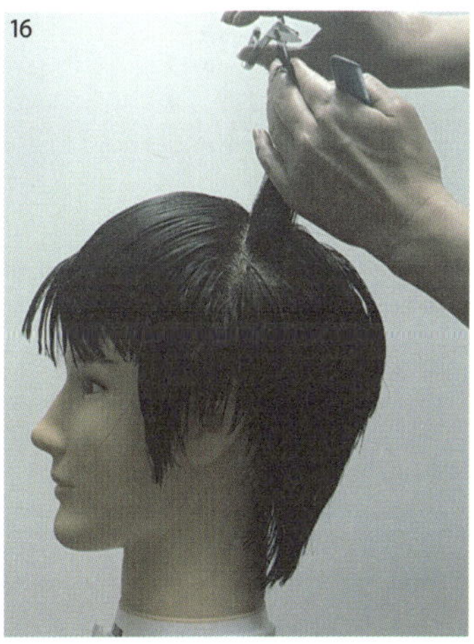

계속하여 전두부 쪽으로
피봇파팅 후 전 패널로 OD하여
동일하게 진행한다.

17

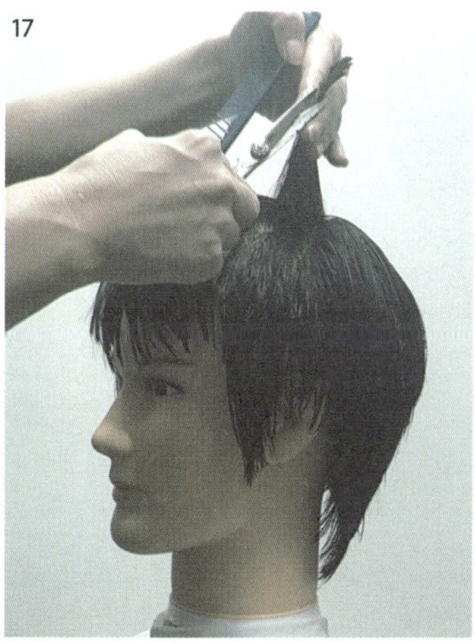

전두부 피봇파팅은
On Base로 연결 커트한다.

18

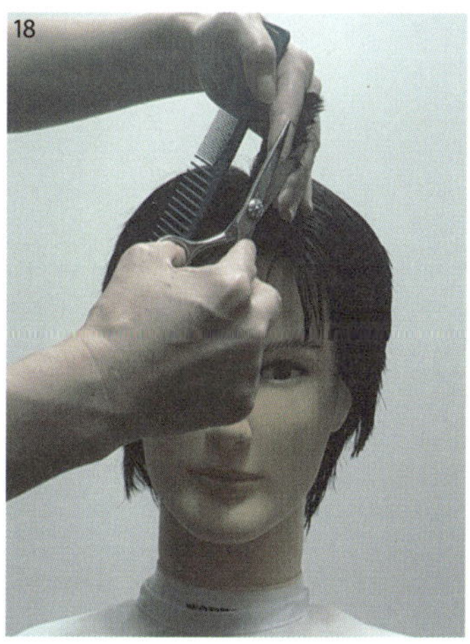

나머지 S.P까지 HG로
연결 커트한다.

19

완성 후 구레나룻 부분을
빗의 각도를 사선으로 하여
틴닝 가위로 형태선을 정리한다.

20

프리핸드로 햄라인의
형태선을 정리한다.

21

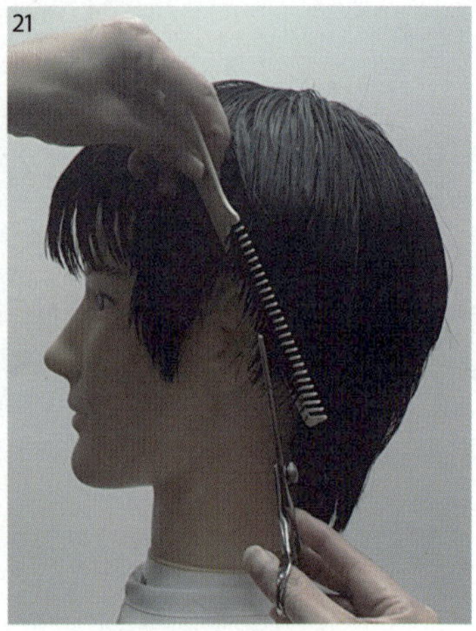

계속하여 동일하게
네이프 사이드 라인 쪽으로
정리한다.

22

23

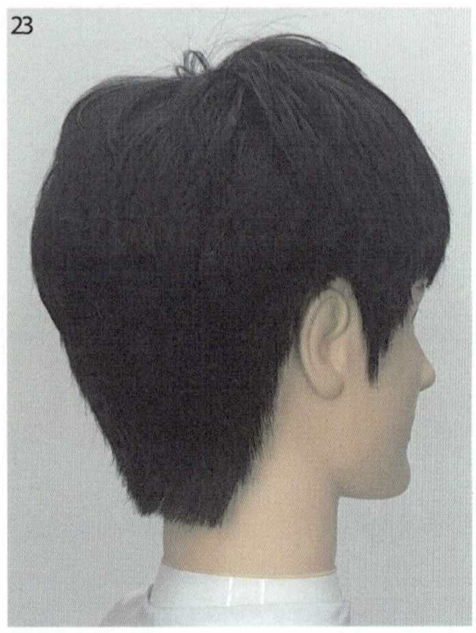

24

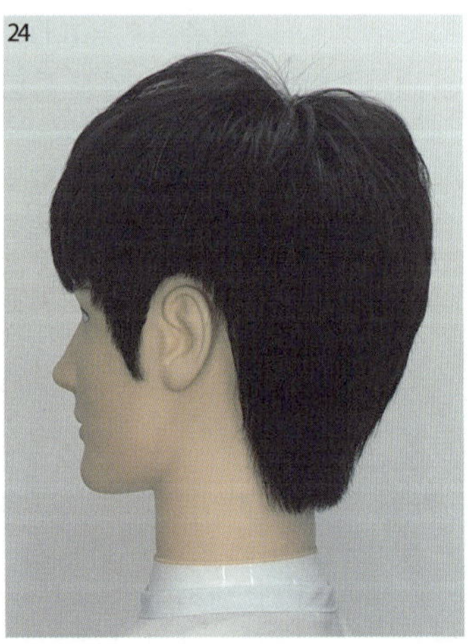

25

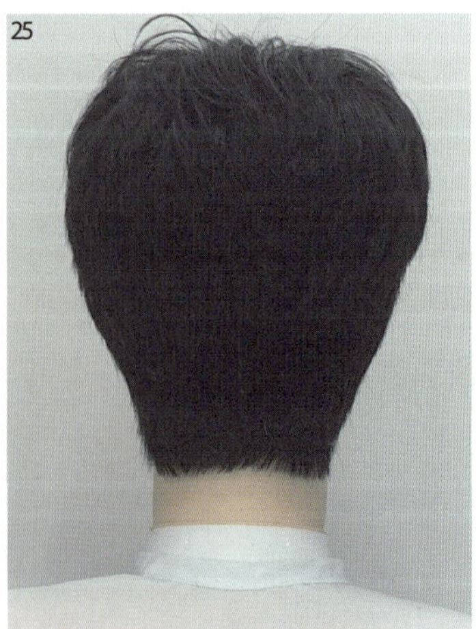

## [Style number 16] 리프 컷

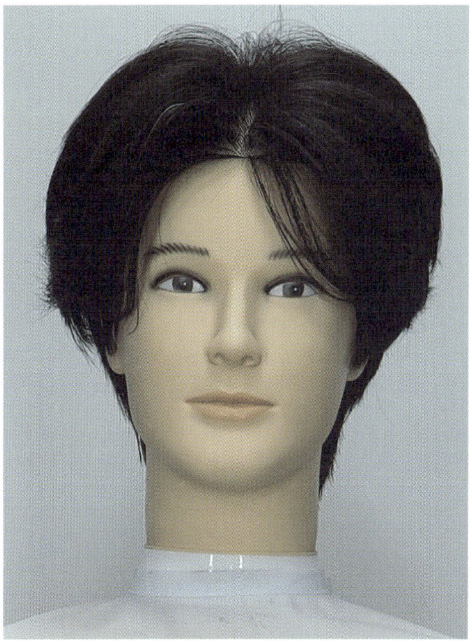

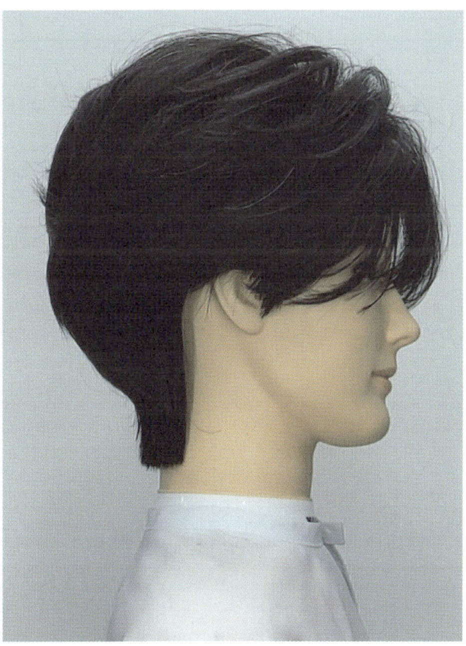

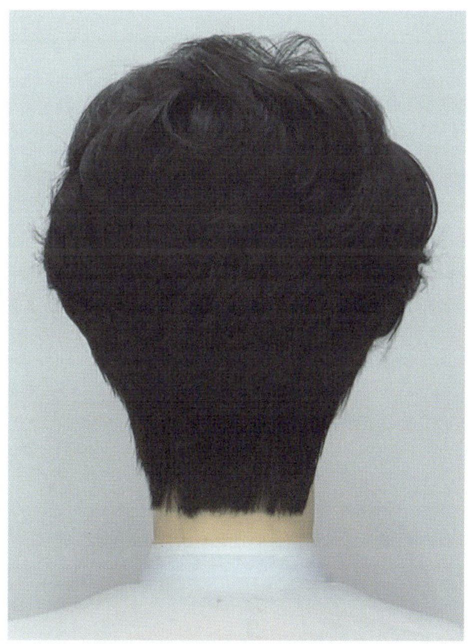

## 유사 스타일 찾아보기

| | |
|---|---|
| | |
| | |

## 1. 리프 컷의 특징

엑스테리어 부분은 레이어로 목선의 가벼움과 뒷머리의 차분함을 강조하며, 인테리어 부분은 디스커넥션하여 앞머리 라인이 뒤쪽으로 자연스럽게 흐르게 하는 것이 특징이다.

## 2. 도해도

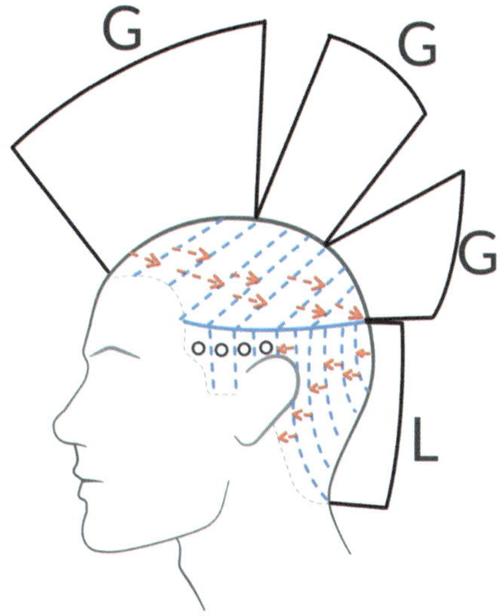


그림 3-5

## 3. 커트 진행 방법 및 절차

인테리어와 엑스테리어로 나눈 후 엑스테리어의 측중선을 기준으로 후두부로 갈수록 OD하여 L로 진행하고, 인테리어는 전대각 파팅 후 정중선에서 디스커넥션하면서 60~70°로 하여 G로 진행한다.

표 3-5

| 구분 \ 섹션 | 엑스테리어 | | 인테리어 |
|---|---|---|---|
| | 측두부 | 후두부 | 천정부 |
| **파팅** | 세로 | 후대각 | 전대각 |
| **베이스** | On Base | OD | OD |
| **각도** | 파팅과 평행 | 파팅과 평행 | 60 ~ 70° |
| **형태** | 레이어(L) | L | 그라데이션(G) |

1

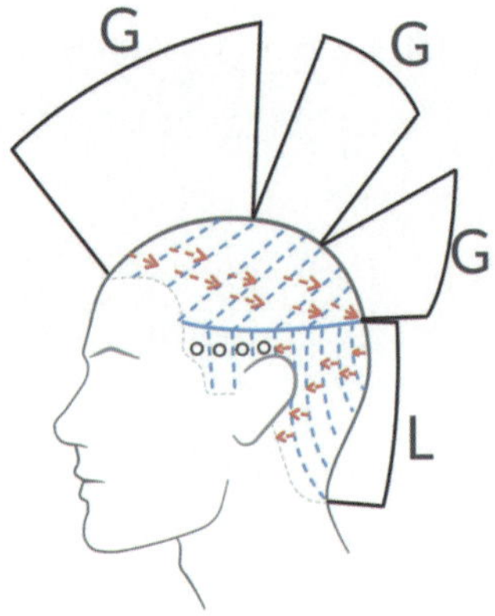


도해도

2

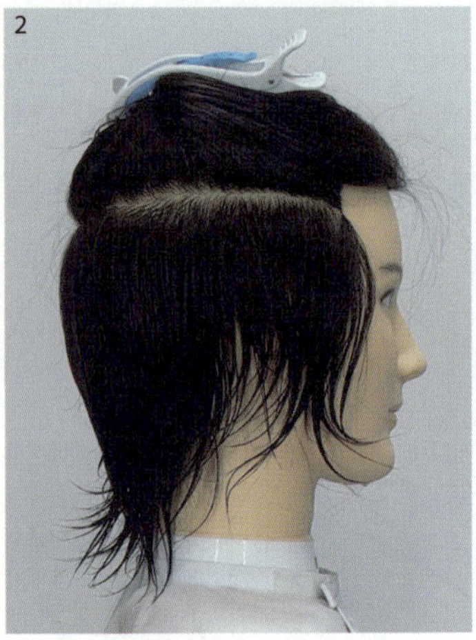

크레스트를 중심으로 인테리어와 엑스테리어로 투 섹션 블로킹한다 (S.P~G.B.M.P).

3

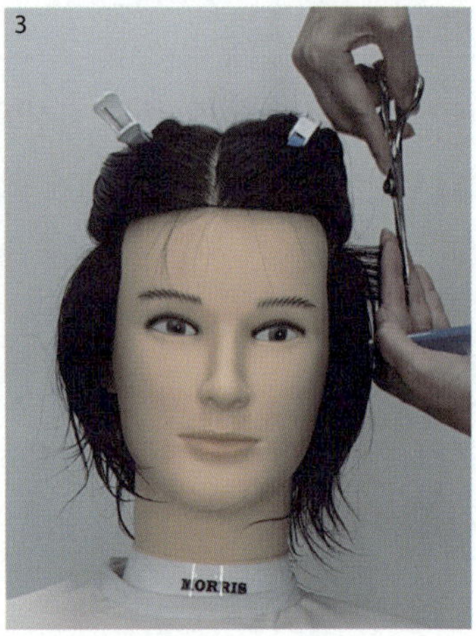

측중선을 기준으로 세로파팅 후 3~4cm로 레이어로 가이드 설정한다.

4

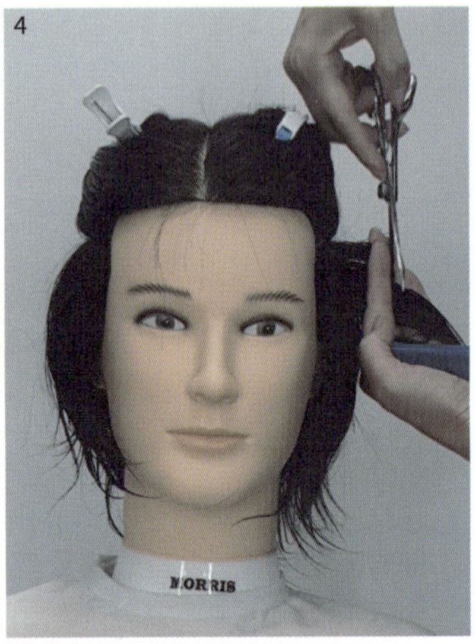

페이스 라인 쪽으로 세로파팅 후 On Base로 레이어 커트한다.

5

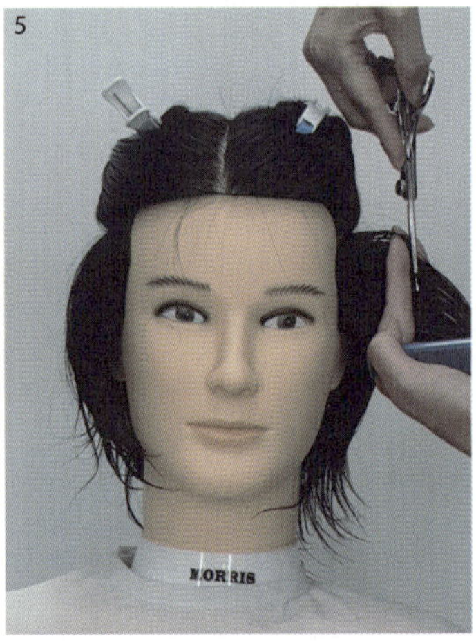

나머지도 동일하게 진행한다.

6

측중선을 중심으로 후두부 쪽으로 세로파팅 후 측중선으로 OD하여 레이어 커트한다.

7

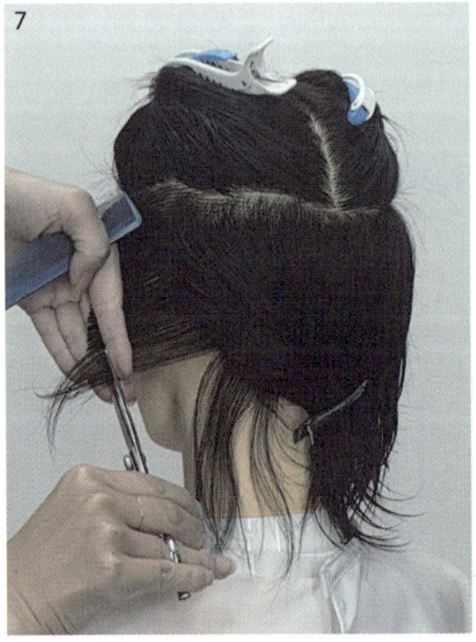

⑥을 가이드로 후대각 파팅 후 E.B.P 쪽으로 OD하여 레이어 커트한다.

8

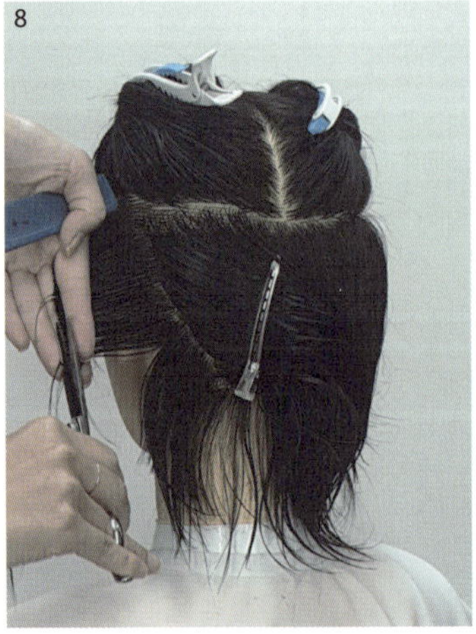

계속하여 후대각 파팅 후 전 패널로 OD하여 레이어 커트한다.

9

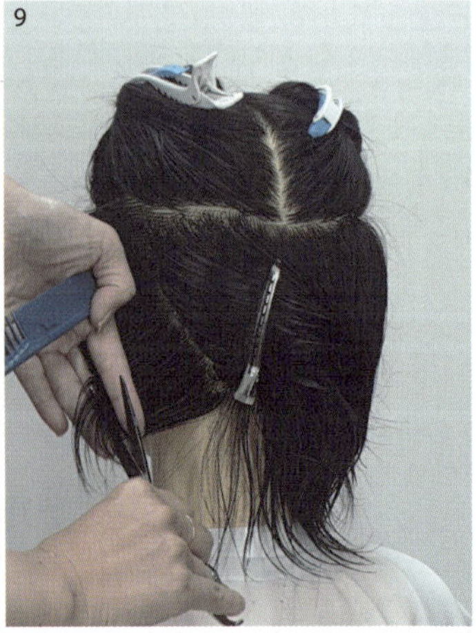

계속하여 후두하부까지 레이어 커트한다.

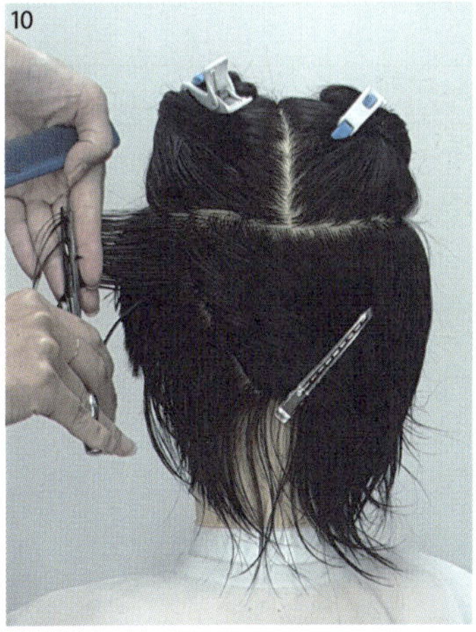

나머지도 후대각 사선파팅 후
전 패널로 OD하여
레이어 커트한다.

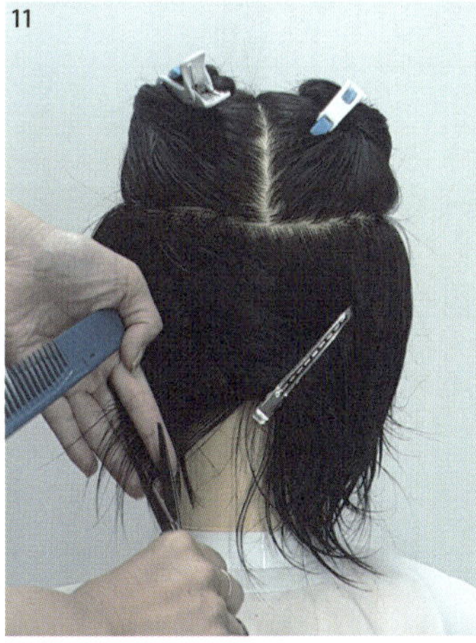

계속하여 후두하부까지
동일하게 진행한다.

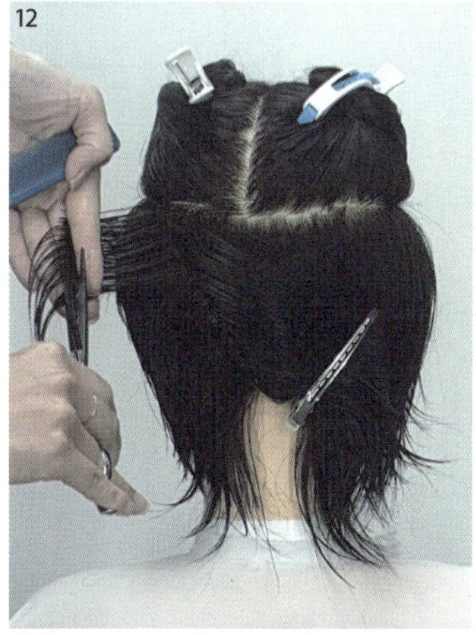

계속하여 동일하게 진행한다.

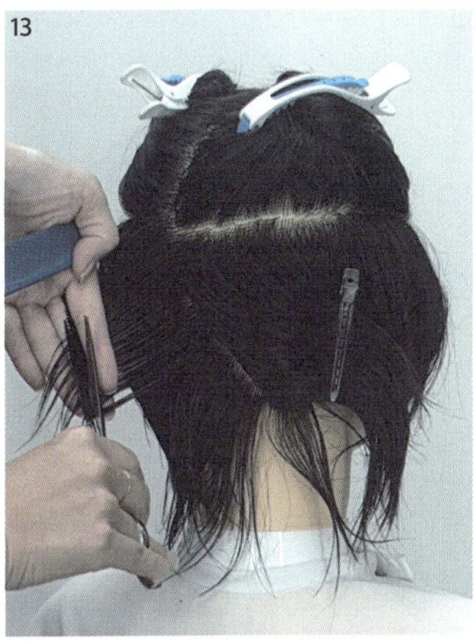

계속하여 동일하게 진행한다.

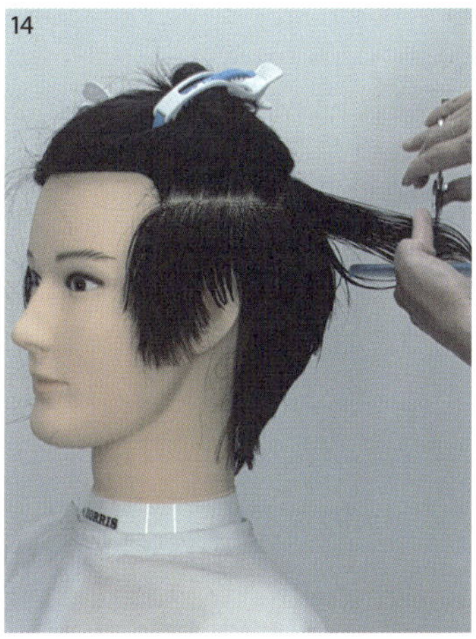

인테리어는 전대각 파팅 후
엑스테리어보다 3~4cm 길게
디스커넥션으로 진행한다.

계속하여 전대각 파팅 후
한 패널 뒤로 OD하고
60~70° 그라데이션으로 커트한다.

동일하게 진행한다.

페이스 라인까지 전대각 파팅 후
파팅과 평행하게 빗질하고, G로
진행하여 후두부와 연결 커트한다.

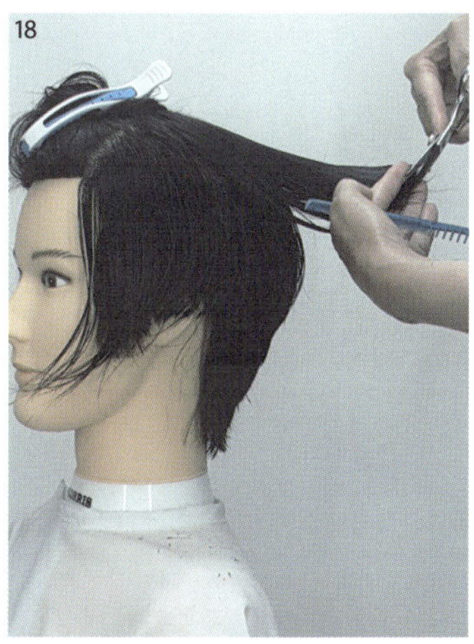

동일하게 진행한다.

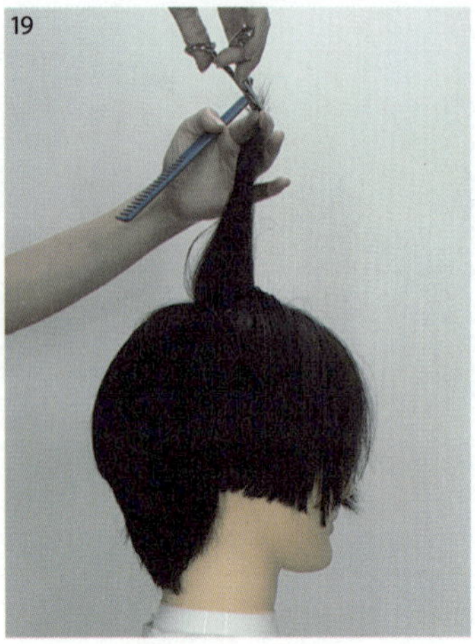


완성 후 전두부를 위로 똑바로 하여
코너 제거 체크 커트한다.

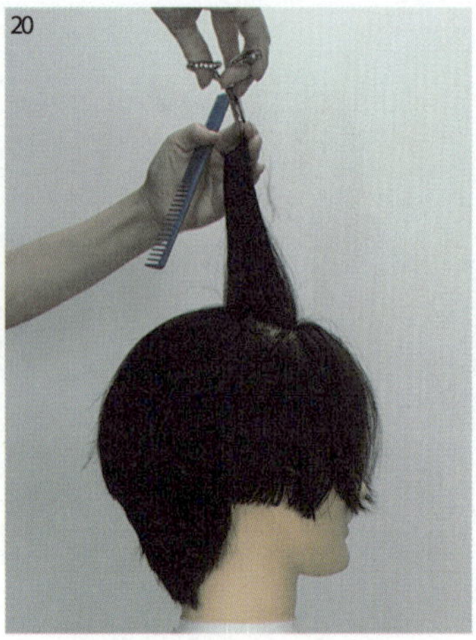


계속하여 페이스라인 쪽으로
진행하며, 전 패널로 OD하여
체크 커트한다.

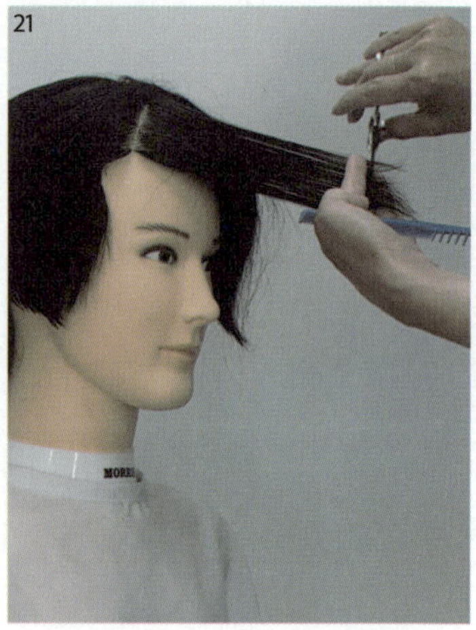


좌, 우 F.S.P~T.P까지 삼각 섹션하여
파팅과 평행하게 반대편으로
빗질하여 커트한다.

계속하여 리프트 업 하여
진행한다.

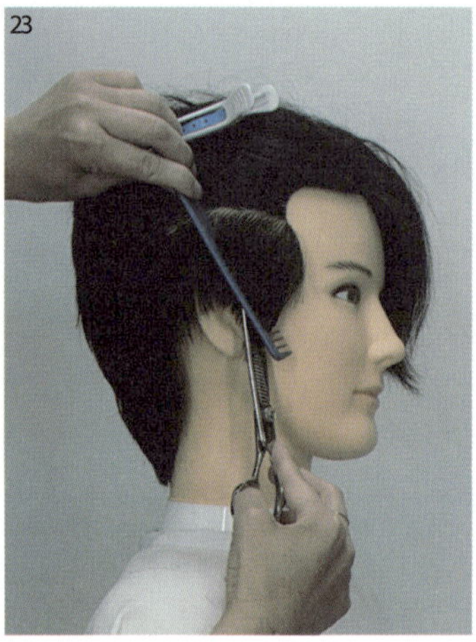


틴닝 가위로 구레나룻 부분은
빗을 사선으로 주어 콤컨트롤로
길이 설정 커트한다.

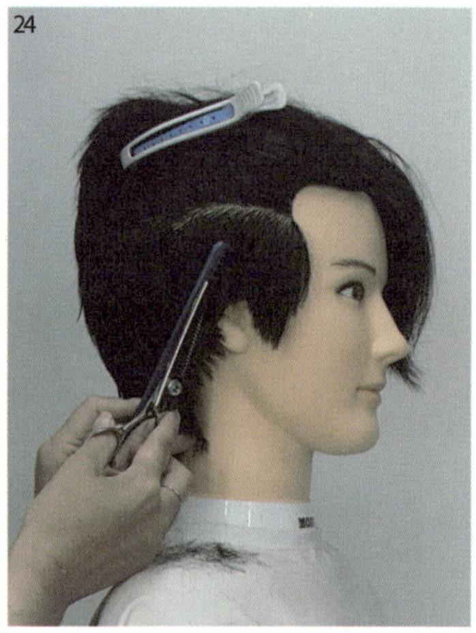


네이프 사이드 라인도 동일하게
콤컨트롤로 라인 정리를 한다.

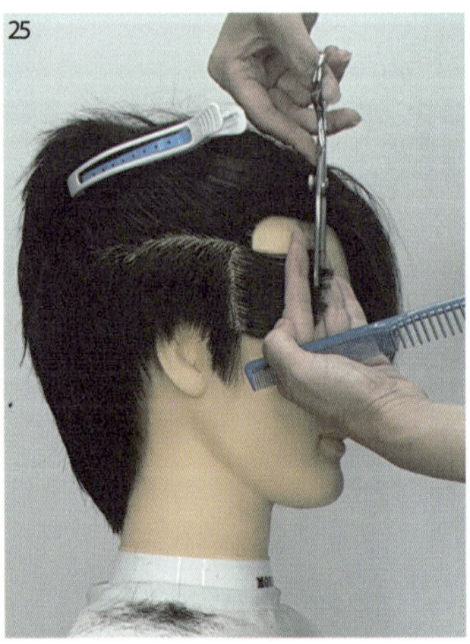


페이스 라인 쪽으로 빗질하여
레이어로 길이 설정한다.

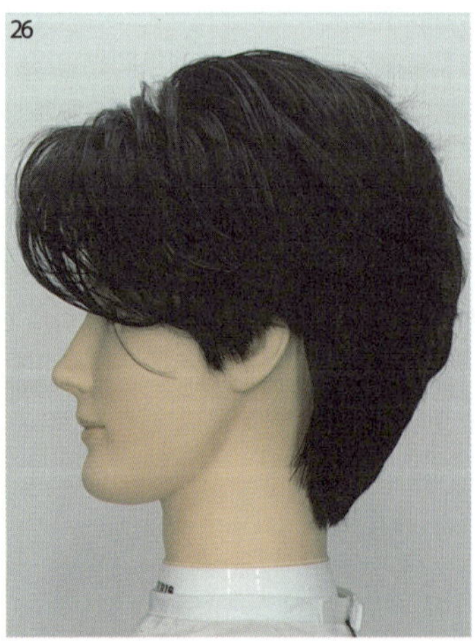

전체적으로 질감 처리 후 마무리한다.

질감 처리 전 작품

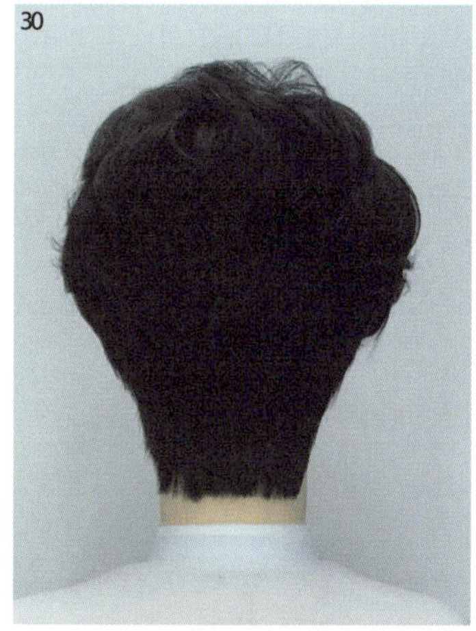


질감 처리 후 작품

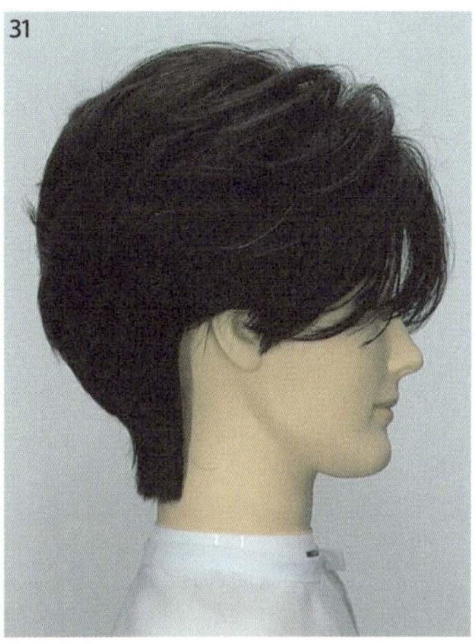

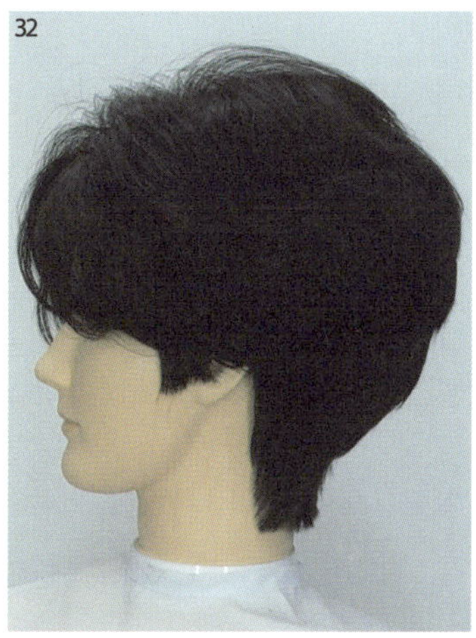

스타일링 작품

# [Style number 17] 리젠트 컷

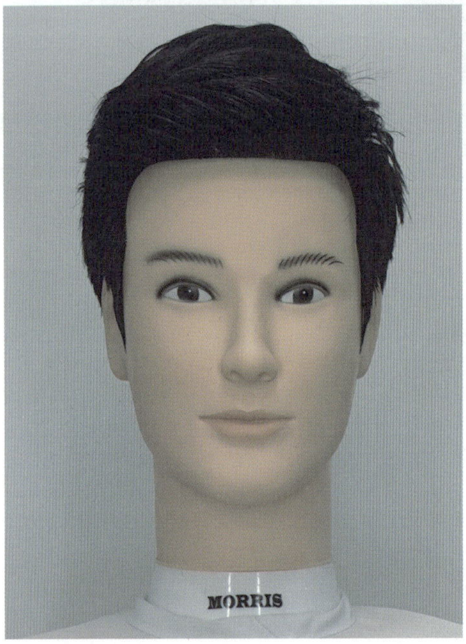


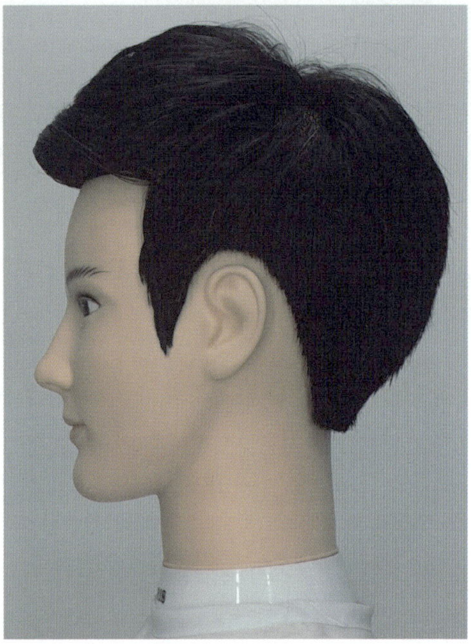

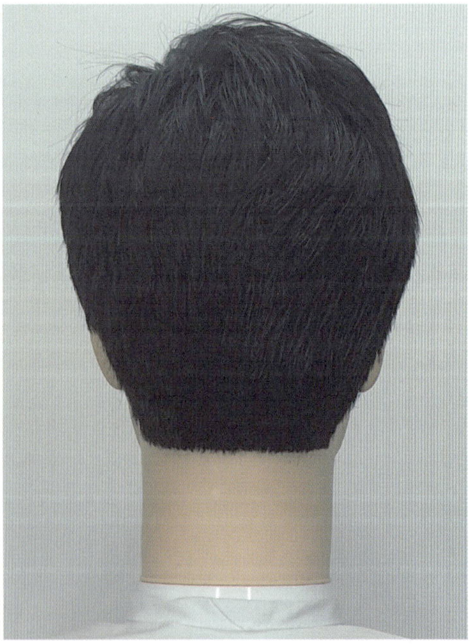

## 유사 스타일 찾아보기

| | |
|---|---|
| | |
| | |

## 1. 리젠트 컷의 특징

두정부에서 앞쪽으로 약간 사선으로 빗겨 내리고 앞머리 부분을 위로 세우듯이 넘겨서 이마가 보이도록 드러낸다. 하드하고, 남성적인 느낌을 부드럽고 감성적이게 나타내는 것이 특징이다.

## 2. 도해도

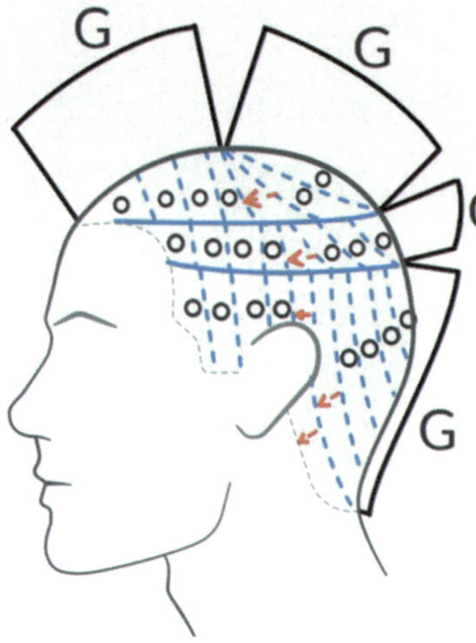


ⅡI 그림 3-6

## 3. 커트 진행 방법 및 절차

인테리어와 엑스테리어로 나누어 엑스테리어의 측두부부터 HG로 시작하여, 후두부는 On Base로 진행하고 인테리어도 동일하게 진행한다.

ⅡI 표 3-6

| 구분 \ 섹션 | 엑스테리어 | | 인테리어 | |
|---|---|---|---|---|
| | 측두부 | 후두부 | 전두부 | 두정부 |
| **파팅** | 세로 | 후대각 | 세로 | 후대각, 피봇파팅 |
| **베이스** | On Base | OD<br>On Base | On Base | OD<br>On Base |
| **각도** | 파팅과 평행 | 파팅과 평행 | 파팅과 평행 | 90° |
| **형태** | 그라데이션(G) | G | G | G |

1

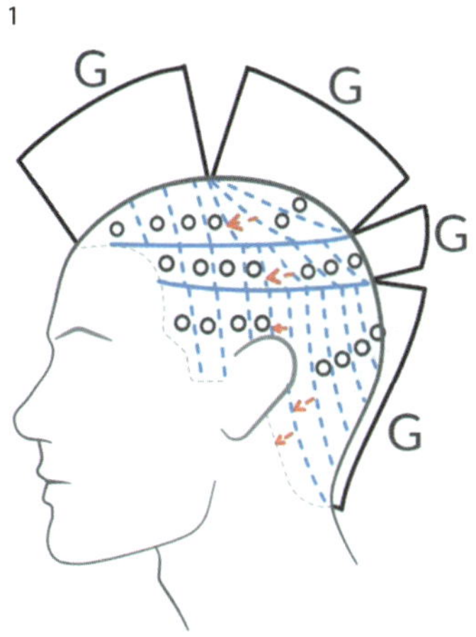


도해도

2

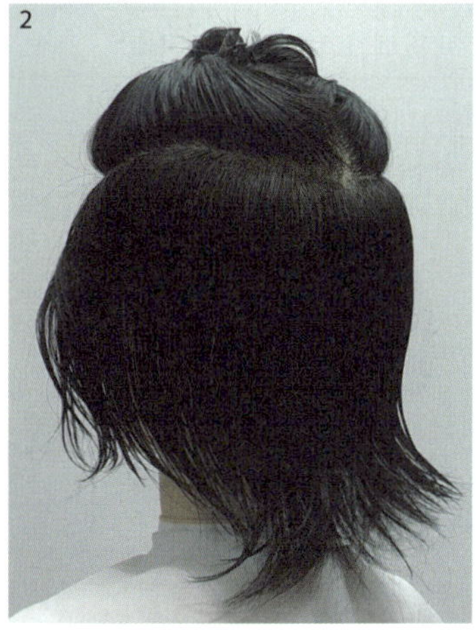

크레스트를 중심으로
인테리어와 엑스테리어로
투 섹션으로 나눈다.

3

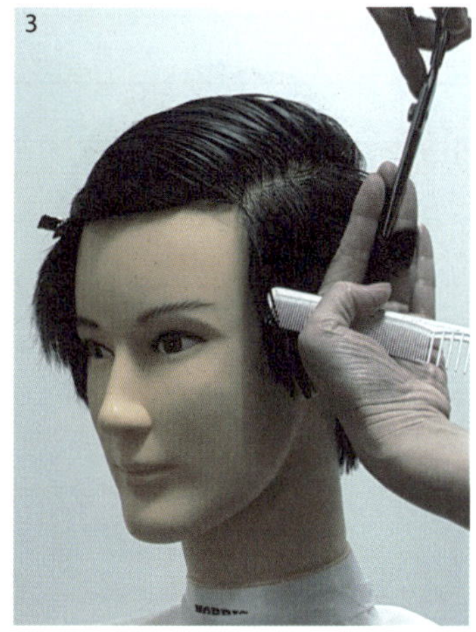

측중선에서 세로파팅하여
3~4cm 가이드 설정하고
On Base로 HG로 커트한다.

4

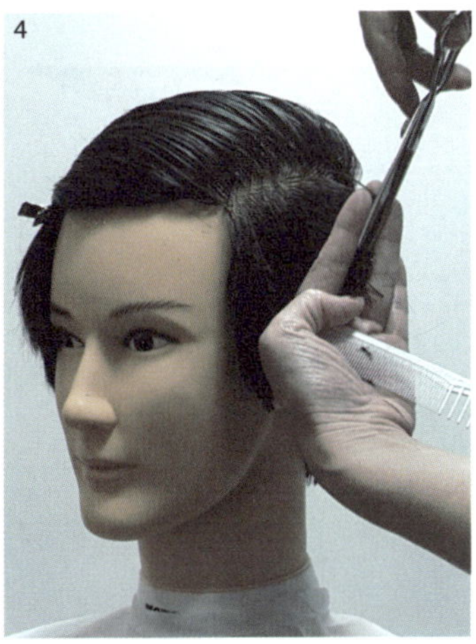

계속하여 페이스 라인 쪽으로
세로파팅 후 On Base로
HG 커트한다.

5

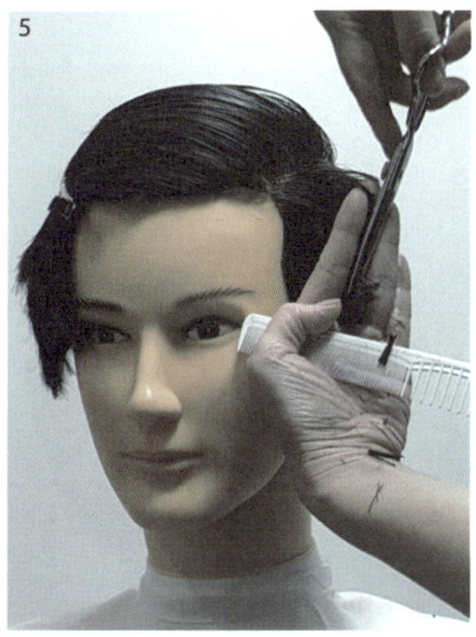

계속하여 페이스 라인까지
동일하게 On Base 진행한다.

6

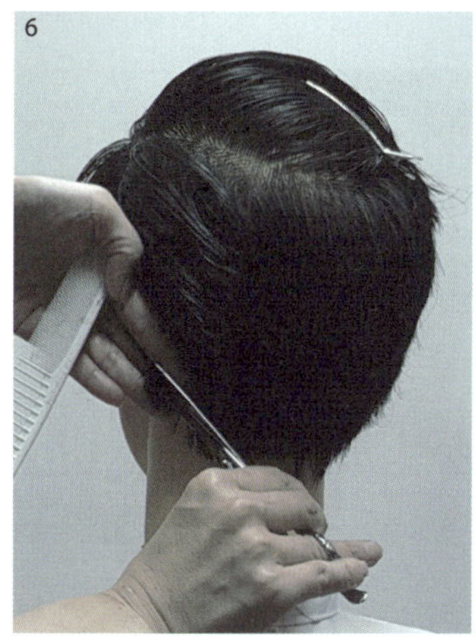

측두부 완성 후 측중선을 가이드로
후두부 쪽으로 세로파팅 후
중단부를 측중선 쪽으로
OD하여 HG 커트한다.

7

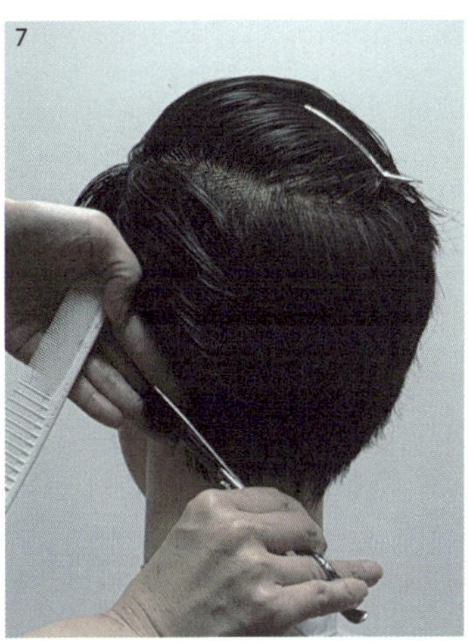

계속하여 ⑥을 가이드로
후대각 파팅 후 중단부를
On Base로 HG 커트한다.

8

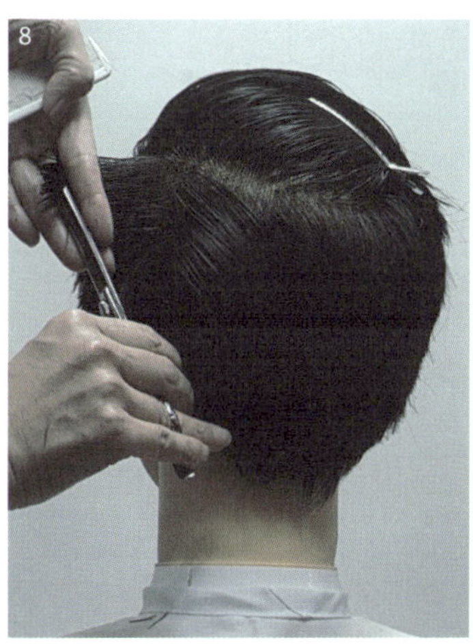

⑥, ⑦을 가이드로 후대각 파팅 후
중단부를 On Base로
HG 커트한다.

9

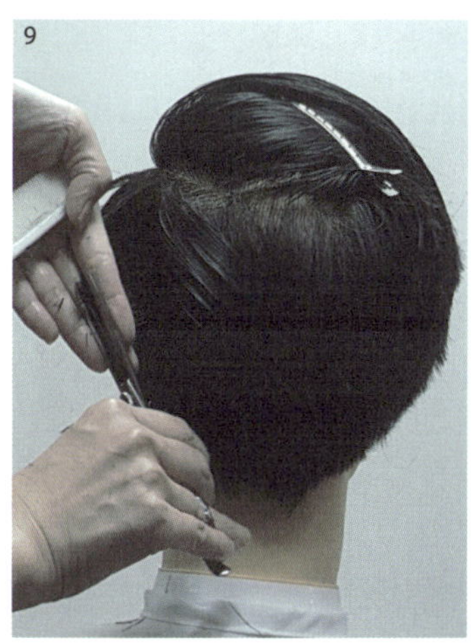

계속하여 하단부와
후두하부까지 HG 커트한다.

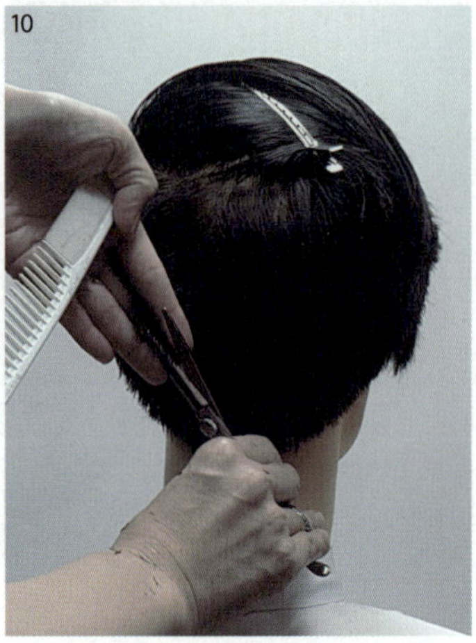

계속하여 정중선까지
동일하게 진행한다.

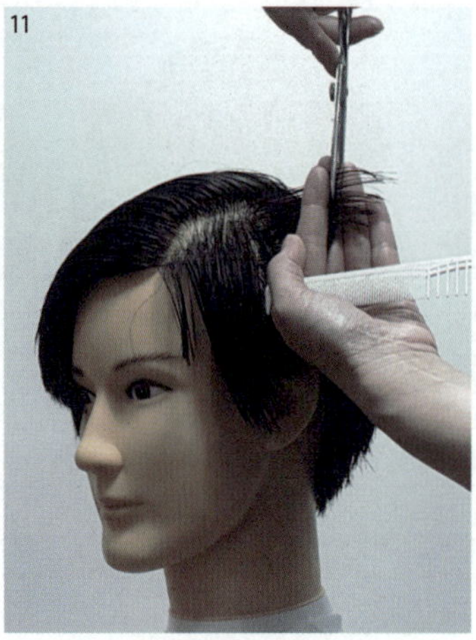

엑스테리어 완성 후
인테리어를 2등분하여 측두부를
측중선에서 세로파팅 후
On Base로 HG 커트한다.

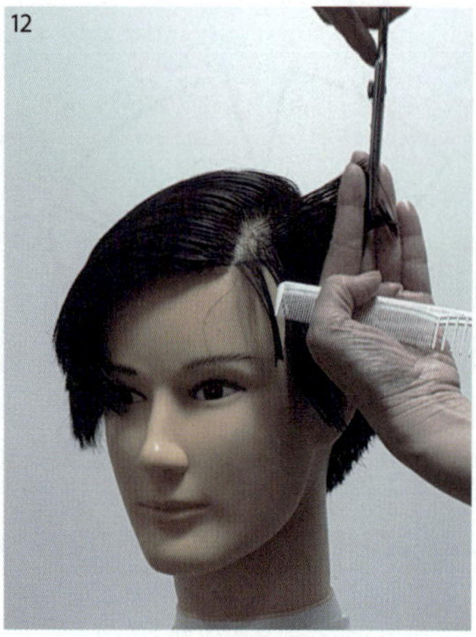

계속하여 페이스 라인 쪽으로
동일하게 진행한다.

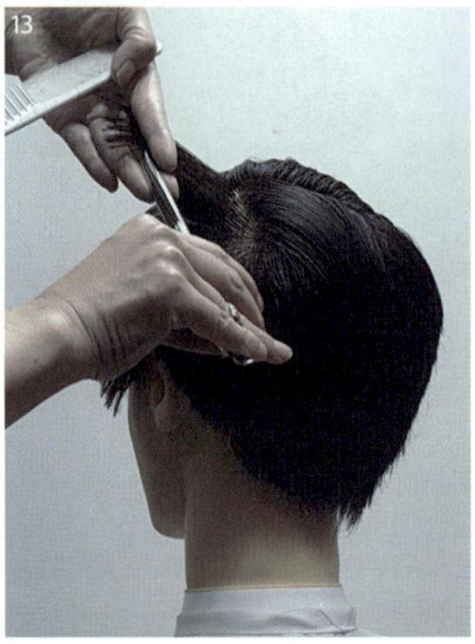

측두부 완성 후 후두부 쪽으로
후대각 파팅 후 측중선으로
OD하여 HG 커트한다.

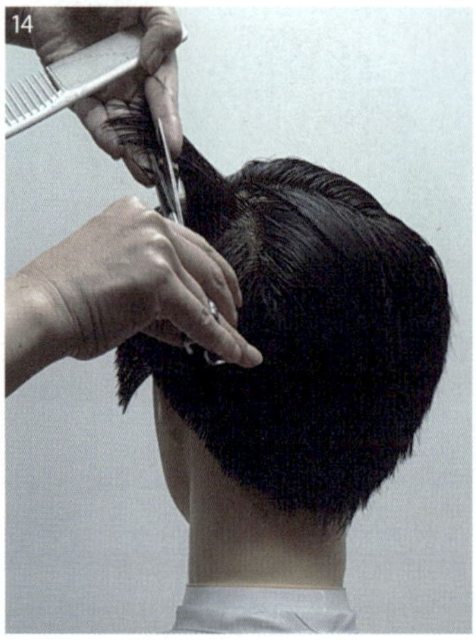

계속하여 후대각 파팅 후
On Base로 HG 커트한다.

나머지 인테리어 전두부는
세로파팅 후 On Base로
HG 커트한다.

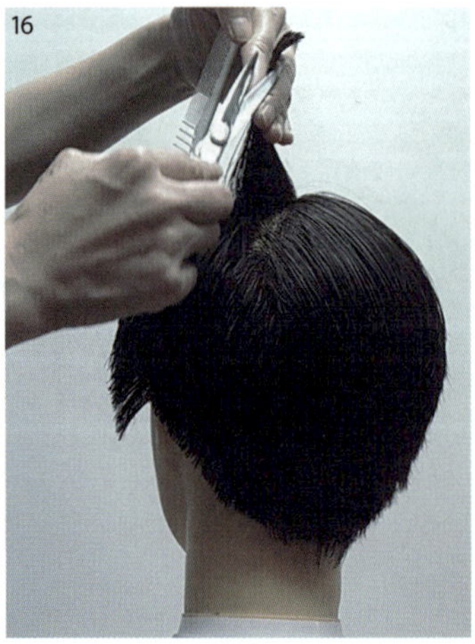

두정부는 T.P를 기점으로
피봇파팅 후 측중선으로
OD하여 HG 커트한다.

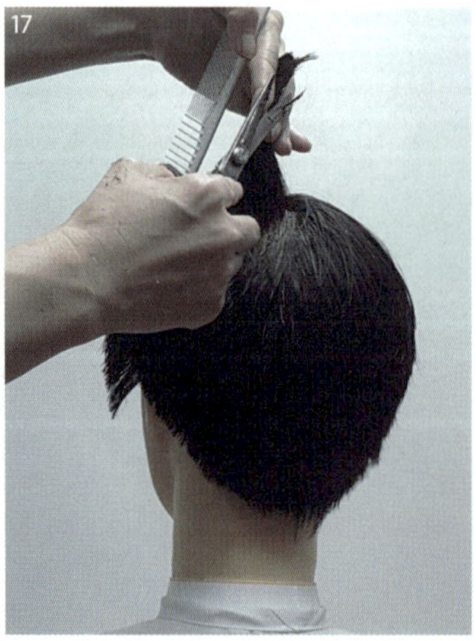

나머지 두정부는
피봇파팅 후 On Base로
HG 커트한다.

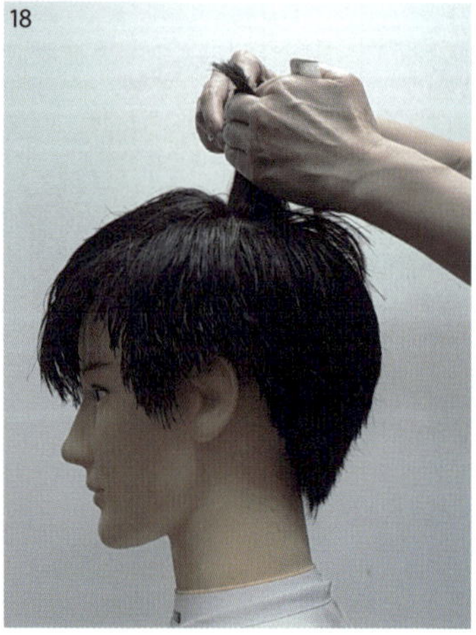

완성 후 좌, 우 F.S.P~T.P까지
전두부를 위로 똑바로 빗질하여
체크 커트한다.

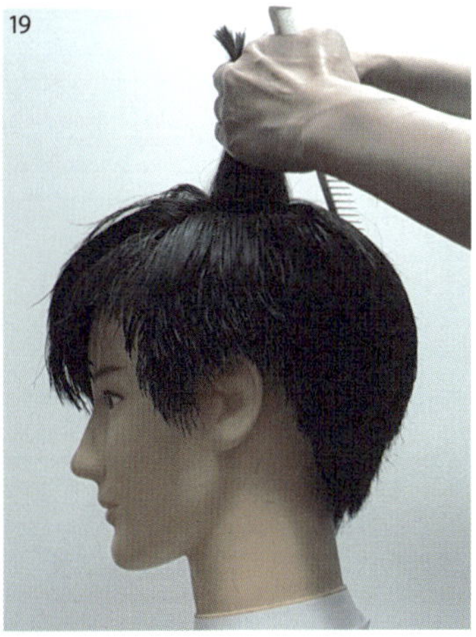


계속하여 C.P까지 체크 커트한다.

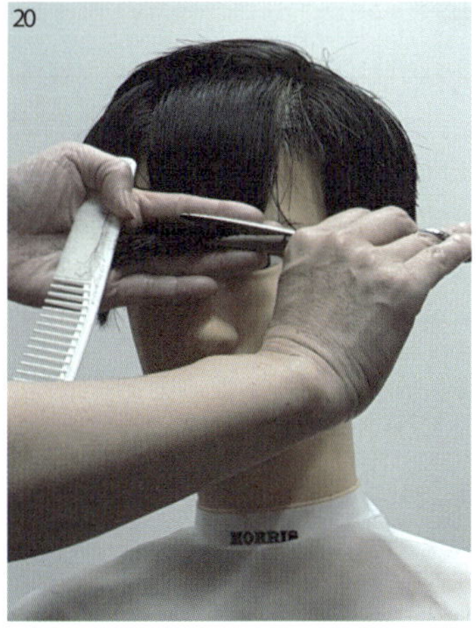


프린지는 양쪽 F.S.P 가이드로 수평 커트한다.

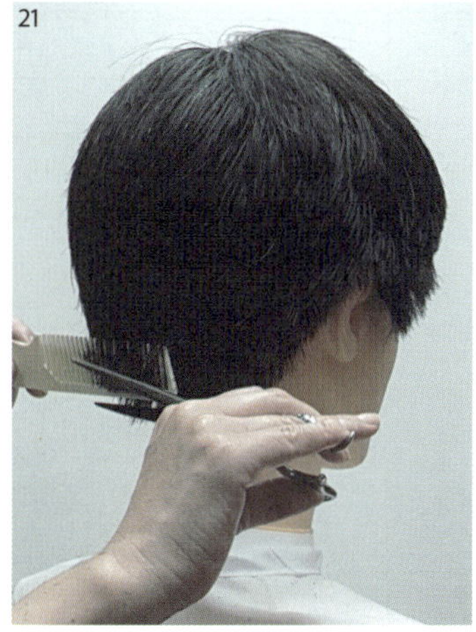


네이프 백라인과 네이프 사이드 라인을 싱글링 기법을 활용하여 정리한다.

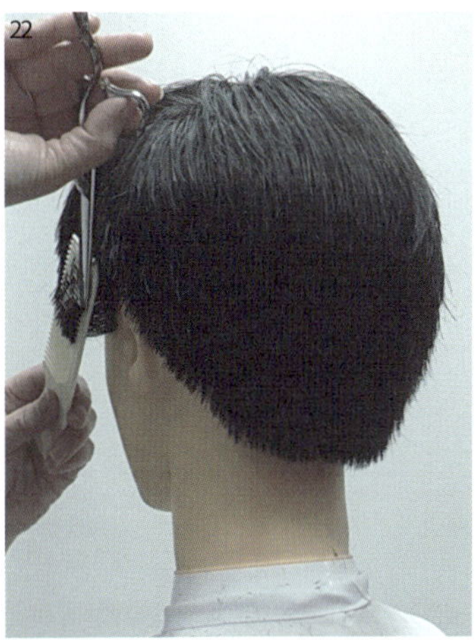


구레나룻 부분은 페이스 라인 쪽으로 빗의 각도를 사선하여 싱글링으로 정리한다.

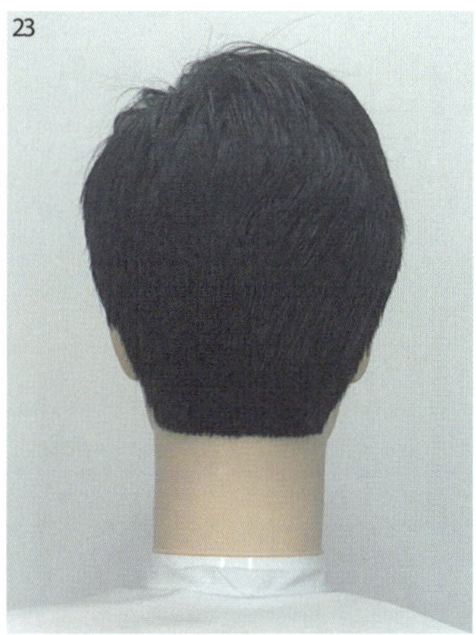


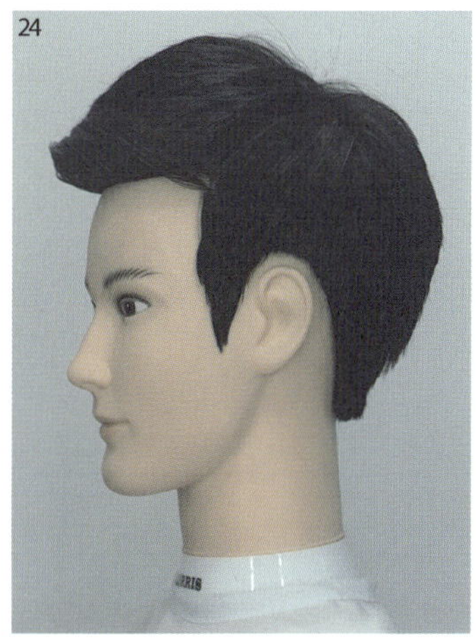


질감 처리 후 마무리 스타일링 한다.

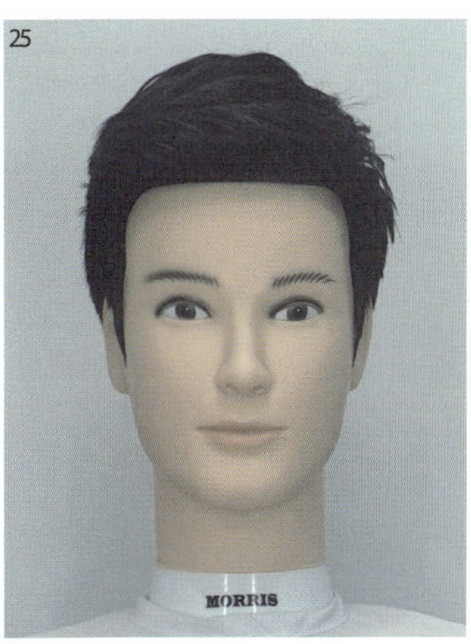

## [Style number 18] 가일 컷

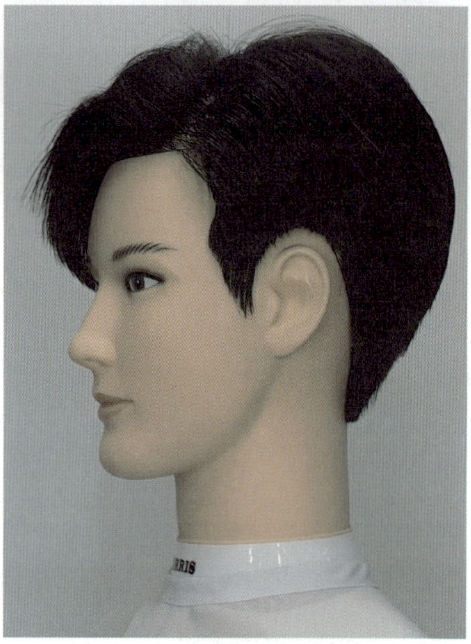

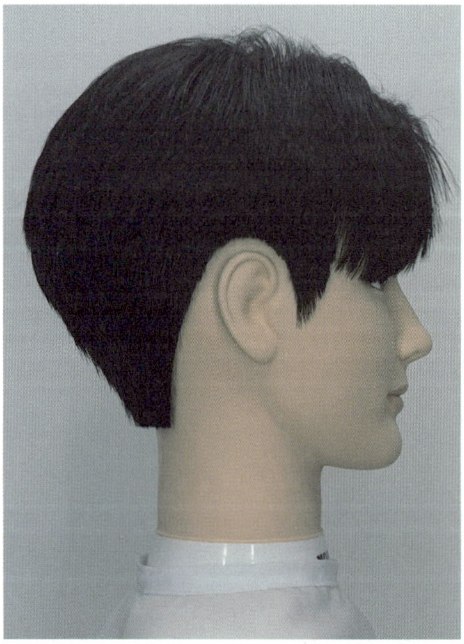

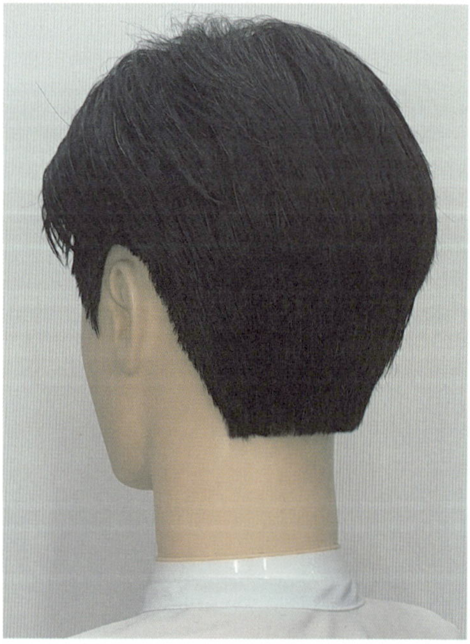

# 유사 스타일 찾아보기

## 1. 가일 컷의 특징

엑스테리어 부분은 레이어로 짧게 커트하고, 인테리어는 디스커넥션으로 엑스테리어의 머리를 덮어주는 디스커넥션으로 한다. 6:4 또는 7:3 가르마로 나누어 3의 가르마 쪽은 옆으로 넘겨 차분하게 가라앉고, 7은 날을 살려 볼륨감을 살짝 줌으로써 포인트를 살리는 것이 특징이다.

## 2. 도해도

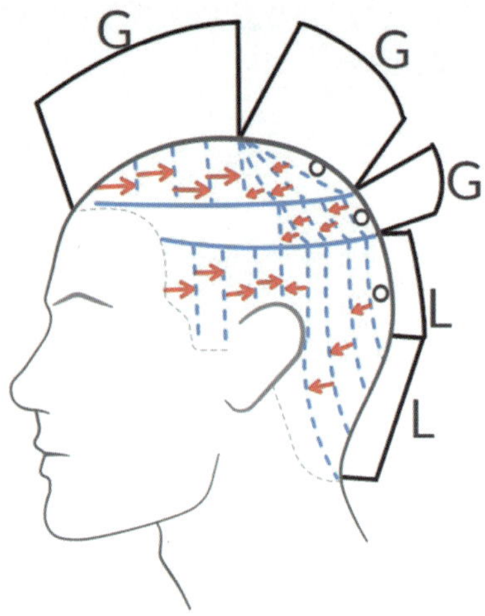


그림 3-7

## 3. 커트 진행 방법 및 절차

인테리어와 엑스테리어로 나누어 엑스테리어는 측두부에서 레이어로 시작하고, 인테리어는 그라데이션으로 디스커넥션 진행하고 전두부는 뒤로 OD하여 진행한다.

표 3-7

| 구분 \ 섹션 | 엑스테리어 | | 인테리어 | |
|---|---|---|---|---|
| | 측두부 | 후두부 | 전두부 | 두정부 |
| **파팅** | 세로 | 후대각 | 가로, 세로 | 후대각, 피봇파팅 |
| **베이스** | OD | OD, On Base | OD | OD, On Base |
| **각도** | 파팅과 파팅 | 파팅과 평행 | 70 ~ 80° | 파팅과 평행 |
| **형태** | L | L | G, L | G, L |

1

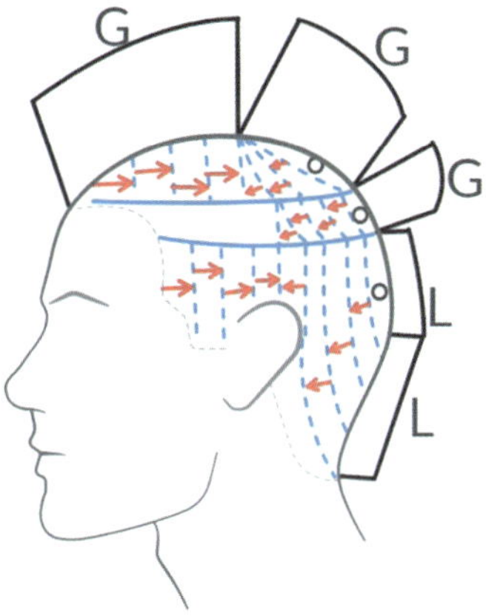


도해도

2

크레스트를 중심으로
인테리어와 엑스테리어로
투 섹션으로 블로킹한다.

3

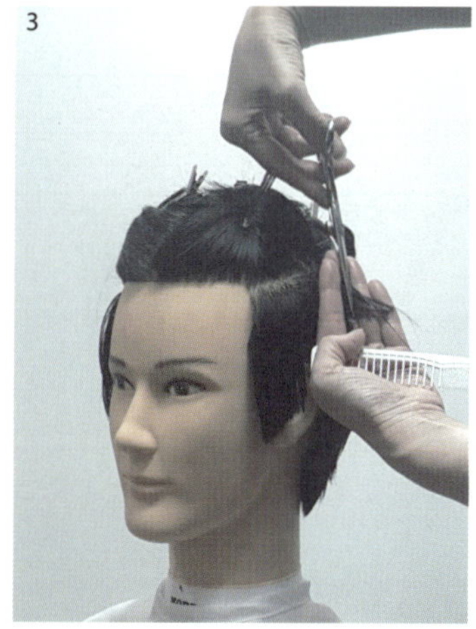

측중선에서 세로파팅 후 2~3cm
가이드 설정하여 레이어(L)로
커트한다.

4

페이스 라인 쪽으로 세로파팅하고
측중선 쪽으로 OD하여
L로 커트한다.

5

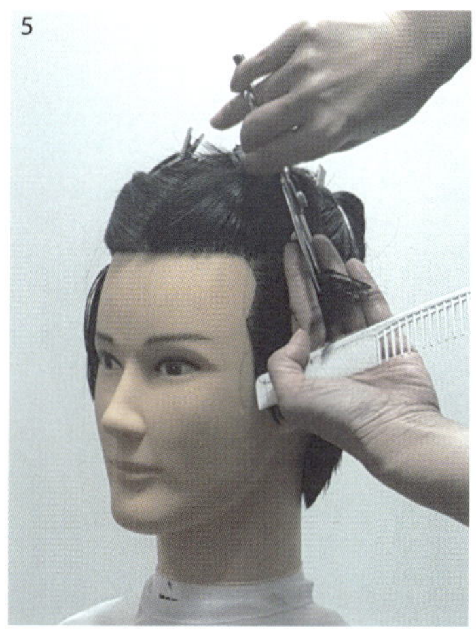

계속하여 전 패널로 OD하여
L로 커트한다.

6

측중선에서 후두부 쪽으로
세로파팅 후 측중선으로
OD하여 L로 커트한다.

7

⑥을 가이드로 후두하부까지
후대각 파팅하고, E.B.P 쪽으로
OD하여 L로 커트한다.

8

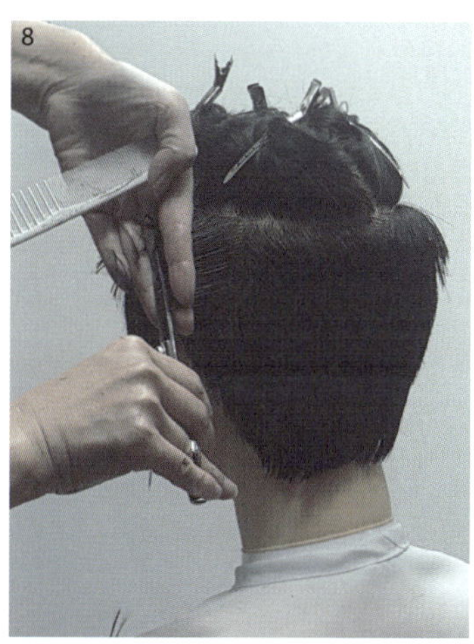

⑦을 가이드로 후대각 파팅 후
전 패널로 OD하여 L로 커트한다.

9

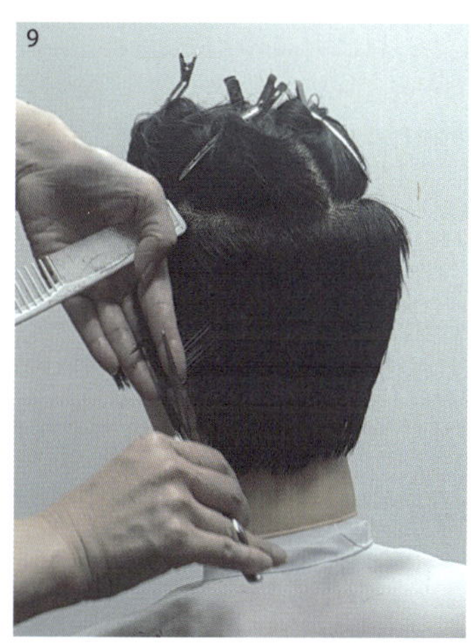

계속하여 후두하부로
연결하여 L로 커트한다.

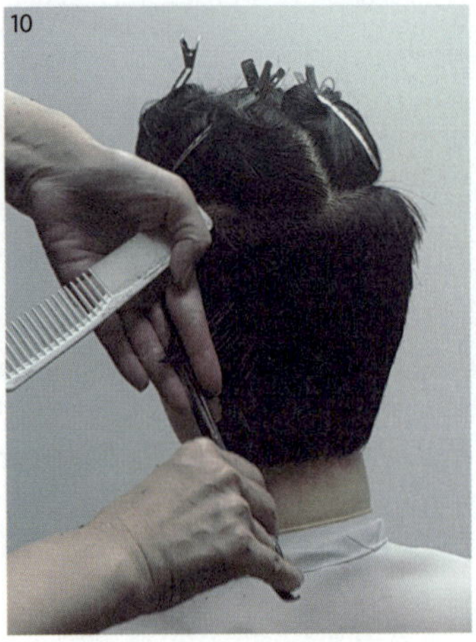


계속하여 중단부와 하단부를
후대각 파팅 후 전 패널로
OD하여 L로 커트한다.

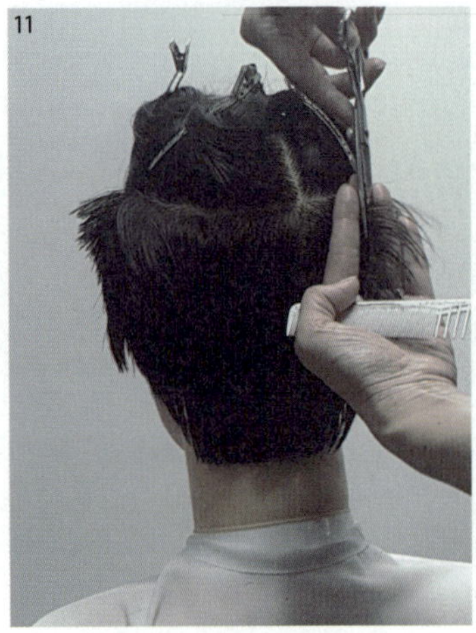


정중선 쪽은 On Base로
L로 커트한다.

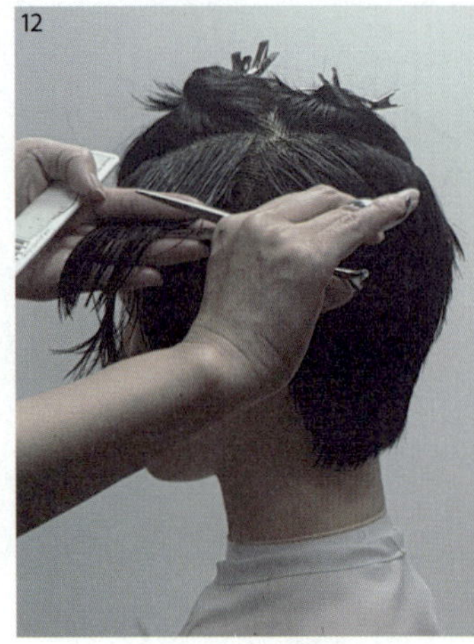


엑스테리어 완성 후 인테리어
2등분하여 70˚로 눈썹꼬리까지
떨어지는 길이(7~8cm)로
측중선까지 디스커넥션 커트한다.

측중선을 가이드로 후대각 파팅 후
파팅과 평행하게 빗질하고,
측중선으로 OD하여 HG로
디스커넥션 커트한다.

계속하여 천정부를 후대각 파팅 후
전 패널로 OD하여
그라데이션(G)으로 커트한다.

계속하여 동일하게 진행한다.

정중선 쪽은 On Base로
G 커트한다.

인테리어 나머지 전두부는
세로파팅하여 G 커트한다.

계속하여 세로파팅 후 전 패널로
OD하여 G 커트한다.

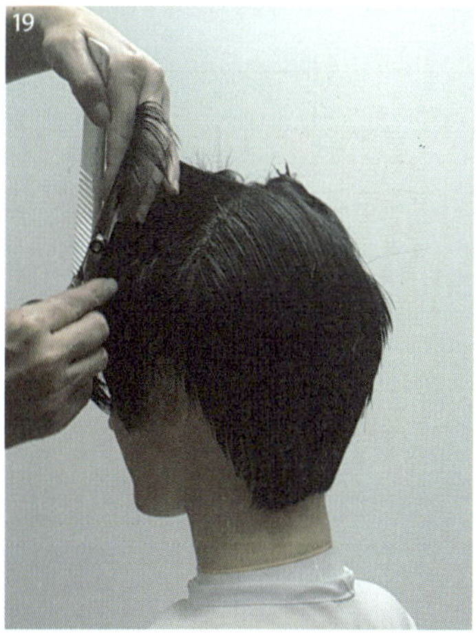

19 전두부 완성 후 두정부는
T.P를 기점으로 피봇파팅하여
측중선으로 OD하고 G로 커트한다.

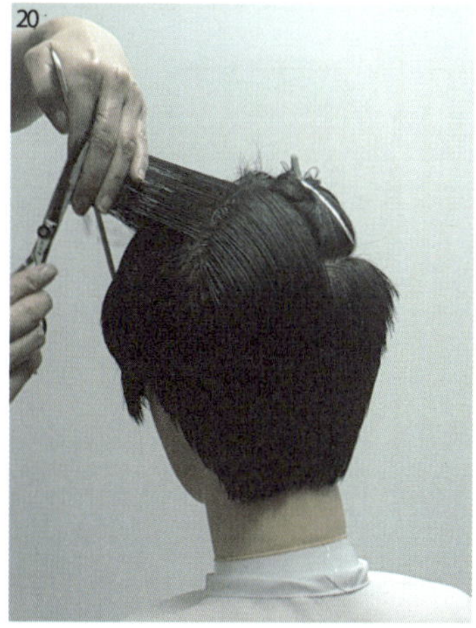

20 ⑲를 가이드로 피봇파팅 후
전 패널로 OD하여
G로 커트한다.

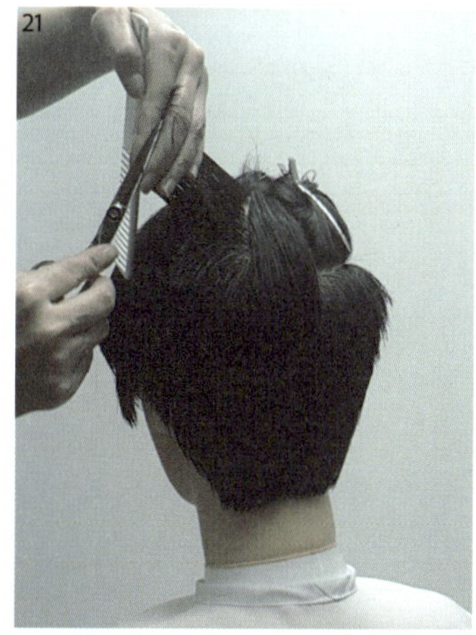

21 나머지는 동일하게 진행하고
정중선 쪽은 On Base로
진행한다.

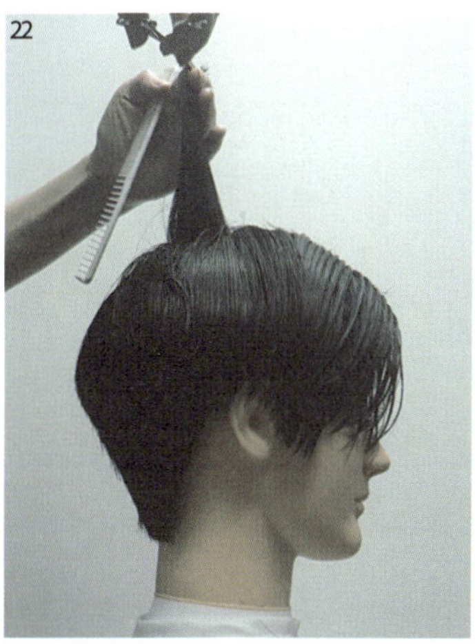

22 전체 완성 후 T.P를 위로 똑바로
하여 뒤로 OD하여 체크 커트한다.

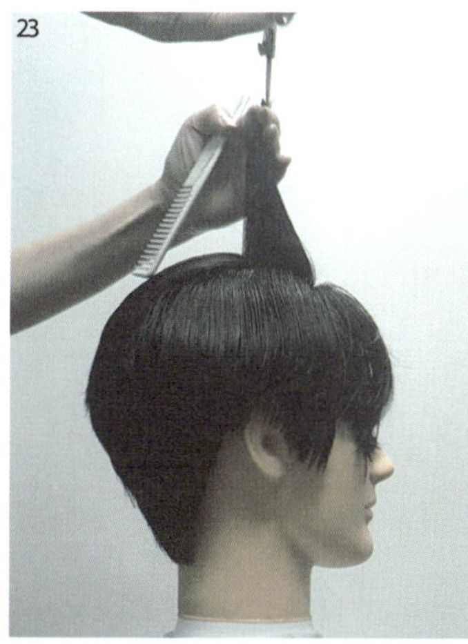

23 C.T.M.P 앞은 전 패널로 OD하여
체크 커트한다.

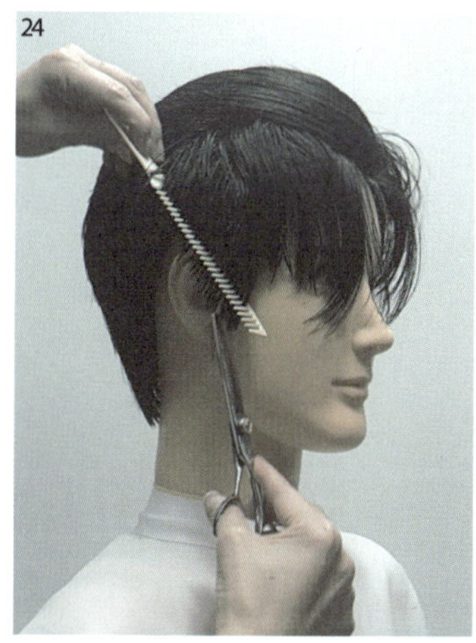

24 헴라인을 틴닝 가위로 귀를 덮지
않게 콤컨트롤로 정리한다.

25 네이프 사이드 라인과 헴라인
주변을 프리핸드 기법으로
정리한다.

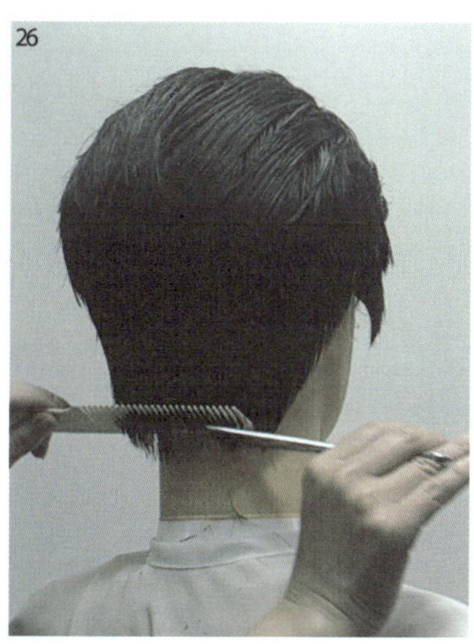

26 네이프 백라인도 콤컨트롤과
프리핸드 기법으로 정리한다.

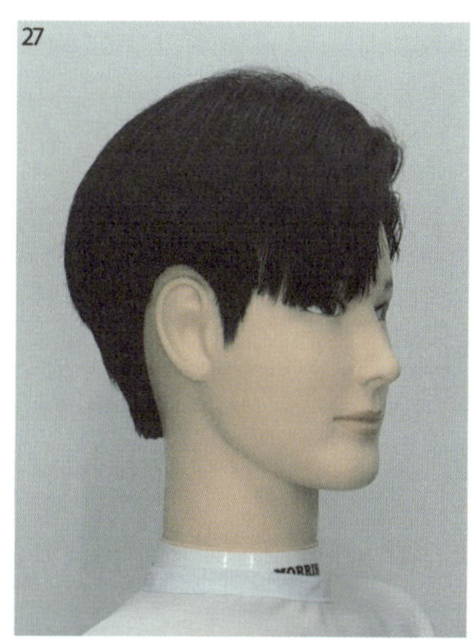

27 질감 처리 후 마무리한다.

28

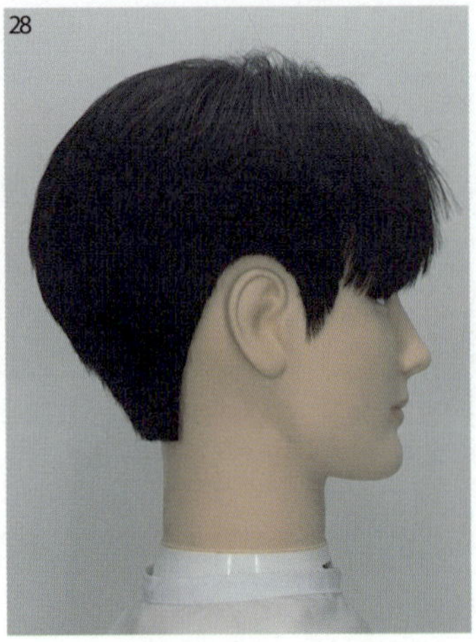

29

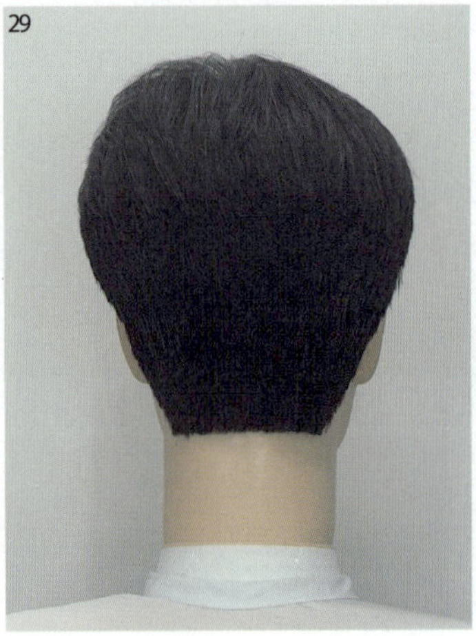

30

31

32

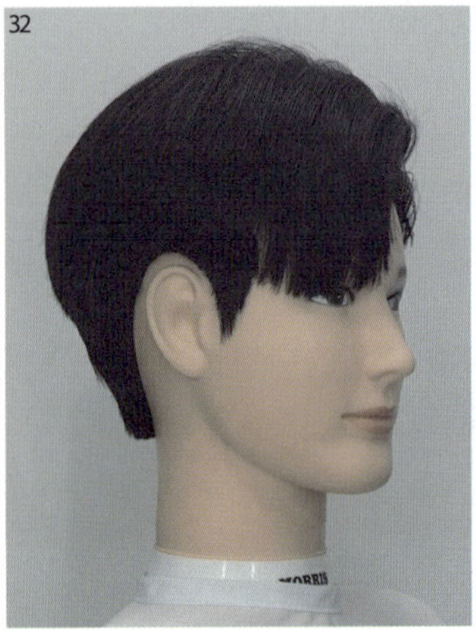

# [Style number 19] 아이비리그 컷

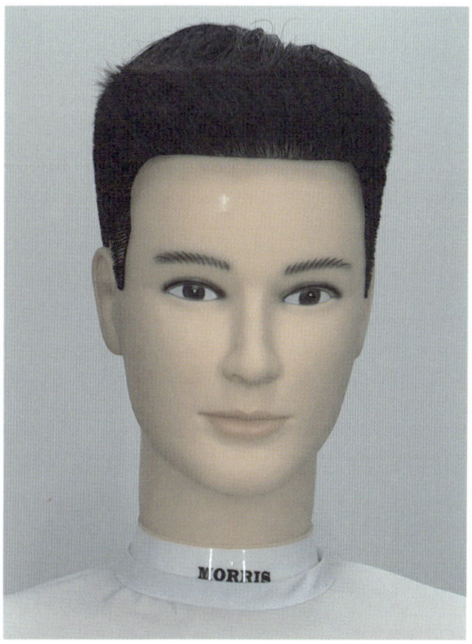


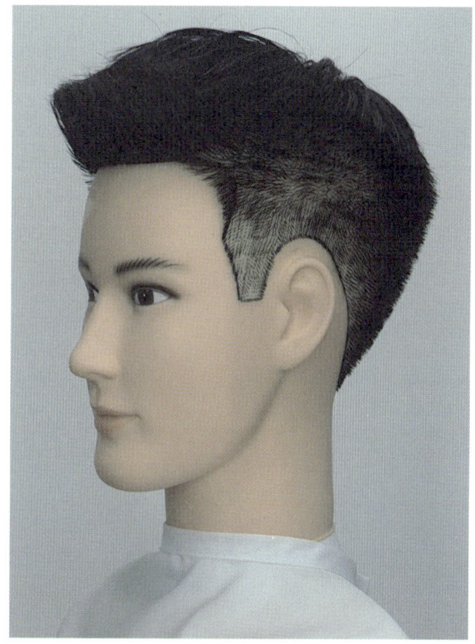

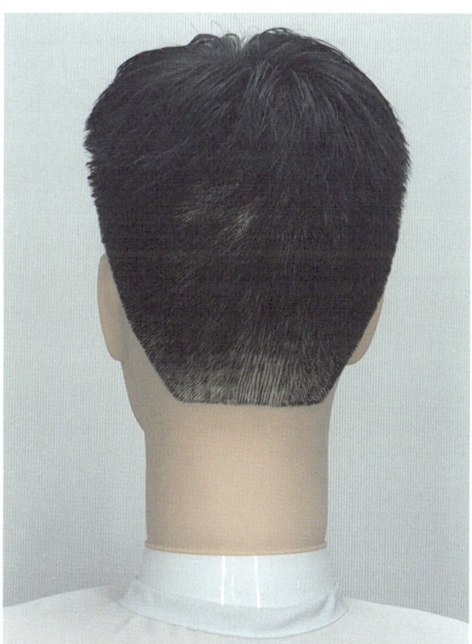

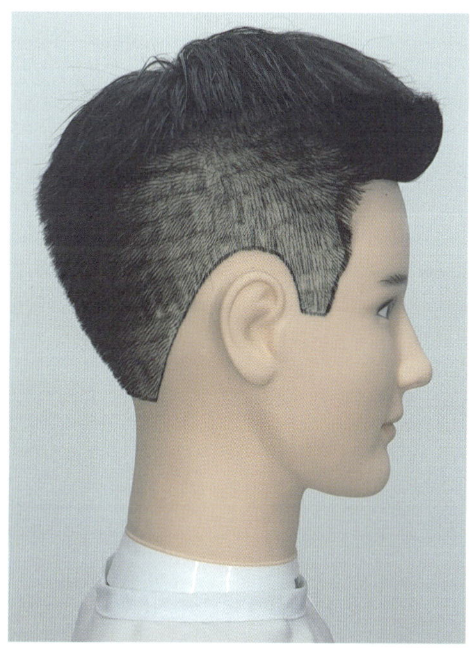

## 유사 스타일 찾아보기

| | |
|---|---|
| | |
| | |

## 1. 아이비리그 컷의 특징

측면은 짧게 치고 인테리어 부분은 길게 하여 손질하기에 간편한 스타일이다. 후두부는 경사면의 각을 명확하게 하고, 이마가 보이게 올려주어 단정하고 깔끔해 보이면서도 전체적으로 시원하게 올려쳐주는 것이 특징이다.

## 2. 도해도

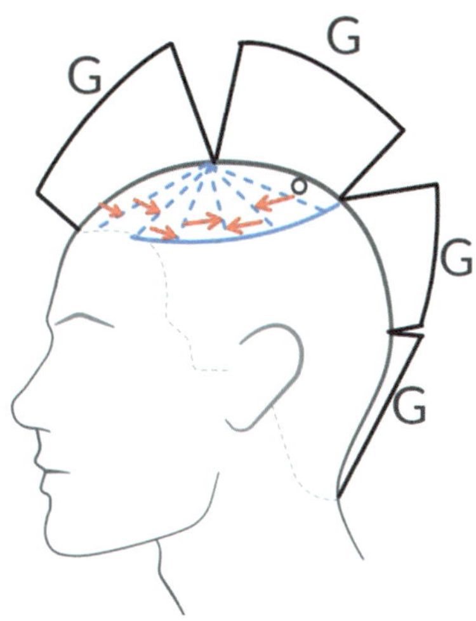


그림 3-8

## 3. 커트 진행 방법 및 절차

크레스트를 중심으로 인테리어와 엑스테리어로 나눈 후 다시 인테리어를 2등분으로 나눈 다음, 측중선부터 클리퍼로 엑스테리어까지 진행 후 나머지 인테리어를 피봇파팅으로 진행한다.

표 3-8

| 섹션 / 구분 | 엑스테리어 | | 인테리어 | |
|---|---|---|---|---|
| | 측두부 | 후두부 | 천정부 | |
| **파팅** | 가로 | 후대각 | 가로 | 피봇파팅 |
| **베이스** | On Base | On Base | On Base | OD |
| **각도** | 90° | 90° | 90° | 70 ~ 80° |
| **형태** | 그라데이션(G) | G | G | G |

1

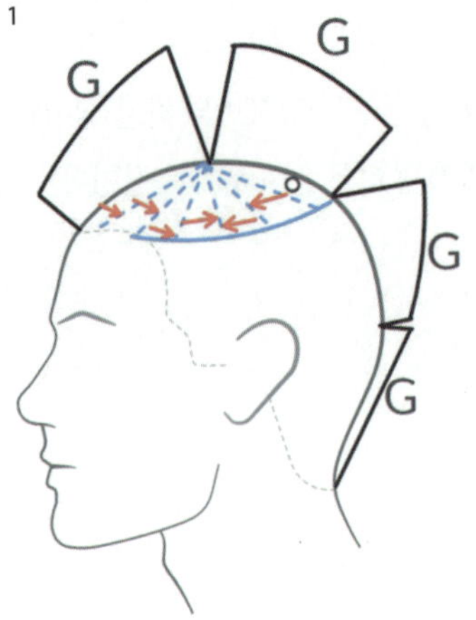


도해도

2

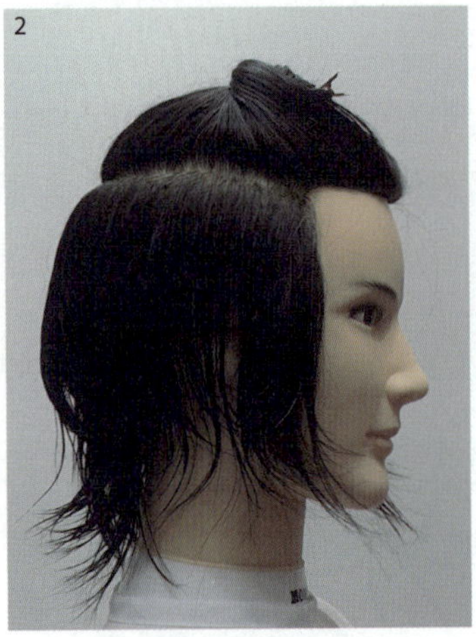

크레스트를 중심으로
인테리어를 나눈 후 인테리어를
다시 2등분 한다.

3

측중선 4~5cm 가이드 설정 후
자연각 90° 클리퍼 오버 콤으로
페이스 라인 쪽으로
스퀘어 커트한다.

4

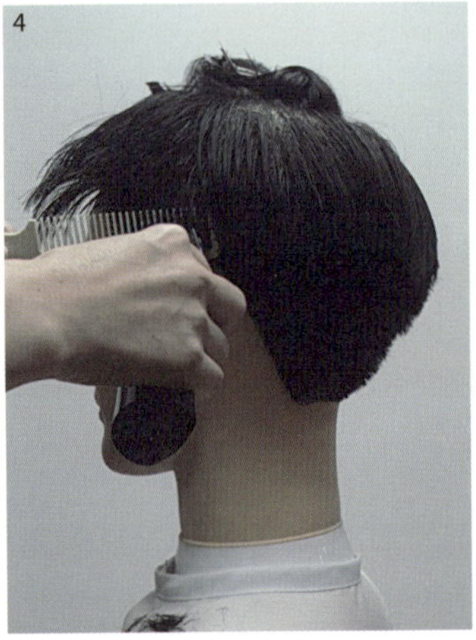

엑스테리어로 내려가면서
자연각 90°로 측두부 진행한다.

5

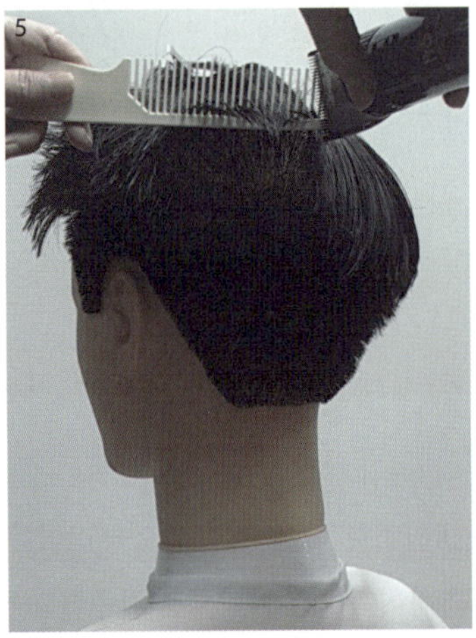

측중선과 연결하여 두정부
쪽으로 자연각 90°
클리퍼 오버 콤으로 진행한다.

6

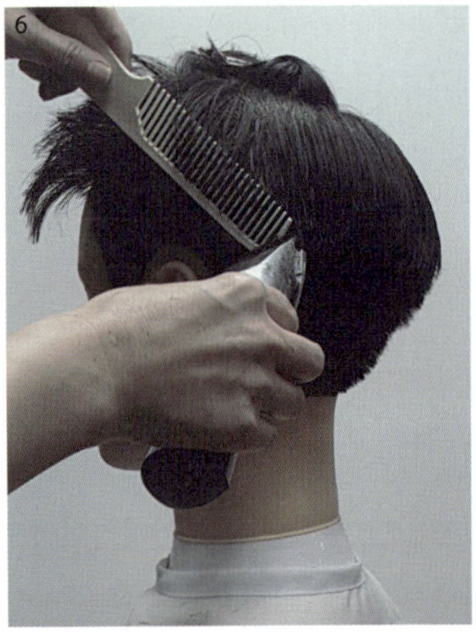

계속하여 상단부에서 중단부로
빗의 각도를 조금씩 낮추어 주고
후대각으로 진행한다.

7

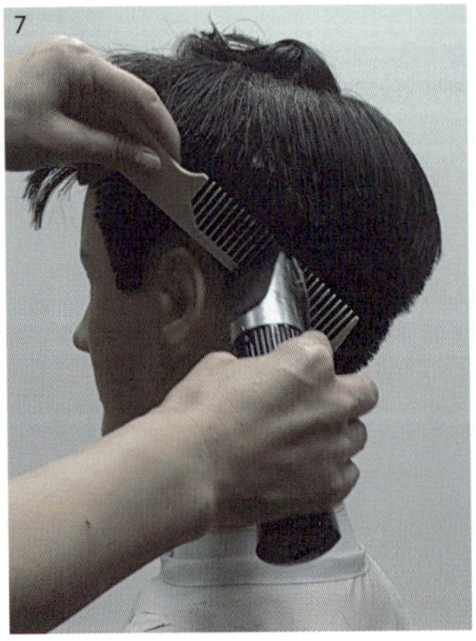

중단부에서 하단부 쪽으로
빗의 각도를 유지하며
후대각으로 진행한다.

8

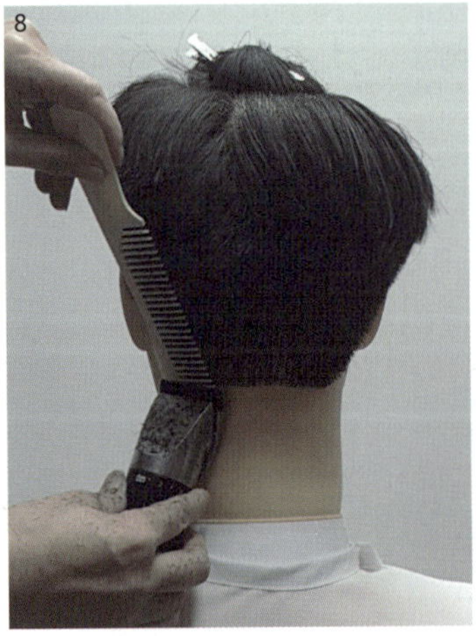

후두하부까지 빗의 방향을
주어 클리퍼 오버 콤으로
진행한다.

9

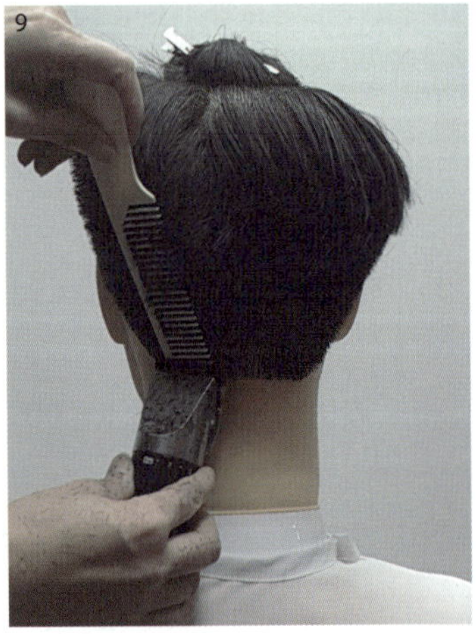

계속하여 빗의 방향은 세로로 하고
빗의 기울기는 70~80°로 하여
형태선을 마무리한다.

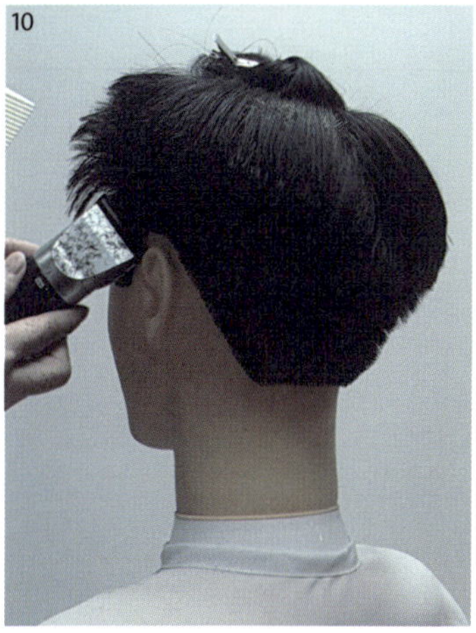


전체 햄라인을
클리퍼 프리핸드 기법으로
요철 부분을 매끄럽게 정리한다.

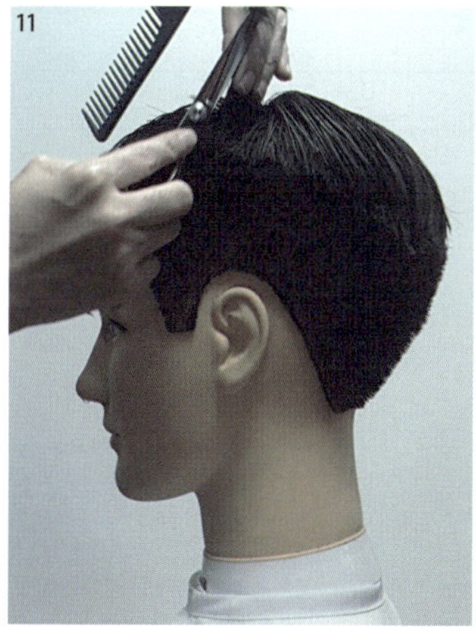


나머지 인테리어 전두부는
측중선을 중심으로 세로파팅 후
두상각 90° HG로 커트한다.

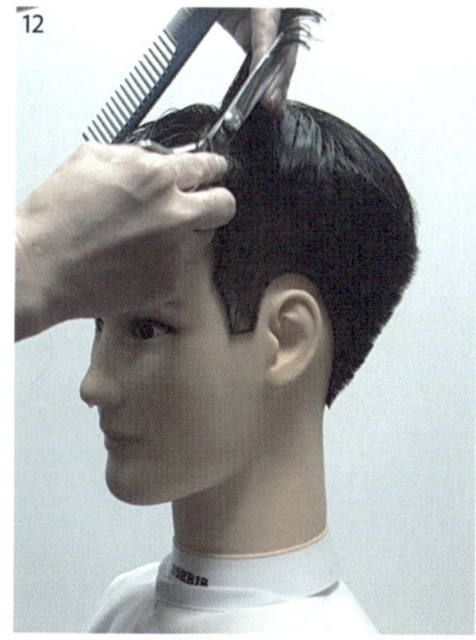


계속하여 페이스 라인 쪽으로
피봇파팅 후 전 패널로
OD하여 HG로 커트한다.

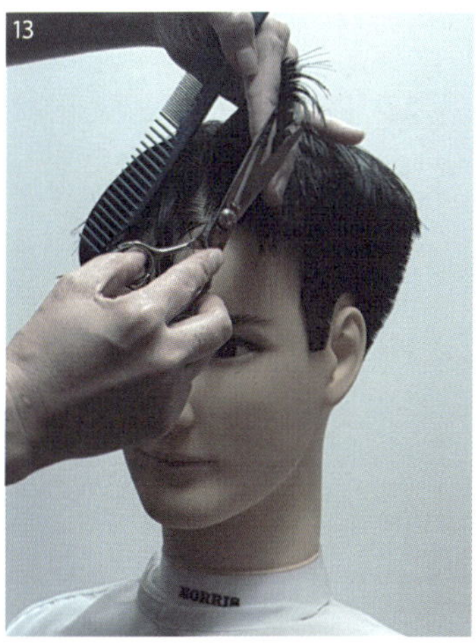


나머지도 동일하게 진행한다.

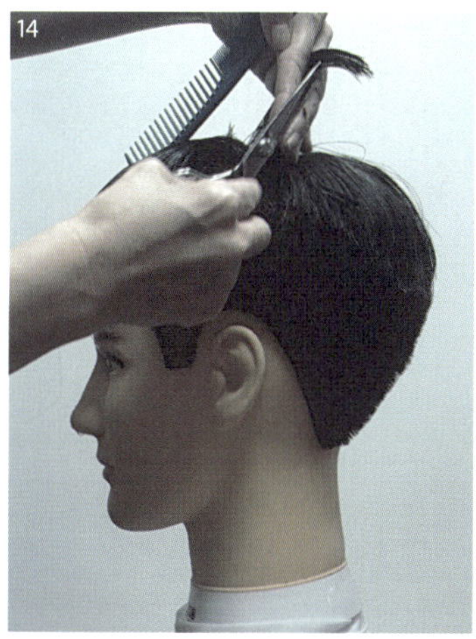


측중선을 중심으로 두정부도
피봇파팅 후 측중선으로
OD하여 HG로 커트한다.

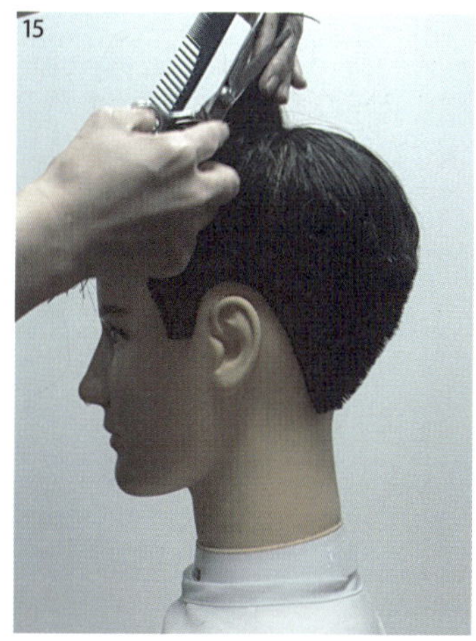


나머지 두정부도 피봇파팅 후
전 패널로 OD하여
HG로 커트한다.

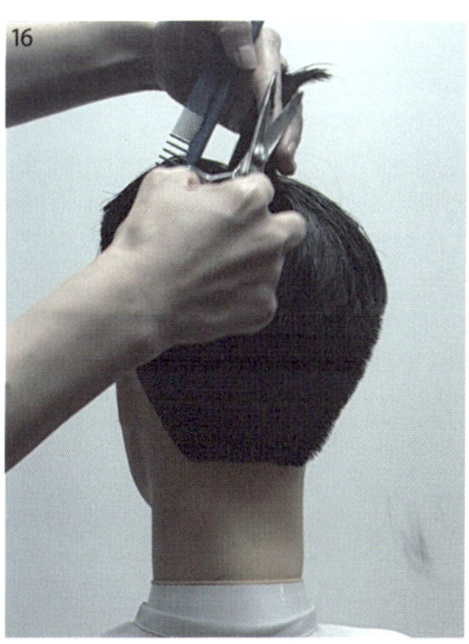


마지막 정중선은 On Base로
HG로 커트한다.

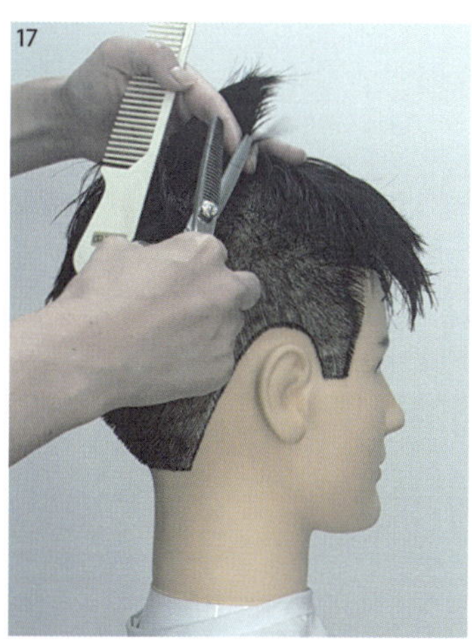


완성 후 틴닝 가위로
양감 정리한다.

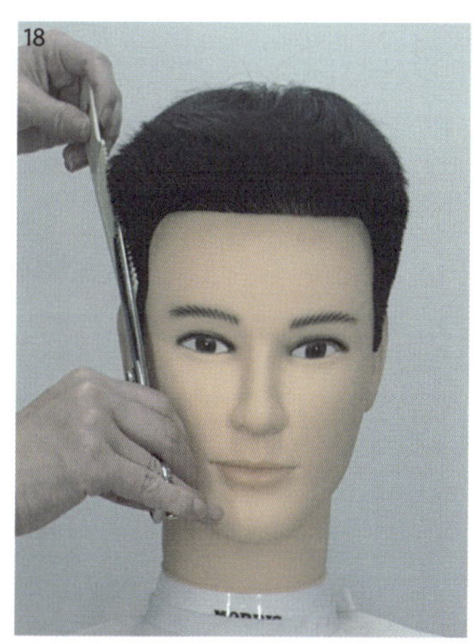


싱글링 기법으로 요철 부위의
형태선을 매끄럽게 정리한다.

19

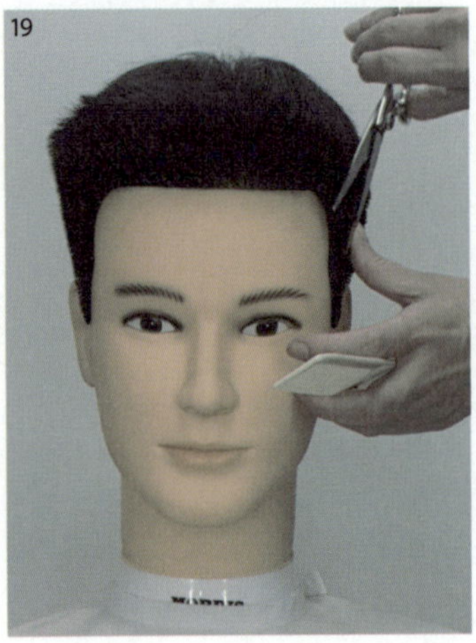

20

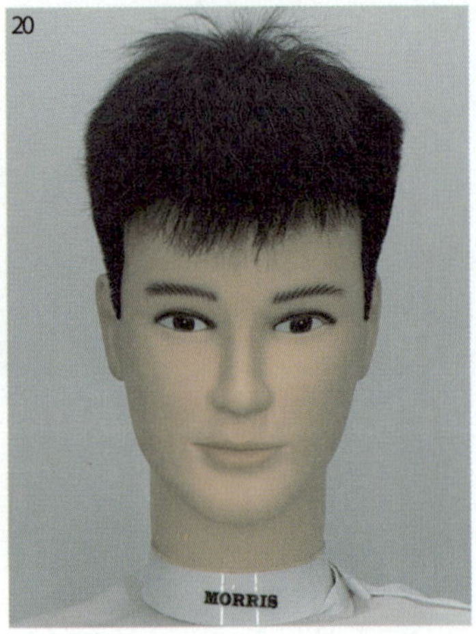


21

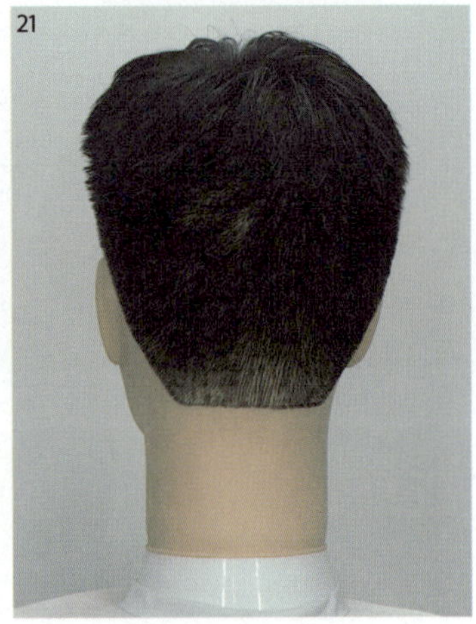

밀어 깎기, 끌어 깎기로 수정 커트 후 마무리한다.

22

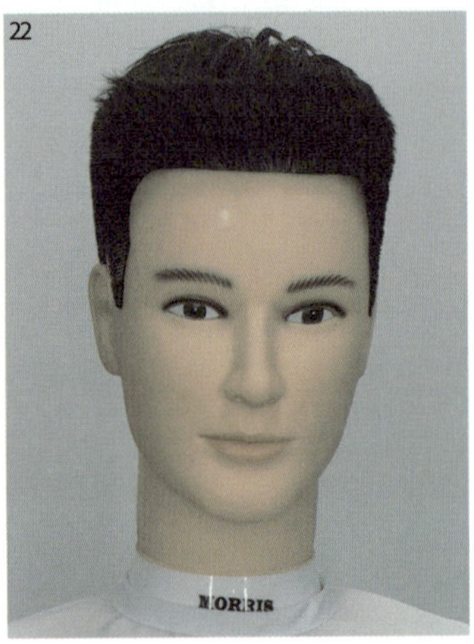

23

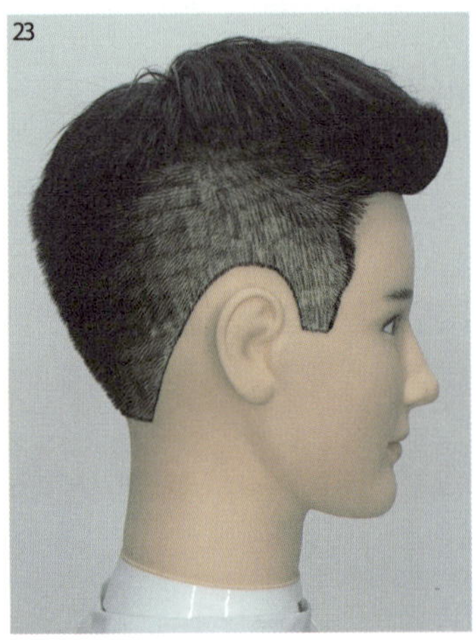

24

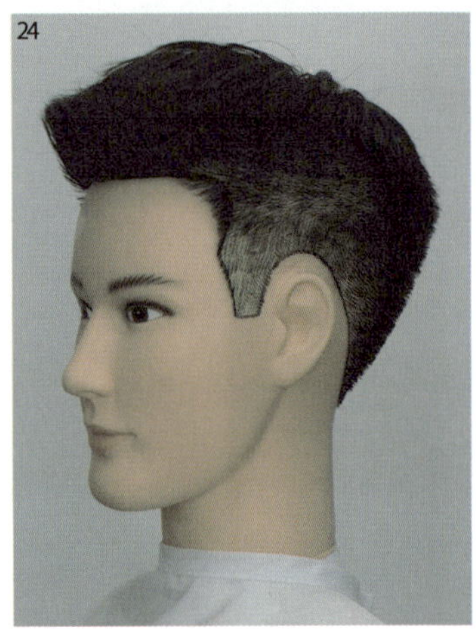

## [Style number 20] 크롭 컷

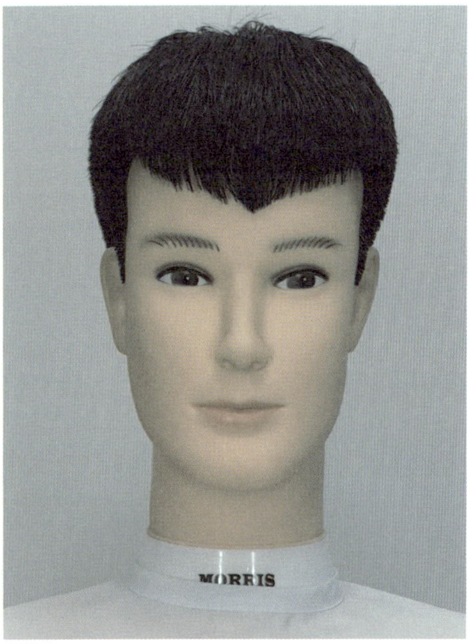

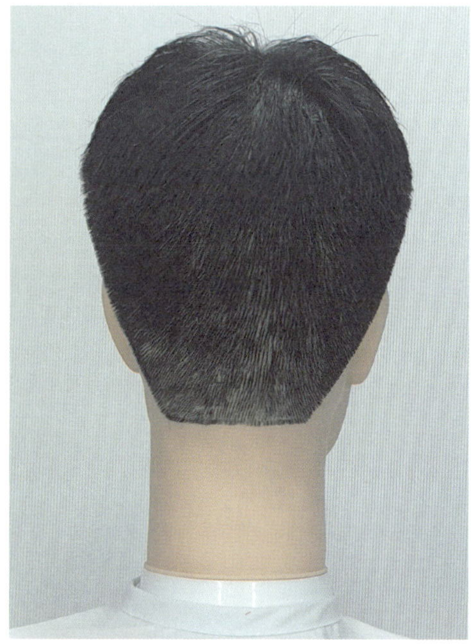

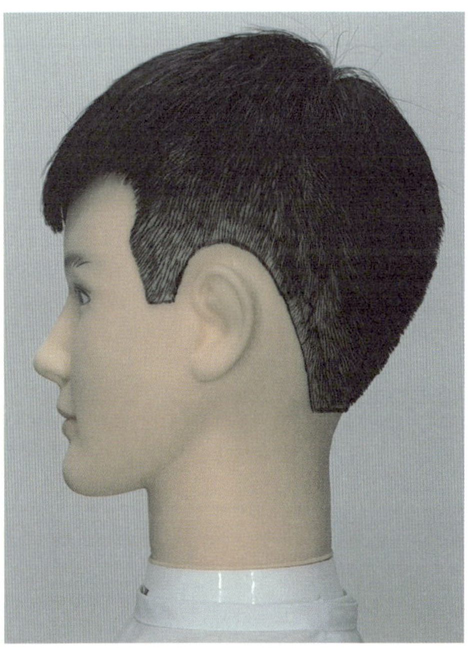

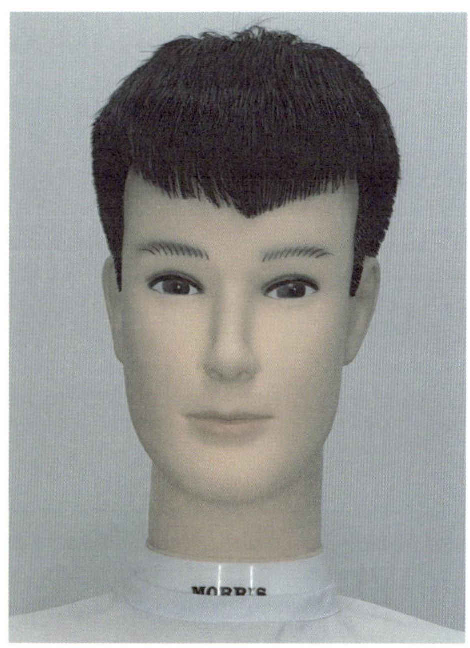

## 유사 스타일 찾아보기

| | |
|---|---|
| | |
| | |

## 1. 크롭 컷의 특징

엑스테리어의 주변 머리는 깔끔하게 정리하고, 인테리어의 윗머리는 길게 커트하는 스타일이다. 앞머리는 이마를 가리면서 V형으로 눈썹이 보이게 내려 넓은 이마를 커버해 주는 것이 특징이다.

## 2. 도해도

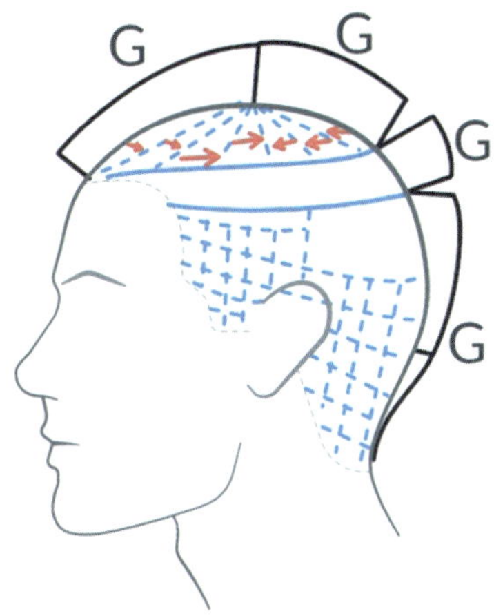


그림 3-9

## 3. 커트 진행 방법 및 절차

크레스트를 중심으로 인테리어와 엑스테리어로 나눈 후 덧날 15mm로 엑스테리어를 밀어주고, 인테리어 부분은 두상각 90°로 진행한다.

표 3-9

| 구분 \ 섹션 | 엑스테리어 | | 인테리어 |
|---|---|---|---|
| | 측두부 | 후두부 | 천정부 |
| 파팅 | 가로 | 후대각 | 가로, 피봇 |
| 베이스 | On Base | On Base | On Base<br>OD |
| 각도 | 15mm 덧날 사용 | 15mm 덧날 사용 | 90° |
| 형태 | 그라데이션(G) | G | G |

1

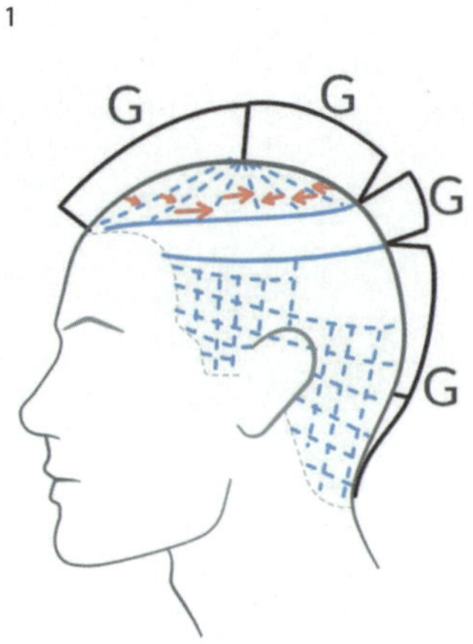


도해도

2

크레스트를 중심으로
인테리어와 엑스테리어로
투 섹션 블로킹한다.

3

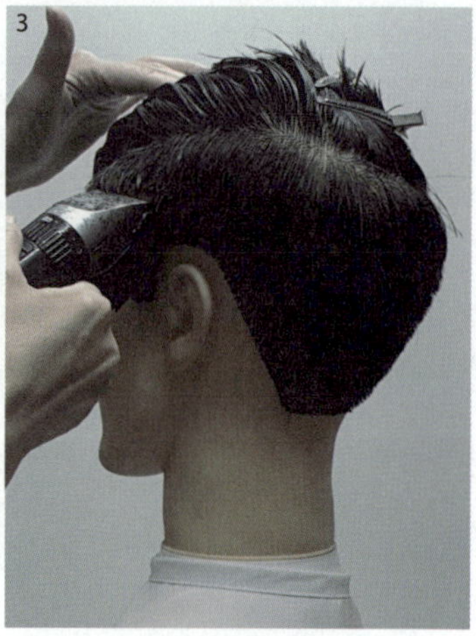

클리퍼에 15mm 덧날을 사용하여
측두부 위쪽 0.5cm 라인만
남기고, 클리퍼 프리핸드로
측중선까지 진행한다.

4

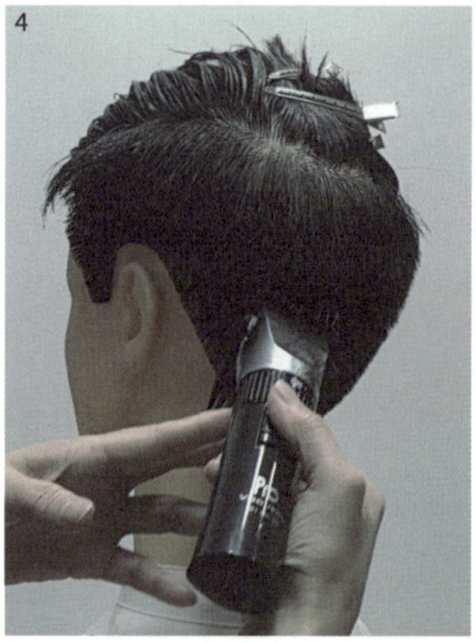

③을 가이드로 중단부에서
후두하부까지 후대각이 형성되게
클리퍼에 15mm 덧날을
사용하여 진행한다.

5

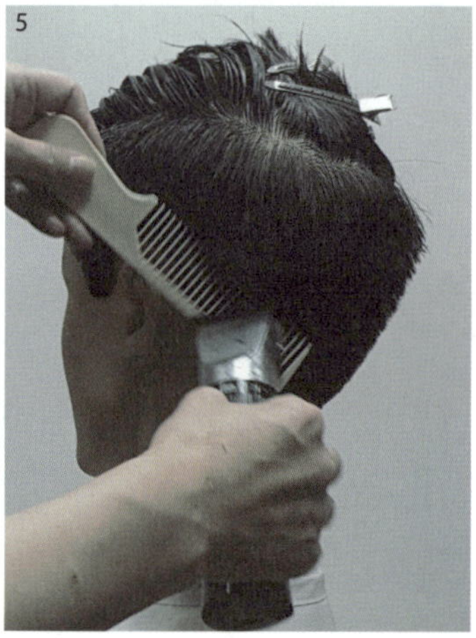

엑스테리어의 덧날 작업이 끝난 후
클리퍼 오버 콤 기법으로
엑스테리어의 중단부를 연결한다.

6

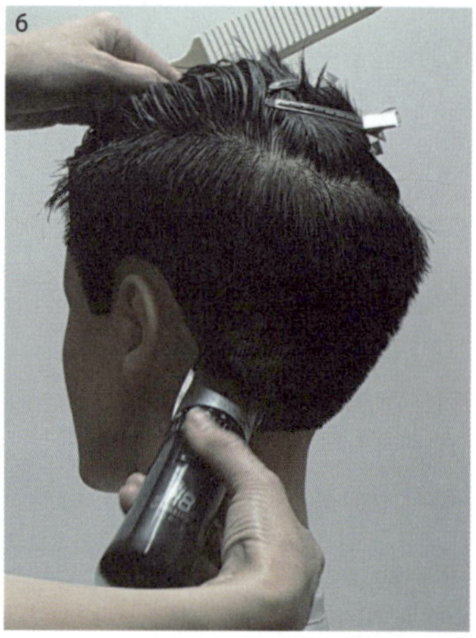

네이프 사이드 라인을 프리핸드
기법으로 요철을 정리하면서
그라데이션 시킨다.

7

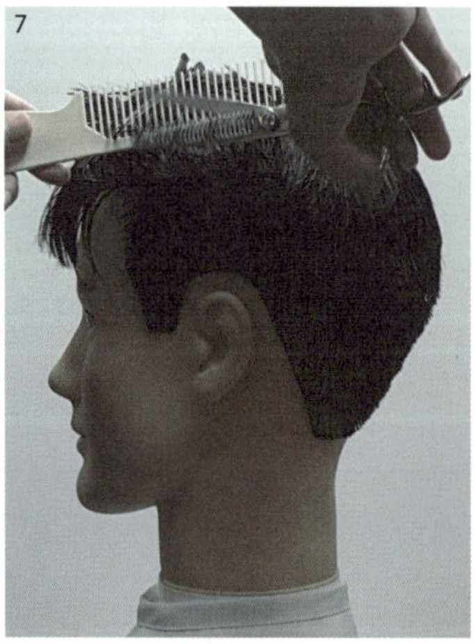

인테리어는 2등분 하고 블런트
가위 또는 틴닝 가위로 90°하여
엑스테리어와 연결 커트한다.

8

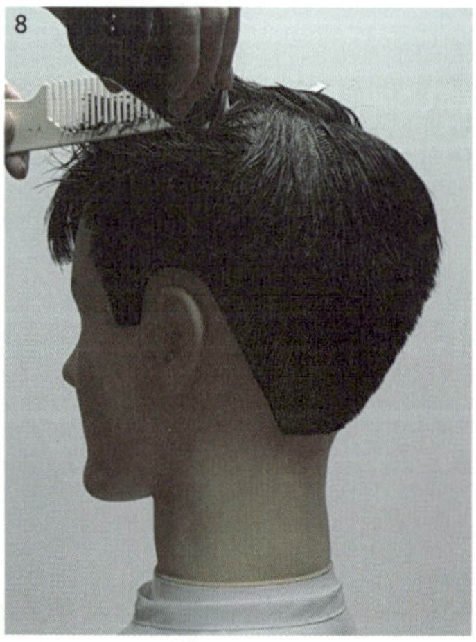

계속하여 천정부를 가위 또는
클리퍼로 연결하여 진행한다.

9

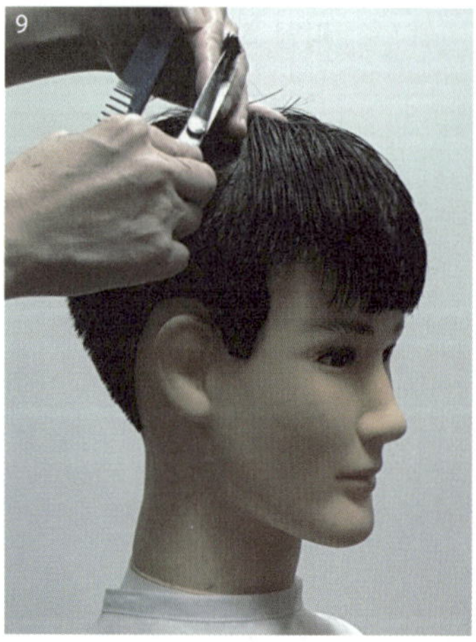

나머지 인테리어 전두부는 측중선을
중심으로 세로파팅 후
두상각 90°로 G로 커트한다.

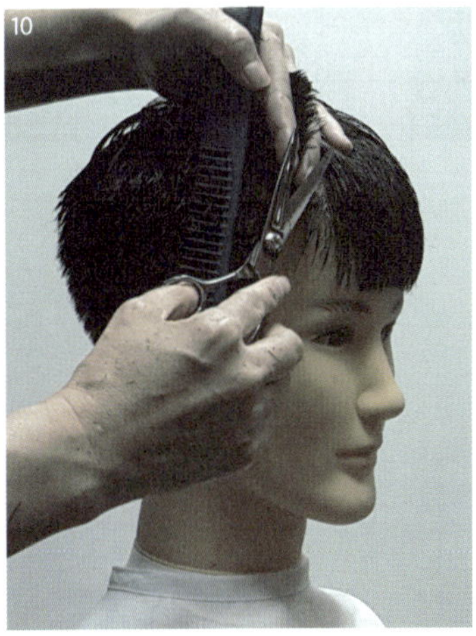


계속하여 페이스 라인 쪽으로
피봇파팅 후 전 패널로
OD하여 G로 커트한다.

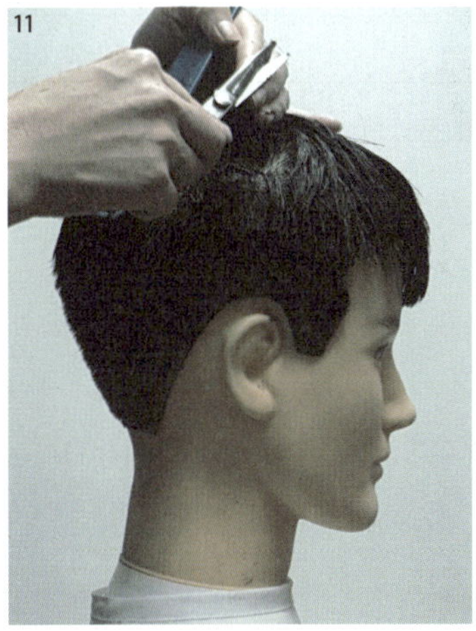


두정부도 피봇파팅 후 전두부
쪽으로 한 패널
OD하여 G로 커트한다.

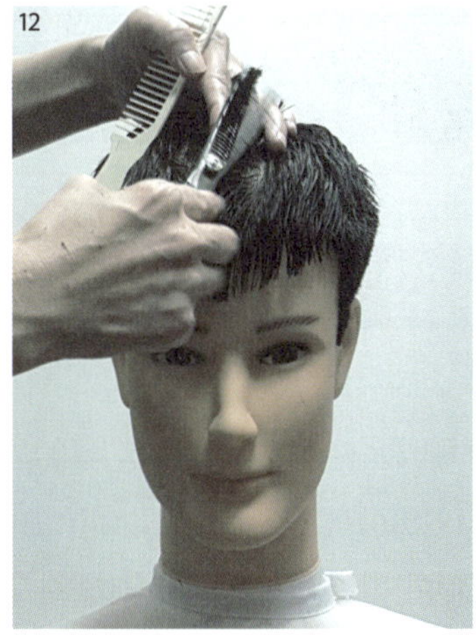


전체 세임 틴닝으로
양감 및 질감을 조절한다.

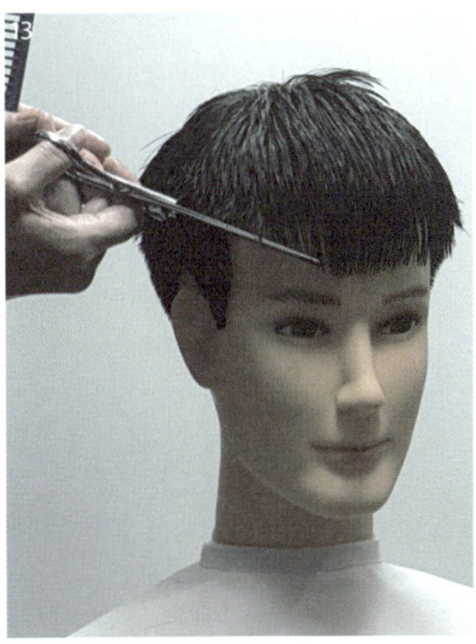

페이스 라인을 시저 프리핸드
기법으로 V라인으로 정리한다.

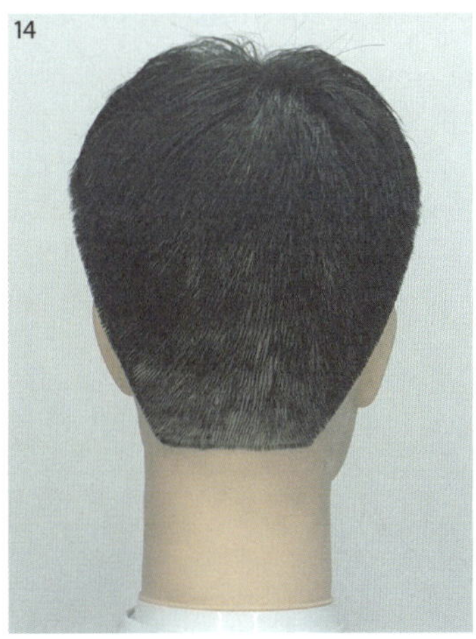


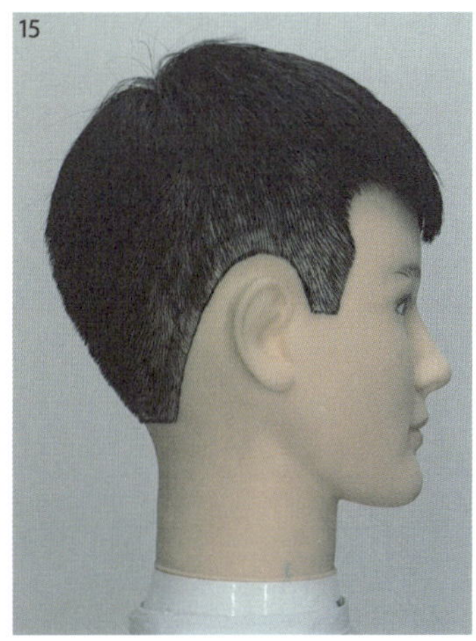


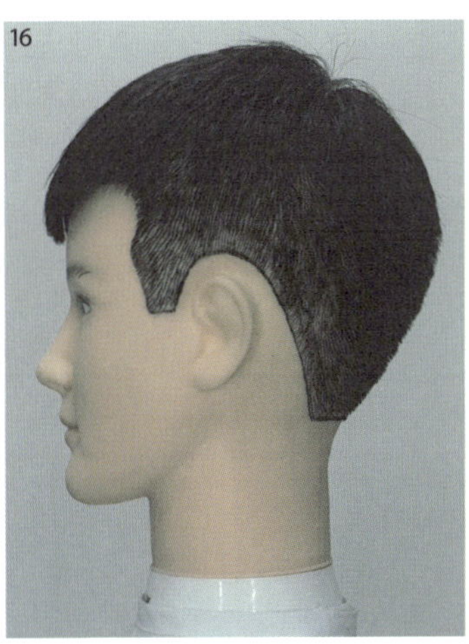


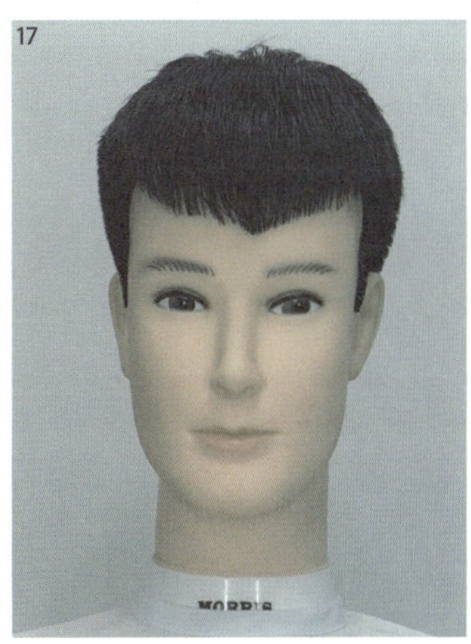

# 참고문헌

교육부(2016). NCS 학습모듈 이용부분 : 이발(LM1201010517_62v2, LM1201010518_16v2, LM1201010519_16v2, LM1201010520_16v2, LM1201010550_16v1). 한국직업능력개발원.

박선이, 장지민(2021). 여성살롱 디자인 커트. 구민사.

김민석(2016). 연령별 남성 헤어커트스타일 인식 및 선호도 연구. 건국대학교 대학원 석사학위논문.

김경희(2017). 2001년-2015년대 유형별 남성 커트 인식과 유행선도력 및 추구 혜택. 서경대학교 미용예술대학원 석사학위논문.

C사 홈페이지(https://smartstore.naver.com/ceate). 2020.8.10 스크린샷.

협찬사 : 모리스 가발